国家示范骨干高职院校重点建设专业系列教材

园 林 设 计

陈彦霖　胡文胜　主编

中国农业大学出版社

·北京·

内容简介

本教材是黄冈职业技术学院园林技术专业教学改革成果教材，是以学生为主体的授课方式的体现，教材编写与“任务驱动、项目导向”教学模式相匹配，全书分为外国园林发展历史分析、中国园林发展历史分析、园林设计程序分析、园林绿地空间构建、园林构成要素设计、道路绿地设计、城市广场绿地设计、居住区绿地设计、单位附属绿地设计、屋顶花园设计、生态农业园规划设计十一个项目，内容全面。教材图文并茂，简明易懂，实用性强，适用于大专院校园林技术专业和相近专业的教学，也可供城建、环艺等专业师生和企业技术人员参考。

图书在版编目(CIP)数据

园林设计/陈彦霖，胡文胜主编.—北京：中国农业大学出版社，2012.12
ISBN 978-7-5655-0633-8

Ⅰ.①园…　Ⅱ.①陈…②胡…　Ⅲ.①园林设计-高等学校-教材　Ⅳ.①TU986.2

中国版本图书馆 CIP 数据核字(2012)第 285380 号

书　名　园林设计

作　者　陈彦霖　胡文胜　主编

策划编辑　姚慧敏　　　**责任编辑**　冯雪梅
封面设计　郑　川　　　**责任校对**　王晓凤　陈　莹
出版发行　中国农业大学出版社
社　址　北京市海淀区圆明园西路 2 号　　　**邮政编码**　100193
电　话　发行部 010-62818525，8625　　　读者服务部 010-62732336
编辑部 010-62732617，2618　　　出　版　部 010-62733440
网　址　http://www.cau.edu.cn/caup　　　**e-mail** cbsszs @ cau.edu.cn
经　销　新华书店
印　刷　北京时代华都印刷有限公司
版　次　2012 年 12 月第 1 版　　2012 年 12 月第 1 次印刷
规　格　787×1 092　　16 开本　　13.5 印张　　330 千字
定　价　24.00 元

编审人员

主　编　陈彦霖（黄冈职业技术学院）
　　　　　胡文胜（黄冈职业技术学院）

副主编　李小梅（黄冈职业技术学院）
　　　　　张苏丹（黄冈职业技术学院）
　　　　　廖祥六（黄冈职业技术学院）
　　　　　胡秀良（黄冈职业技术学院）
　　　　　陈全胜（黄冈职业技术学院）

编　者　郑宝清（黄冈职业技术学院）
　　　　　杨辉德（黄冈职业技术学院）
　　　　　涂赤红（鄂州市枫叶红园林景观设计工程有限公司）
　　　　　张力行（黄冈市蔬菜花卉研究所）
　　　　　程丛星（深圳市东华园林绿化有限公司）

主　审　邱建林（黄冈市园林局）

前　言

本教材根据教育部关于加强高职高专教育人才培养的相关文件精神，由黄冈职业技术学院园林技术专业教师与园林行业企业专家共同编写，主要供我校园林技术专业使用，也可供城建、环艺等专业师生和企业技术人员参考。

本教材分为外国园林发展历史分析、中国园林发展历史分析、园林设计程序分析、园林绿地空间构建、园林构成要素设计、道路绿地设计、城市广场绿地设计、居住区绿地设计、单位附属绿地设计、屋顶花园设计、生态农业园规划设计十一个项目二十六个学习任务。在写法上力求重点突出、图文并茂、注重直观。

在编写过程中参考了大量著作、论文等图文资料，谨此一并表示衷心感谢。

由于编者水平所限，书中疏漏、错误和不妥之处在所难免，真诚欢迎广大读者、同行与专家批评指正。

编　者

2012 年 10 月

目 录

项目一 外国园林发展历史分析 …… 1
任务一 外国古代园林分析 …… 1
任务二 外国近代、现代园林分析 …… 9
项目二 中国园林发展历史分析 …… 14
任务一 中国园林发展历程分析 …… 14
任务二 中国古典园林的艺术特点及地方特色分析 …… 18
项目三 园林设计程序分析 …… 23
任务一 园林规划设计过程分析 …… 23
任务二 图纸表达 …… 28
项目四 园林绿地空间构建 …… 35
任务一 确定园林绿地的表现形式 …… 35
任务二 确定园林造景手法 …… 45
项目五 园林构成要素设计 …… 53
任务一 园林地形设计 …… 53
任务二 园林水体设计 …… 57
任务三 园路设计 …… 60
任务四 园林建筑小品设计 …… 63
任务五 园林植物设计 …… 71
项目六 道路绿地设计 …… 85
任务一 城市道路绿地设计 …… 85
任务二 公路绿地设计 …… 96
项目七 城市广场绿地设计 …… 101
任务一 确定城市广场设计原则 …… 101
任务二 城市广场空间设计 …… 118
任务三 城市广场绿地设计 …… 123
项目八 居住区绿地设计 …… 128
任务一 确定居住区绿地设计原则 …… 128
任务二 居住区绿地设计 …… 133
项目九 单位附属绿地设计 …… 150
任务一 托儿所、幼儿园附属绿地设计 …… 150
任务二 学校绿地设计 …… 152
任务三 工厂附属绿地设计 …… 157

任务四　机关单位附属绿地设计…………………………………………………………162
任务五　医疗单位附属绿地设计…………………………………………………………165
任务六　宾馆、餐馆绿地设计……………………………………………………………168
项目十　屋顶花园设计……………………………………………………………………173
项目十一　生态农业园规划设计………………………………………………………186
附录　任务工单样表……………………………………………………………………204
参考文献……………………………………………………………………………………206

项目一　外国园林发展历史分析

◆学习目标

了解国外园林的文化背景、发展历史，园林内容和形式的演变以及典型的园林建筑与艺术；掌握中外园林的差异和相互作用，吸众家之长，为创造设计现代新园林提供良好基础；通过学习外国园林的发展历程和代表性园林作品，学会分析西方园林特色，并运用到规划设计实践中。

在一定的地段范围内，利用并改造天然山水地貌或人为开辟山水地貌，结合植物的栽植和建筑的布置，从而构成一个供人们观赏、游息、居住的环境，称为园林。绿化是泛指除天然植被以外的，为改善环境而进行的树木花草的栽植。景观建筑的内容非常广泛，除一般的园林、造园、绿化外，尚包含更大范围的区域性的甚至国土性的景观、生态、土地利用的规划经营，是一门综合的环境学科。现代园林泛指借植物美化环境并可提供游憩的绿地。绿地，简言之就是指被绿色植物覆盖的、并能供人们从事游憩活动的场地。园林学是研究如何去创造园林的学科。是一门自然科学与社会科学交织在一起的综合性很强的边缘科学。创造园林的全过程(包括设计和施工在内)称造园。研究如何创造园林的学科就是造园学。园林化就是用园林的要求来美化祖国的城市和乡镇，美化人们生活和生产的环境。

任务一　外国古代园林分析

一、日本古代园林

日本历史按时间先后分成古代、中世、近世和现代四个时代，每个时代又分成若干朝代。园林历史阶段亦据此而分成古代园林、中世园林、近世园林三个阶段。

(一)古代园林

大和时代之后，中国园林开始逐步影响日本园林的发展，这时正值自然山水风格的魏晋南北朝园林盛行(公元220—581年)。到了飞鸟时代，造园活动日趋频繁，园林形式以皇家园林为主，也有私家园林出现。奈良时代可以说是园林的积累和发展期，到了平安时代初期，随着中日关系的日益密切，唐文化对日本的影响深远，唐代皇家园林的中轴、对称、中池、中岛等概念被广泛应用到园林建设中，后来结合本国特点逐渐演变成自己的风格，即轴线的渐弱，不对称地布局建筑，自由地伸展水池平面。所以说，由唐风庭园发展为寝殿造庭园和净土庭园是平安时代的最大特征。

公元11世纪，日本造园家橘俊纲(1028—1094年)编写了世界上第一部造园书籍《作庭记》，对后世影响较为深远。

(二)中世园林

镰仓时代由于社会动荡,人们向往远离尘世喧嚣的佛家净界,寺院园林得以盛行,在营造方法上,仍然维持以前净土园林格局,即池中心水池、石组、瀑布等,景点布局逐渐发展为回游式,大大增强了游览的情趣。后期流行的禅宗思想,使得一大部分改换门庭,归入禅林。不过这一时期的园林作品数量多,遗存的也很多。南北朝时代是日本园林发展的一个重要时期,这期间出现了枯山水的造园形式,最著名的要算天龙寺。枯山水与真山水同时并存于一个园林中,真山水是主体,枯山水是点缀。这种以白砂、石块和苔藓等简朴元素构造的精神化庭园正是禅宗思想在造园领域的体现。室町时代的园林形式开始呈现本土化,枯山水的营造风格由受到中国宋代山水画影响到模仿本土的富士山和岛屿,形式上则表现在轴线式消失,以水池为中心成为主流,枯山水独立成园。到了末期,茶道与庭园结合,初次走入园林,成为茶庭的开始;武家园林中出现了书院庭园,拉开了书院造庭园的序幕。这一时代出现很多著名的造园家:善阿弥祖孙三人、狩野元信、子健、雪舟等杨、古岳宗亘等,他们禅学造诣高,画技高超突出的著作有:增圆僧正的《山水并野形式图》,该书与《作庭记》一起初称为日本最古的庭园书;中院康平和藤原为明合著了《嵯峨流庭古法秘传之书》。

(三)近世园林

桃山时代的园林形式多样,传统的池庭、豪华的平庭、枯寂的石庭、朴素的茶庭。造园风格上,书院造建筑与园林的结合大大增加了园林的文人品味,而皇家园林和武家园林仍旧以池泉为主题。造园名家贤庭、千利休、古田织部、小堀远州等都在这一时代产生。此期的理论著作有矶部甫元的《钓雪堂庭图卷》和菱河吉兵卫的《诸国茶庭名迹图会》。

江户时代,园林呈现出皇家园林、武家园林、寺庙园林三足鼎立的状态;茶庭、池泉园、枯山水互相交汇融合,同时,枯山水和茶庭的大量营建,促使坐观式庭园出现。枯山水园林也出现了的几种固定样式,如纯沙石的石庭、沙石与草木结合的枯山水,如东福寺方丈水庭。

小堀远州、东睦和尚、贤庭等是这一时期的著名造园家,著名的园林理论著作有北村援琴的《筑山庭造传》前篇,东睦和尚的《筑山染指录》、离岛轩秋里的《筑山庭造传》后篇、《都林泉名胜图》、《石组园生八重垣传》,石垣氏的《庭作不审书》等。

从总体上看,中国文化对日本园林的发展影响深远,从汉末开始,日本不断向中国派出汉使,全方位学习中国文化。后来中国的唐宋山水园风格与日本宗教理念相融合,逐渐发展形成了日本民族所特有的"山水庭",通过植物高低错落的配置,色彩的搭配,使得此类庭园尽显精致和细巧。同时,日本园林的产生和发展与日本民族的生活方式、艺术趣味和地理环境密切相关。

可以说,日本园林从飞鸟时代和奈良时代开始引进中国式自然山水园;平安时期的日本园林开始本土化,皇家园林、私家园林和寺院园林三大园林得到了充分发展;中世时期的镰仓时代、南北朝时代和室町时代寺社园林得到了较快的发展;近世的桃山时代是茶庭露地的发展期,江户时代则是茶庭、石庭与池泉园相互融合渗透的综合发展期。

总之,日本园林山水尺度都偏小,园林元素的选择偏重于自然成分,如枯石、枯水、草坡、苔藓等,一般不用假山,水域也更接近自然溪流沼泽,人工味较淡,甚至只用一石一木即能点题,例如,茶庭和坪庭,充分体现了自然的天性,其游览以远观事物外表,坐思事理内在,不重于直接交流,而重于心与心的天人对话。

二、古埃及与西亚园林

(一)古代埃及园林

地中海东部沿岸地区是西方文明的摇篮。公元前 3 000 多年,古埃及在北非建立奴隶制国家。尼罗河沃土冲积平原,适宜于农业耕作,但国土的其余部分都是沙漠地带。尼罗河每年泛滥,退水之后需要丈量土地,因而发明了几何学。于是,古埃及人也把几何的概念用之于园林设计。水池和水渠的形状方整规则,房屋和树木都按几何形状加以安排,是世界上最早的规整式园林设计。

1. 神苑

自古以来,迷信和宗教在埃及人的日常生活中扮演非常重要的角色。埃及人将树木视为奉献给神灵的祭祀品,以大片的树木表示对神灵的尊崇,雄伟而有神秘感的庙宇建筑周围往往有大片林地围合而成神苑。最著名的是哈特舍普苏特女王(约公元前 1500 年)时得力·埃尔·巴哈里神庙。三层巨大的、有列柱廊装饰的露坛直接嵌入背后的岩壁,周围遍布着高大的树木,阻挡了炽热的阳光。神庙的线性布局充分体现了宗教的神圣与庄严,也体现了王者高高在上的霸气。一条长长的笔直的通道从河沿一直通向神秘的神庙。入口处两排长长的狮身人面像、两侧的洋槐林荫树、笔直且缓缓向上倾斜的道路、硕大的露坛,构成了神苑的基本形式,体现了神苑的威严、神秘和崇高。

2. 墓园

埃及人相信人死后灵魂不灭,而在另一世界中生活,因此,法老及贵族们都为自己建造巨大而显赫的陵墓,而且陵墓周围还有可供死者享受的宛,这种思想导致了墓园的产生。金字塔便是其中重要的一种形式。埃及的金字塔建于 4 500 年前,是古埃及国王为自己修建的陵墓。在埃及最大最有名的金字塔是位于开罗西南面的吉萨省沙漠里的祖孙三代金字塔。它们是大金字塔(也称胡夫金字塔)、哈夫拉金字塔和门卡乌拉金字塔。古代埃及人以石灰岩和花岗岩为主要建材,完全用人工的方法把这些石块雕刻及砌成陵墓,陵墓内部的信道和陵室的布局宛如迷宫。

3. 私园

尼罗河流域孕育古老的埃及文化,早在 3 000 多年前的新王国时期已出现庭园。我们现在只能从已发现的古埃及墓画中所绘的宅园得知,古埃及园林一般修建得方方正正,几何线条明显,园中栽满大小树木,建筑左右对称,园中一般建有水池,池旁有亭,四周有墙。园门与主体建筑在一条中轴线上。园林用石材较多。如底比斯阿米诺菲斯三世的某大臣墓中发现的壁画(图 1-1)。这样的私人宅院规模通常不大,园中以大量的树木结合水池形成凉爽、湿润而又静谧的空间气氛。

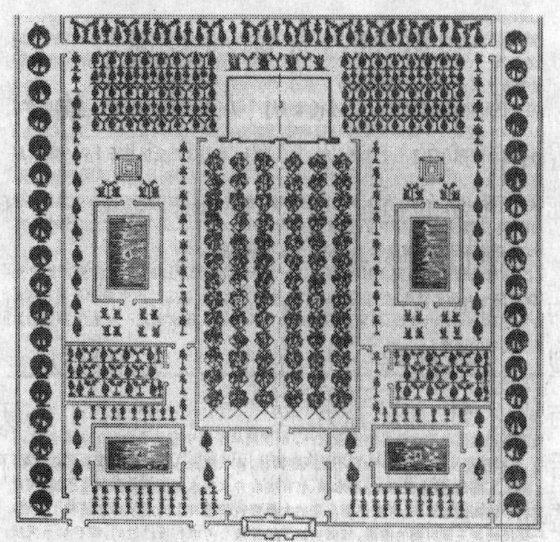

图 1-1 底比斯阿米诺菲斯三世的某大臣宅院

(二)西亚园林

西亚是亚洲文明乃至世界文明的重要发祥地之一,底格里斯河和幼发拉底冲积形成了宽广、肥沃的美索不达米亚平原，早在公元前 3 500 年，两河流域就创造了高度发展的古代文明，园林艺术也随之产生。

西亚园林的特点是用纵横轴线把平地分作四块，形成方形的“田字”，在十字林荫路交叉处修建中心喷水池。最初水池是用来灌溉周围的植物，后来才逐渐发展其观赏性。在古代西亚的园林中，中心喷水池就象征着天堂，后来由单一的中心水池演变为各种明渠暗沟与喷泉，这种水法的运用深刻地影响着叙利亚、两河流域、埃及以及所有伊斯兰地区园林，进而影响欧洲各国的园林。

在古代西亚，最令人向往的要数巴比伦的“空中花园”(图 1-2)。大约在公元前 6 世纪，位于幼发拉底河与底格里斯河流域的巴比伦王国十分强盛，相传是国王尼布甲尼撒二世建造了这座超豪华的“天堂” 作为礼物献给妻子。该园建有不同高度的台地，每层用石柱支撑，共 7 层，高 25 m，越往上，平台越小，每个台层都有石拱廊支撑，层层有奇花异草，顶部设有提水装置，用以浇灌植物。远处观看，宛如空中花园，故人们称之为“架空花园”或“悬空花园”。

图 1-2 巴比伦的“空中花园”

波斯是兴起于伊朗高原的古代东方强国之一，随着国力日益强盛，文化发达，又因为该国花卉资源丰富，国人乐于经商，所以这里很快成为西亚造园的发祥地之一。

公元前五世纪，波斯就出现了把自然与人相隔离的园林——天堂园，园子四面有墙，园内种植花木。在西亚这块干旱的地区，一向被人们奉为神物的水也被应用到造园中去，成为重要的园林要素。这种造园手法后来传到意大利，甚至成为欧洲园林体系中必不可少的点缀。

三、欧洲古代园林

(一)欧洲古代园林概述

欧洲园林文化，可以追溯到古埃及，最初的造园活动也是模仿几何式的自然，后来也是沿着几何式的道路发展的。古希腊园林及古罗马园林是其中的代表，园林中的水、常绿植物和柱廊是重要的造园要素，这为后来的意大利文艺复兴园林奠定了基础。

中世纪欧洲文化光辉泯灭殆尽，社会动荡不安，人们纷纷从宗教中寻求慰藉，因此中世纪的文明基础主要是基督教文明。这时期的园林产生了宗教寺院庭院和城堡庭院两种不同的类型。这两种庭园开始都是以实用性为主，随着社会的逐渐稳定和生产力不断发展，园中装饰性与娱乐性也日益增强。欧洲园林在经历了意大利园、法国园、英国自然风景园这三个阶段以后，基本上是沿着自然风景园的路子走下去，较多地融入意大利园、法国园的一些造园手法和造园要素。

欧洲园林在发展演变中也较多地吸收了西亚园林的风格，互相借鉴，互相渗透，最后形成自己“规整和有序”的园林艺术特色。

(二)古希腊园林

古希腊除了现在的希腊半岛外，还包括整个爱琴海区域和北面的马其顿和色雷斯、亚平宁半岛和小亚细亚等地。公元前五、六世纪，特别是希波战争以后，经济生活高度繁荣，产生了光辉灿烂的希腊文化，对后世有深远的影响。古希腊人在文学、戏剧、雕塑、建筑、哲学等诸多方面有很深的造诣。公元前10世纪，著名史诗《奥德赛》中就曾经提到大量有关树木、花卉、建筑和各种各样的所谓的花园或公园。古希腊人认为美是有秩序的、有规律的、合乎比例的、协调的整体。造园活动受到这种美学观点的影响，园林美往往通过规则式的园林来表现。以至于后来出现了体育公园、校园、圣林、寺庙等园林形式，这对整个欧洲园林的发展有着深远的影响。

1. 雅典卫城

在希腊古代遗址中，最有名的当属雅典卫城，希腊语称之为"阿克罗波利斯"，原意为"高丘上的城邦"(图1-3)。雅典卫城位于卫城山东南角，建于公元前447—前432年，古代在此建有神庙，同时又作为城市的防卫要塞。这些古神庙包括巴特农神庙、埃雷赫塞姆神庙、旧雅典娜神庙、雅典娜胜利女神庙、山林水泽女神庙，以及埃卡托姆佩通庙等。其中，巴特农神庙是古希腊著名的建筑遗迹，是人类建筑史上的璀璨瑰宝。卫城是雅典乃至全希腊的明珠，也是雅典民主的象征。

2. 奥林匹亚遗址

奥林匹亚考古遗址位于希腊伯罗奔尼撒半岛西北部德埃利斯境内，在阿尔菲奥斯河北岸距首都雅典以西约370 km处。奥林匹亚是古代希腊宗教圣地和奥林匹克运动发祥地，是世界现存最古老的运动场——奥林匹亚竞技场旧址(图1-4)。遗址内的宙斯神庙被誉为"世界七大奇迹"之一。

图1-3　雅典卫城

图1-4　奥林匹亚竞技场旧址

(三)古罗马园林

罗马城位于台伯河岸，建于公元前753年。在这座城内，聚集了整个古代世界的艺术和文化。之后又一跃而成基督教信徒的首都，天主教精神中心。

古罗马园林留给我们的大多数是高大宏伟的建筑、宽敞的街道。这些与罗马城的雕刻、绘画等宝贵文化遗产和谐统一，是罗马建筑艺术的魅力和辉煌成就。罗马城的古罗马市场、帝国大道、古罗马斗兽场、君士坦丁凯旋门、罗马市政厅、万神庙、西班牙广场、圣彼得教堂等古城文物遗迹都已被意大利政府以立法的形式保护起来，罗马城近年来也被列入世界文化遗产名录。

1. 古罗马大斗兽场

古罗马大斗兽场被称为“世界七大奇观”之一(图 1-5)。数个世纪以来一直是罗马伟大与强盛的象征。斗兽场呈椭圆形(188 m×159 m),高 57 m。它宏大,足以容纳 5 万名观众,除陆上项目外,还可以表演水战。巨大的观众席下分布着拱形回廊,是观众避雨和休闲的地方。烈日当空时,由第四层墙垣里高高举起的长杆,张起巨大的帐幕以遮挡阳光。在科学、实际、巧妙地安排观众的座席和流动线路方面,大斗兽场显示了罗马人卓越的才能,也充分显示了古罗马帝国的强大气魄。

2. 庞贝城

庞贝城位于意大利半岛西南角坎佩尼地区,占地面积 1.8 km^2,用石头砌建的城墙周长 4.8 km,有塔楼 14 座,城门 7 个,蔚为壮观。纵横的 4 条石铺大街组成一个“井”字形,全城被分割成 9 区,每个城区又有很多大街小巷相通(图 1-6)。庞贝城保留了古罗马的建筑装饰、工艺制品,尤其是画在墙壁上的大量壁画,从中我们可以窥视古代希腊罗马的绘画成就。不幸的是,公元 79 年 8 月 24 日这一天,维苏威火山突然喷发,整座城市完全埋葬在火山灰之下。直到 1748 年,人们开始发掘庞贝城,渐渐揭开这个城市的神秘面纱。

图 1-5 古罗马大斗兽场

图 1-6 庞贝城街道

(四)意大利园林

意大利是地中海一个美丽的半岛国家,位于欧洲南部亚平宁半岛上,境内山地和丘陵占国土总面积的 80%,夏季少雨,昼夜温差大等气候条件与地形条件成为形成意大利台地园的重要因素。

在西方,神学长期处于社会的统治地位,自然科学和文化艺术长时期受到压抑,人们渴盼文艺复兴的春天。终于在 15 世纪初叶,意大利文艺复兴运动兴起,引起一批人爱好自然,追求田园情趣,出现了意大利文艺复兴时期的园林。富豪权贵纷纷在风景秀丽的地区建立自己的别墅庄园。这些庄园一般都建在丘陵或山坡上,为便于活动,就采用了连续的台面布局,这就是台地园的雏形。意大利的台地园对西方古典园林风格的形成起到了重要的作用,被认为是欧洲园林体系的鼻祖。

意大利的经典园林布局充分反映出古典主义美学的原则——中轴对称、比例协调、主次分明、尺度适宜、变化统一。园林中主要建筑、水体、植物、道路等的位置关系往往由地形变化来决定;在植物配置方面,意大利式庭园常常以常绿树木为主色调,配以白色石质建筑物,善于利用色彩明暗对比技术来反映空间效果；意大利台地园的高处台层上往往建有凉亭、花架、长廊等，是供人们休息、聊天、喝茶的场所，在较大的庄园中还常常有露天剧场等大型建筑。

1. 朗特别墅

意大利园林的典型代表朗特别墅花园，位于罗马以北 96 km 的巴涅阿伊阿，1568 年，建筑师维尼奥拉和红衣主教冈伯拉共同设计了这一杰作。花园呈长方形，面积不足 1 hm^2，但设计得非常精致。主轴线的两侧分列两个体型一致的别墅建筑，石材铺设的道路蜿蜒在花园之中，台地的设置较好地结合了山体的自然坡度，每层又设置了不同标高的露台。水景设计是园中的一个亮点，设计者通过地形的变化，山顶岩洞的位置的变化，形象地模拟泉水从岩洞涌出，到形成急流、瀑布、河、湖，一直泻入象征海洋的中心水池的全过程。

2. 埃斯特别墅

埃斯特别墅位于罗马东郊的蒂沃利乡村小镇，是意大利文艺复兴时期的作品，也是罗马古典名园之一。许多皇帝，如图拉真、阿德里亚谋等，以及不少政治家、诗人和高级将领都在此建过别墅。

埃斯特别墅是典型的台地园，园内有多个轴线，在高低起伏的地形上形成跌水，建筑和绿地沿中轴对称分布，以严谨的几何形组合达到和谐的完整性和逻辑性，在宽阔的中央大道上，到处可见具有雕塑的喷泉水池，修剪成几何形体的绿篱，大片开阔平坦的草坪，成行列植的树木。地形、水池、瀑布、喷泉的造型体现出人工几何美，全园简直可以说是一幅“人工图案装饰画”。意大利园林的中轴线的合理设置对欧洲园林体系的发展是一大贡献。

埃斯特别墅堪称世界上最美丽的水景花园，园内最突出的特点就是水法的完美运用。据统计，别墅中有上千座喷泉，还包括十多处大型喷泉，著名的有“杯状喷泉”和“龙喷泉”等，这所别墅也被世人称为“千泉宫”。

(五)西班牙园林

西班牙位于欧洲西南部，东南部与地中海连接。阿拉伯人最早于公元 640 年前后开始把自己的宗教传入西班牙，开始对西班牙园林风格的发展产生影响。公元 711 年，西亚文化随着摩尔人的入侵而被引入。

公元 1250—1319 年，摩尔人在格兰纳达建造了阿尔罕布拉宫和格内拉里弗伊斯兰园林。其中，具有重要意义的是阿尔罕布拉庭园，其中有四个主要的中庭(或称为内院)：桃金娘中庭、狮庭、达拉哈中庭和雷哈中庭，而最负盛名的当属“桃金娘中庭”和“狮庭”。

1. 桃金娘中庭

桃金娘中庭建于 1350 年，庭院东西宽 33 m、南北长 47 m，中央有 7 m 宽、45 m 长的大水池(图 1-7)，几乎庭院面积的 1/4 都是水面，长长的水池反射出宫殿倒影，给人以漂浮宫殿之感。沿水池旁侧是两列桃金娘树篱带，中庭的名称源于此。

图 1-7 桃金娘中庭宽阔的水面

桃金娘宫廷南面是双层柱廊，北面是单层廊柱，之后是科玛雷斯塔，在塔上能够观看引人入胜的美景。水面十分清晰地反射出建筑的倒影，显得平静而安谧。桃金娘中庭种植带修剪整齐划一，与周围的环境十分协调统一，显示出当时主人高贵的身份。桃金娘宫廷是阿尔罕布拉宫最重要的综合体，也是外交和政治活动的中心。

2. 狮庭

桃金娘中庭的东侧有一扇门，可由此通达狮庭。它是苏丹王室家庭的中心，也是阿尔罕布拉宫中的第二大庭院。精雕细琢的拱廊由列柱支撑，从柱间望去是狮子雕像的大喷泉(图1-8)。十二座大理石狮围成一圈，中心为一水盘，水从石狮口中喷出，象征沙漠中的绿洲，再经由水渠导入围绕中庭的四条通廊。水槽位于石狮背部，为十二边形。该水系既具装饰性，又有制冷作用。在西班牙伊斯兰园林中，最有意义的装饰元素包括：铺砌釉面砖的壁脚板、墙身、横饰带、覆有装饰性植物主题图案的系列拱门，以及用弓形、钟乳石等修饰的顶棚等。在这些装饰性元素的作用下，中庭回廊的外观显得豪华而耀眼。

图1-8 狮子宫庭院

(六)法兰西园林

法国位于欧洲大陆西部，冬无大凉、夏无酷暑且雨量适中。法国园林萌芽于罗马-高卢时期。在中世纪，园子附属于修道院或者封建主的寨堡，一般以种植蔬菜、药草、瓜果为主，园中央设有水井，攀缘植物形成绿廊拱架。园子一侧有鱼池，植物常常被修剪成几何形或动物形状。

从16世纪开始，法国园林效仿意大利的台地园林。到了17世纪，逐渐自成特色。这期间法国园林史上出现了一位开创法国乃至欧洲造园新风的杰出人物——勒·诺特，正是他开创了法国园林之先河。勒·诺特除保留了意大利文艺复兴庄园的一些要素，并以一种更开朗、华丽、宏伟、对称的方式运用到造园中，以求一种更显高贵、更富变化、更感雄壮的园林景观效果。

18世纪上半叶，随着中央专制政权的衰落，古典主义的园林艺术日趋衰落，新的潮流重视自然的美。启蒙主义思想家卢梭的“返回自然去”的号召对造园艺术影响很大。在这个转变中，法国人借鉴了中国的造园艺术中天然野趣的布局和风格，掇山叠石，荒岸野林，甚至仿造中国式的亭、阁、塔、桥等。1774年，在凡尔赛园林里建成的小特里阿农花园，被称为是“最中国式”的。

总之，法国园林注重主从关系，把主要建筑放在突出的位置，前面设林荫道，后面是花园，园林形成几何形格局，强调中轴和秩序，突出雄伟、端庄。法国园林代表西方园林的一种风格和流派，勒·诺特的造园艺术流传到欧洲各国，为欧洲园林的发展做出了积极的贡献。

(七)英国园林

英国在公元5世纪以前是罗马帝国的属地，萌芽时期的英国园林依然保留罗马风格。英国最早有记录的是12世纪的修道院寺园，到13世纪由此演变为装饰性园林，后来出现了贵族私家园林。文艺复兴时期，英国园林开始模仿意大利风格，但其雕像喷泉的华丽、严谨的布局，很快就被本土简洁古朴的风格所取代。

从17世纪初，英国移民把他们的造园风格一起带到了美洲大陆，这对美国园林的发展产生了巨大影响。之后，绘画与文学两种艺术的快速发展，加之中国园林文化的影响，英国出现了自然风景园。这种风格的园林常以起伏开阔的草地、自然曲折的湖岸、成片自然生长的树木为要素而构成了一种新的园林。18世纪中叶，英国园林中出现了如中国的亭、塔、桥、假山等园林建筑，人们将这种园林称之为"英中式园林"。

18世纪中叶以后，中国造园艺术才真正被英国引进，英国园林也逐渐由规则过渡到自然，被西方造园界称作"英华庭园"。后来通过德国"英华庭园"传到了匈牙利、沙俄和瑞典，并一直延续到19世纪30年代。

任务二　外国近代、现代园林分析

一、外国近、现代园林产生的背景

进入18世纪，工业革命和早期城市化浪潮席卷欧洲大陆，随之而来的是城市人口膨胀、环境污染加剧、人类居住环境恶化等一系列问题。另外，在"人定胜天"思想的影响下，人们对自然开始了毁灭式开发，造成植被减少，水土流失，生态失调，气候异常，对人们的生活和生产造成极大的危害。如何改善人们的生活环境？如何将自然引入城市，提高城市的环境质量？如何保证人们的身心健康？对园林的功能提出了新的要求，现代园林理念也应运而生。

受新兴资产阶级浪漫主义思潮的浸透，同时受中国自然山水园的影响，英国人逐渐从城堡式园林中走出来，在大自然中建园，把园林与自然风光融为一体。英国自然风景园林风格开始形成，并很快盛行，在欧洲大陆引起了强烈的反响，以致对欧美园林风格也产生了深远影响。从这时起，现代园林不仅为美而创造，更重要的是为城市居民的身心健康和愉悦再生而创造。因此，设计为大众共享的公共性风景园林、将自然引入城市、改善人类聚居地环境等理念遂成为现代园林的内涵。

19世纪，城市公园绿地相继出现在各发达国家，园林不再仅仅属于个人私有，而更多地面向广大民众，满足大众游览、娱乐的需求，公园逐渐成为一种新的园林形式，并得到普通百姓的认可。最初的公园，是直接开放的贵族私园，如伦敦的海德公园、摄政公园，巴黎的杜乐丽花园，日本的浅草公园、东芝公园等。19世纪中叶，纽约中央公园的建成向世人阐明：园林不仅仅是为美化环境，更重要的是为了提高城市居民的生活质量，保证人们身心健康。这开创了园林建设的新理念，标志着现代公园的诞生。19世纪后半叶，产业革命的影响使理想城市的观念进入了一个突变的阶段，由于大工业发展对城市居民和环境带来的矛盾日益尖锐，人们开始逐渐产生"回归自然"的愿望，有人提出"农村医治城市"的新概念，最具代表意义的"田园城市"或"花园城市"的规划新学说诞生。虽然这一想法较为理想化和机械化，很难适应不断变化着的人口和产业发展对相应空间的需求，但是以霍华德为代表的这些人强烈追求人的理想居住条件和"以绿化为主"的规划思想，对现代城市规划思想和现代园林景观起到了重要的启蒙作用。

这一时期的园林特点，也区别于古典园林，主要变化有以下三个方面：①为了满足大众日益增加的精神需求，除了私人所有的园林之外，还出现了由政府出资经营、属于政府所有、向群众开放的公共园林。②园林的规划设计已经摆脱私有的局限性,从封闭的内向型转变为开放的外向型。③建造园林的活动不仅为了获得视觉享受和精神的陶冶,同时也更加重视其环境效益和社会效益。

二、外国近、现代园林的发展

第二次世界大战以后,西方的工业化和城市化发展达到了高潮,经济发展迅速,物质生活和精神生活大大改善,同时,人类也面临着诸如人口爆炸、粮食短缺、能源枯竭、环境污染、贫富不均、生态失调等一些严峻的社会问题,促使人们去深刻地认识到过去对自然资源掠夺式的开发所导致的严重后果,认识到只有合理开发和利用自然资源,人类才能更好地生存下去,否则,超出了自然的自我调控能力范围,会对自然造成无法弥补的破坏,人类只能自取灭亡!

19 世纪末兴起的生态学到 20 世纪 50 年代,建立起比较完整的生态平衡理论,人类越来越重视开发与使用资源的合理性,社会发展的可持续性。因此,着眼长远,需要把社会经济发展规律与生态平衡规律协调起来,人与自然之间才会和谐发展,相互融合与促进。I. McHarg 首先扛起了生态规划的大旗,他的《设计遵从自然》标志了园林专业勇敢地承担后工业时代重大的人类整体生态环境规划设计的重任,生态规划或人类生态规划同时成为 21 世纪规划史上最重要的一次革命。

20 世纪 90 年代,可持续发展观的提出得到了社会广泛认同,也成为现代园林规划设计的重要指导思想。园林的服务对象不再限于某一群人的身心健康,而是关系到人类作为一个物种的生存和延续。人们逐渐认识到:维护自然过程和其他生命,最终是为了维护人类自身的生存。

进入 21 世纪以后,随着世界范围内环境、资源、生态的日益恶化,可持续发展概念开始流行,"可持续城市"的概念亦随之出现。"城市园林"和"园林城市"的呼声越来越高,人们开始深刻总结园林的功能以及规划设计的原则和方向,不断为现代园林的发展融入新的理念。展望未来,园林的内容将会更充实、范围将会更扩大。正向着宏观的自然环境和人类所创造的各种人文环境全面延伸,同时又广泛地渗透到人们生活的各个领域。

这些情况反映在园林上有以下表现:①私人所有的园林已不占主导地位,甚至消失。城市公共园林、绿地以及各种户外活动场地不断扩大,城市的建筑设计对象由个体转为群体,与园林绿化相结合转化为环境设计,确立了城市生态系统的概念。国外一些发达国家和地区已经出现了相当数量的"园林城市",城市居民回归自然已经变为现实。②园林绿化的应用范围不断扩大,从繁华城市到宁静乡村、从城市公园到自然保护区,都广泛运用生态学、环境科学以及各种先进的技术,以创造合理的城市生态系统。园林学已经涉及工业、农业、矿山、交通、水利、风景名胜、旅游休养等自然资源开发工程。③现代园林艺术已成为环境艺术的一个重要组成部分,它不仅需要多学科、多专业的综合协作,而且作为创作对象的公众的参与起到了监督和促进作用。因此,跨学科的综合性和公众的参与性便成了园林艺术创作的主要特点。

三、典型园林

(一)美国纽约中央公园

19 世纪 50 年代,纽约等美国的大城市正经历着前所未有的城市化:大量人口涌入城市,

19 世纪初确定的城市格局的弊端暴露无遗。1851 年纽约州议会通过公园法，中央公园也是在这个时期酝酿出现。

在曼哈顿岛东侧沿河建设公园的方案流产后，1853 年中央公园的位置及规模大致确定。1858 年中央公园设计竞赛公开举行，美国景观设计之父奥姆斯特德与合伙人沃克的方案在 35 个应征方案中脱颖而出，成为中央公园的实施方案。奥姆斯特德本人也被任命为公园建设的工程负责人。当时的中央公园用地及其周围地区远在纽约市郊外，到处是高低不平的土地、裸露的岩石、散布的低收入者的棚户，经过 15 年的艰苦施工，1873 年终于建成了全世界最著名的城市公园——纽约中央公园。这也是奥姆斯特德最著名的代表作，它的意义不仅在于它是全美第一个并且是最大的公园，还在于在其规划建设中，诞生了一个新的学科——景观设计学。

据统计，目前该公园面积达 340 万 m^2。公园中有总长 93 km 的步行道，9 000 张长椅和 6 000 棵树木，每年吸引多达 2 500 万人次进出，园内有动物园、运动场、美术馆、剧院等各种设施。

(二)第一座“田园城市”——莱切沃思

19 世纪中期以后，在种种改革思想和实践的影响下，1898 年英国人霍华德发表了他的著作《明天的田园城市》，提出了田园城市的理论(图 1-9)。这是城市规划史上最重要的著作之一，它的许多内容至今仍具有现实意义。霍华德后来确定的田园城市概念为：田园城市是为健康、生活以及产业而设计的城市，它的规模足以提供丰富的社会生活，但不应超过这一程度；四周要有永久性农业地带围绕，城市的土地归公众所有，由委员会受托管理。

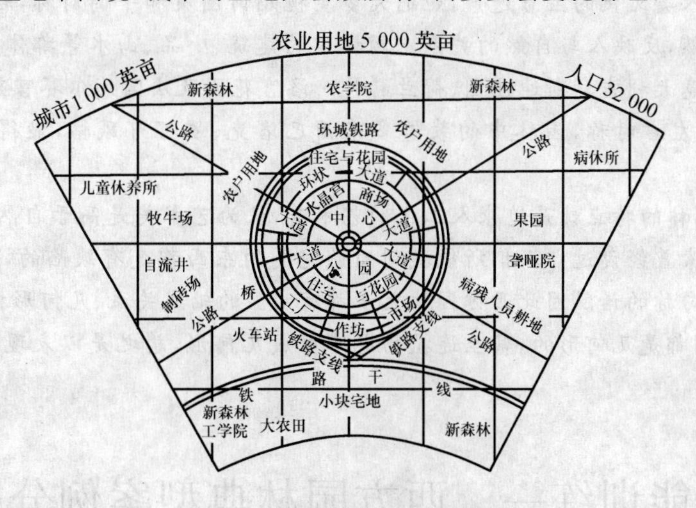

图 1-9　霍华德的“田园城市”理论

霍华德于 1899 年组织了田园城市协会，1903 年组织了“田园城市有限公司”，筹措资金，在距离伦敦东北 56 km 的地方购置土地，建立了第一座田园城市莱切沃斯，规划人口 35 000 人，由霍华德忠实的追随者恩温和帕克设计完成。

霍华德的理论比傅立叶、欧文等的空想前进了一步。他把城市当做一个整体来研究，联系城乡的关系，提出了适应现代工业的城市规划问题，对人口密度、城市经济、城市绿化等重要问题提出了见解，是现代城市规划学科建立的里程碑。

(三)国家公园

“国家公园”一词来源于外国,类似我国的国家重点风景名胜区,它是一种保留区,通常由政府所拥有,目的是保护某地不受人类发展和污染的伤害。国家公园已有100多年的历史。自1872年美国建立“黄石国家公园”后,“国家公园”一词就在全世界许多国家使用,尽管各自的确切含义不尽相同,但基本意思都指一类自然保护区。鉴于国家公园的普遍存在,1969年在印度新德里召开的IUCN(世界自然保护同盟)第十届大会作出决议,对国家公园进行定义,明确规定国家公园必须具有以下三个基本特征。

(1)区域内生态系统尚未由于人类的开垦、开采和拓居而遭到根本性的改变,区域内的动植物种、景观和生态环境具有特殊的科学、教育和娱乐意义,或区域内含有一片广阔而优美的自然景观。

(2)政府权力机构已采取措施,阻止或尽可能消除在该区域内的开垦、开采和拓居,并使其生态、自然景观和美学的特征得到充分展示。

(3)在一定条件下,允许以精神、教育、文化和娱乐为目的的参观旅游。

目前,著名的国家公园有美国的黄石国家公园、德纳理国家公园、冰川国家公园,我国安徽省的黄山风景名胜区、四川省北部阿坝藏族羌族自治州南坪县的九寨沟风景名胜区等,多以奇峰峻石,云海腾雾,奇特的自然景观以及丰富的动植物资源赢得世人的称赞。

小结

欧洲园林是人类文化的宝贵遗产,她们大多重视几何图案和平衡对称,轻视其自然性,没有着重去模拟自然,反映人与自然的关系。园林中的建筑、小品、山水等都体现出强烈的人工性和规则性。如意大利吉奥斯迪庄园、荷兰赫特·洛宫花园及法国凡尔赛宫苑都极具代表性:沿中轴线完全的左右对称,园林中的装饰多采用巴洛克、罗可可风格,显得宏伟壮观、富丽堂皇。

总之,西方园林的特点就是追求人工化的艺术美,认为艺术美是高于自然美的,17世纪法国造园家布阿依索曾经说过:“人们所能找到的最完美的东西都是有缺陷的,如果不去加以调整和安排的整齐匀称的话。”因此西方园林大多都有明显的轴线关系、几何形构图,雕塑、喷泉、草坪、花圃的构图都是几何形的,甚至连植物也修剪成几何形,总之是以表现人的统治力和思想力为目标。

技能训练一　西方园林典型案例分析

一、实训目的

通过实训了解西方园林的特色与风格,并运用到规划设计实践中。

二、材料用具

西方园林典型案例、尺子、笔、本子、参考书籍等。

三、方法步骤

1. 以小组为单位选择一个典型案例；
2. 每位同学认真分析，总结出该园林的特色；
3. 小组讨论，将各自意见进行交流，得出共同答案，并记录；
4. 小组间展示、分享各自的分析成果；
5. 总结、修改、完善。

四、作业

完成任务工单的填写。

◈**典型案例**

——巴黎凡尔赛宫

凡尔赛宫位于法国巴黎西南18公里的凡尔赛，驰名世界，是人类艺术宝库中的一颗绚丽灿烂的明珠。

凡尔赛宫原是一个小村落，是路易十三在凡尔赛树林中造的狩猎宫。1661年，路易十四执政时期，著名建筑师勒·沃·哈尔都安和勒·诺特尔精心设计而改造成一座豪华的王宫。该宫于1689年全部竣工，至今已有300多年历史。全宫占地111万 m^2。宫殿气势磅礴，布局严密、协调。正宫朝东西走向，两端与南宫和北宫相衔接，形成对称的几何图案。宫顶建筑摒弃了巴罗克的圆顶和法国传统有尖顶建筑风格，采用了平顶形式，显得端正而雄浑。宫殿外壁上端，林立着大理石人物雕像，造型优美，栩栩如生。

凡尔赛宫苑占地面积巨大，规划面积1 600 hm^2，如果包括外围大林园，占地面积将达到6 000 hm^2 之多，从东向西由练兵场、宫殿和园林3部分组成。东西向主轴长约3 km，建造历时26年。

凡尔赛宫是早期古典主义建筑的代表，建筑造型严谨，普遍应用古典柱式，内部装饰华丽而丰富多彩。园林的规模在世界王家园林中首屈一指。他的设计突出了“强迫自然接受匀称法则”的规则式设计理念，肯定了人工美高于自然美。

◈**复习思考题**

1. 日本造园的代表作品及其特点？
2. 伊斯兰造园风格和特点是什么？它对西班牙园林的发展起到了什么样的作用？
3. 影响英国风景园的造园风格有哪些因素？
4. 18世纪中叶到20世纪上半叶西方园林文化对中国园林有何影响？原因是什么？
5. 分析文艺复兴后几何式庭院的代表作品及其特点。
6. 美国国家公园的产生对现代园林学科发展的意义。
7. 简述“田园城市”理论的主要思想及其影响。
8. 从纽约中央公园看奥姆斯特德的公园设计思想。

项目二　中国园林发展历史分析

◈**学习目标**

了解中国园林在世界园林艺术起源中的地位和作用；掌握中国园林的发展历程；掌握中国古典园林的艺术特点及地方特色；学会分析中国古典园林特色，并掌握中外园林的差异和相互作用，吸众家之长，运用到规划设计实践中。

任务一　中国园林发展历程分析

中国园林在世界园林发展史上与法国园林和阿拉伯园林鼎足三立，各具异趣，从殷代的台、苑和囿开始，已有3 000多年的历史，它在世界园林中，自成体系，独具风格，早在16世纪，就传入日本，在18世纪后半期，曾经对欧洲园林的浪漫主义运动，起过积极的推动作用。皇家园林是中国古典园林的重要组成部分，它不仅是封建社会统治者生活和游乐的地方，也是他们实施朝政，行使权力的重要场所。它们的建造花费了大量的人力和物力，因此皇家园林总是反映了一个时代建筑和园林艺术的最高成就。

中国古典园林是由建筑、山水、花木和诗文组合而成的一种综合艺术，虽由人作，宛若天成，它体现的是一种宇宙观，一种文化观。“智者乐水，仁者乐山”，早在春秋时代，人们已经开始在山川之美与士大夫人格价值间建立了某种直接联系。秦汉宫苑的体现天地，唐代的壶中格局，清明的“芥子纳须弥”等，作为文化之表征，镌刻着十分鲜明的时代精神和民族文化印记。

从我国古典园林的发展历史上看，最初中国古典园林的产生是作为权力象征的帝王的政府行为，而文人的介入是在稍后的时期。受文人文化影响至深的“文人园林”则是中国古典园林所具有的一种独特形式，周维权老先生在《中国古典园林史》中提到：“文人园林乃史士流园林之更侧重于以赏心悦目而寄托理想、陶冶性情、表现隐逸者。推而广之，则不仅是文人经营的或者文人所有的园林，也泛指那些受到文人趣味浸润而‘文人化’的园林。如果把它视为一种造园艺术风格，则‘文人化’的意义就更为重要，乃是广义的文人园林。”

纵观我国园林的发展历史，可以归纳为以下几个不同的时期，即萌芽期、形成期、转折期、成熟期、高潮期、变革期、新兴期。

一、萌芽期

此时期也可称为“自然时期”，相当于距今三四千年的我国社会历史发展的殷商西周时代。当时商朝国势强大，经济发展较快。文化上不仅发明了有以象形为主的文字，还有会意、形声、假借等字。在商朝的甲骨文中就有了园、圃、囿等字，从它们的活动内容可以看出囿最具有园林的性质。“囿”就是在一定的地域范围，让天然的草木和鸟兽滋生繁育，并挖池筑台，供帝王贵族们狩猎、游乐、礼祭等活动的场所。“囿”是园林的雏形,除部分人工建造外,大片的还是朴素的天然景色。根据史料记载,这种“囿”片地宽广,一般方圆都在几十里、上百里左右,据《孟子》记载:“文王之囿,方七十里”,其中养有兽、鱼、鸟等,不仅供狩猎,同时也是周文王欣赏自然之美,满足他的审美享受的场所。可以说,囿是我国古典园林的一种最初形式。

据有关记载,如《周礼》:“园圃树果瓜,时敛而收之”;《说文》:“囿,养禽兽也”,说明囿的作用主要是放牧百兽,以供狩猎游乐。在商朝末年和周朝初期,不但“帝王”有囿,等而下之的奴隶主也有囿,只不过在规模大小上有所区别。在商朝奴隶社会里,奴隶主盛行狩猎取乐,如殷朝的“帝王”为了游猎和牧畜,专门种植刍秣和圈养动物,并有专人经营管理。《史记》中记载殷纣王“原赋税以实鹿台之钱……益收狗马奇物……益广沙丘苑台,多取野兽蜚鸟置其中。……乐戏于沙丘”(图 2-1)。

图 2-1 周文王灵囿

所以说,我国园林的兴建是从殷周开始的,囿是园林的最初形式,而且这种园林活动的内容和形式即使到了清朝也还未脱离开。如避暑山庄,从康熙到乾隆,经常在避暑山庄内举行骑马射箭等礼仪、游憩活动。

二、形成期

在封建社会的秦代,秦始皇建立前所未有的民族统一大国后,连续不断地营建宫苑,大小不下 300 处,其中最为有名的应推上林苑中的阿房宫,周围 300 里,内有离宫 70 所,“离宫别馆,弥山跨谷”,规模宏伟。

在汉代,所建宫苑以未央宫、建章宫、长乐宫规模为最大。汉武帝在秦上林苑的基础上继续扩大,苑中有宫,宫中有苑,在苑中分区养动物,栽培各地的名果奇树多达 3 000 余种,不论是其内容和规模都是相当可观。

这一时期，我国园林由最早的在囿中设“台”、“沼”，发展到西汉时上林苑中的堂、楼、阁、亭、廊、榭等多种形式，但布局粗糙简单，还缺乏因地制宜、随势造景的艺术手法。但是，它足以证明中国园林走入一个新的时期——形成期。

三、转折期

魏晋南北朝时期，是中国古代园林史上的一个重要转折时期。文人雅士厌烦战争，玄谈玩世，寄情山水，风雅自居。豪富们纷纷建造私家园林，把自然式风景山水缩写于自己的私家园林中。这也是中国园林史上重要的发展阶段，中国园林走入转折期。这一时期以自然美为核心的美学思潮直接影响着造园活动，由模仿自然山水发展到艺术地再现自然山水之美。在这一时期，产生了许多擅长山水画的名手。他们善于画山峰、泉、丘、壑、岩等。为此，在山水画的出现和发展的基础上，由画家所提供的构图、色彩、层次和美好的意境往往成为造园艺术的借鉴。

这时文人士大夫更是以玄谈隐世，寄情山水，以隐退为其高尚，更有文人画家以风雅自居。因此，该时期的造园活动将所谓“诗情画意”，也运用到园林艺术之中来了，并为隋唐的山水园林艺术发展打下了基础。

四、成熟期

隋唐时期国家统一，国力强盛，人们生活安定，社会经济繁荣，为造园活动提供了雄厚的物质基础，这一时期造园活动已开始吸收山水诗，山水画的意境，园林景物具有诗画情趣。这些都标志着中国自然式风景园林进入成熟期。由汉代开端的中国园林发展进程，经过东汉、三国、魏晋南北朝到隋代统一中国的过渡，至唐代出现了一个兴盛的局面。唐代，这是继秦汉以后我国历史上的极盛时期。此时期的造园活动和所建宫苑的壮丽，比以前更有过之，而无不及。如在长安建有宫苑结合的“南内苑”、“东内苑”、“芙蓉苑”及骊山的“华清宫”等。著名的“华清宫”至今仍保留唐代园林艺术风格，是极为珍贵的园林遗产。

在宋代，有著名的汴京（今开封）“寿山艮岳”，周围十余里，规模大、景点多，其造园手法比过去大有提高。

由于疆域的扩大、经济的发达、民族的融合，促进了园林艺术的发展，达到了一个空前繁荣时期。园林的发展出现了两个显著的特点，一是在苑囿的营建中注意了游乐和赏景的作用，如在殿宇建筑外，注意到叠石造山，凿池引泉。布局关系也趋于融洽，使之形成优美的环境，发挥了休憩、游赏，甚至宴乐之功能；二是绘画技术发展与造园艺术发展互相促进，画家所提炼的构图、排列、层次和色彩等绘画艺术，极大地丰富了造园技巧。有的画家本身就是一个杰出的造园专家，如盛唐诗人、画家王维（公元700—760年）知音律，善绘画，爱佛理，以诗和山水画方面成就最大，晚年在陕西蓝田县南终南山下作辋川别业。据《唐书》载：“维别墅在辋川，地奇胜，有华子冈、歌湖，竹里馆，茱萸汴，辛夷坞。”《山中与裴迪书》中有：“北涉玄霸，清月映郭。夜登华子冈，网水沦涟，与月上下，寒山远水，明灭林外。深苍寒犬，吠声如豹。……步厌经，临清流也。当待春中，草木蔓发，卷山可望。轻倏出水，白鸥骄翼。”这种入画的描绘再从《辋川集》的诗句中，更可体会到王维别业的诗情画意了。

中国园林成熟期最突出的成就是造园和文学、绘画的结合，大家所熟知的宋徽宗营建的“寿山艮岳”，也就是《水浒传》里“花石纲”的来历。这个御花园，山水美秀、林木畅茂，迭石树峰，又有宫殿亭阁，高低错落，迭山凿池，别出胜景，可称为唐宋时期中国古典园林的代表作。

五、高潮期

明、清时期是我国园林和园林建筑艺术的鼎盛时期，它不仅继承了传统的造园手法，并形成了具有地方风格的园林特色，出现了许多著名园林，如北京的西苑三海（北海 中海 南海）、圆明园、清漪园（今颐和园 ）、静宜园、静明园等，在此期间，除了建造规模宏大登峰造极的皇家园林之外，还有大量的私家园林，独具“妙在小，精在景，贵在变”的园林特色。从文徵明所著《王氏拙政园记》可以看出拙政园是从“逍遥自得，享闲居之乐”出发，淡泊自然，故信步园内，眼前山林深郁，池水连绵，“滉漾渺弥，望若湖泊”，仿佛置身于纵横淋漓的山水画卷之中，令人心旷神怡。《园冶》著者计成所兴造的影园，更是匠心独运，巧于因借，不仅北借蜀岗，还将江南诸山“奔来眼底”。园内山水融汇于大自然之中，园内土丘作为远山的余脉经营，并引水从山中渗流而出，混假于真，真假难分，可称山水规划之“珍品”。这种旷达与超逸的园林审美观从明中叶一直延续到清初，至乾隆时，园林美学思想起了巨大的变化。这个全盛时期的园林，有三个方面的特点：①功能全：在各个历史时期，园林发展都有新增加的内容和功能，诸如听政、受贺、宴会、观戏、居住、园游、读书、礼佛、观赏、狩猎、种花，等等，应有尽有，甚至为满足统治者的“雅兴”，还建有商业市街之景，如近年恢复的颐和园苏州街，以及圆明园原来的买卖街，包罗了帝王生活的全部活动，功能的多样化，自然扩大了园林的建筑营造规模。②形式多：这里指的是作为园林重要组成部分的建筑而言，无论是建筑群落组合，还是单体建筑，其形式也是多种多样。它吸收了各地区的地方特点和各民族的民族风格，既有殿堂楼阁，又有幽尼佛寺；既有粉墙石垣，又有竹篱泥笆，灵活而多变，随处而点缀，这在《红楼梦》大观园中有非常生动的反映。在园林布局方面吸收了南北园林艺术的精华，因地制宜地加以融合，比如圆明园的诸多景色中再现了国内苏杭、扬州等地著名园林的特点。③艺术化：明清园林中占主导地位的是园林建筑的高度艺术化。巧于因借、移步景异、动静相宜等艺术美学理论的运用已臻成熟，各种建筑形式的风景景观融为一体，甚至在附属设施的样式、内部装修和环境色彩等方面也得到了和谐统一的设计，体现了中国造园思想的高超境界。

与此同时，元明清时期的造园理论也有了重大发展，《园冶》一书就是明代著名的造园专家计成积几十年造园经验，而撰写的一本园林学著作。该书首先阐述了造园的观点，并详细地记述了如何相地、立基、铺地、掇山、选石，并绘制了两百余幅造墙、铺地、造门窗等图案。此书为后世的园林建造提供了理论框架，以及可供模仿的范本。

六、变革期

自鸦片战争以来，中国园林历史进入了一个以公园为标志的新阶段。在各沿海城市出现租界公园，以供洋人游玩。现在的上海黄浦公园就是我国最早的租界公园，建于 1868 年，时人称之为“公家花园”或“公花园”，当年称外白渡公园。该园布局系按照英国的园景风格设计，园中布置有音乐台，西式亭子、草地，并在路边安置座椅。以后又增添两个喷水泉，在其一假山前，有两个相倚拥抱撑伞的童子雕像，伞顶上喷水，园内引种欧洲花卉品种。园景虽不多，但也算得上是新鲜事物，当时的人们都有入内一游之兴。另外，一些私家园林的部分开放，使西化的活动形式融入传统的园林文化之中，适应社会环境变化的需求。而后，中华民国的成立为城市公园在中国的产生奠定了坚实的基础。民国政府将公园建设作为推动社会进步的重要因子，为公众集会提供场所，满足国民对民主新生活方式的需求。

任何一种文化出现，总是与特定的社会制度、经济的发展息息相关。中国传统园林文化的近代转型，城市公园的形成过程同样如此。这种新型园林形式的出现，与中国传统园林文化发生了强烈碰撞：一方面，公园的开放性及所谓民主意识的表达与传统园林的私有性发生了冲突；另一方面，政治干预造成国与国之间强势文化与弱势文化的对抗。从较早出现的租界公园的发展可窥见一二。一般认为，中国古典私家园林在魏晋时期已经形成，当时黑暗的政治形势加上频繁的战乱，造成隐逸之风在缙绅、文人与官僚中广为流行，从而纷纷营造出属于自己的独立的园林空间，以求"乐放逸"、"好林薮"、"避暑烦"、"寄情赏"。因此，古典私园从诞生之日起，就拥有封闭之特性，清幽之意境。尽管宋以后，私家园林曾有过"洛下园池不闭门"、"遍入何尝问主人"的开放式园林空间的痕迹，但那只是"春秋佳日"的特定时段与特定人群的短暂聚会，丝毫没有影响到在长期的封建社会制度下累积、承袭而成的园林封闭、清幽性格的连贯性。然而，到了19世纪下半叶，中国沦为半殖民地半封建社会，尤其是在19世纪末的晚清时期，中国社会环境的变化营造出古典园林转型的"沃土"，公园与私园的界线在逐渐模糊。社会环境的综合影响、中西园林文化的相互融合、影响园林发展的内外因子的相互作用，共同促成了近代具有中国特色的公园文化的成型，并最终形成以公园为主要形式的园林发展模式。

七、新兴期

新兴期主要是指1949年新中国成立以后的时期。在新中国成立初期，各行各业都深受前苏联的影响，园林绿化也是如此。通常以模式统一，构图严格对称、规则为标准；尺度追求宏伟；气氛严谨肃穆，政治色彩浓厚。植物配置以常绿树种为主，落叶树种、灌木、地被及草坪相对过少，少有人性化的东西。随后的十年"文革"动乱，园林事业惨遭浩劫，遭受重大损失。改革开放以来，特别是近10年来，随着对外开放步伐的日益加快，园林绿化逐渐摆脱了单调和萧条。规划布局从僵化、单一逐渐变得灵活多样、自然；植物种类也从少到多，植物配置更加灵活多变，层次更为丰富。花灌木、地被植物特别是草坪的大量应用，不仅增加了绿量，而且还扩大了绿地的可视范围，极大地丰富了园林景观。在没有绿篱阻挡的草坪绿地里，人们和花草树木和谐相处，自然亲密交流，使园林变得生动活泼。

提炼中国园林文化的本土特征，传承中国古典园林的文化精髓，融入现代园林艺术，满足人们生活对环境需求，树立生态园林理念，已是中国现代风景园林的发展方向。

任务二　中国古典园林的艺术特点及地方特色分析

一、中国古典园林的艺术特点

(一)造园艺术，师法自然

师法自然，是指学习、效仿自然事物特征、特性，抓住事物的规律性，从中概括提炼出素材，获得创作源泉。如在掇山时，假山峰峦是由许多小的石料拼叠合成，叠砌时要仿天然岩石的纹脉，尽量减少人工拼叠的痕迹。水池常作自然曲折、高低起伏。花木布置疏密相间，形态天然。乔灌木也错杂相间，追求天然野趣。

(二)分隔空间,融于自然

中国古代园林常常用建筑围蔽和分隔空间,力求从视角上突破园林实体的有限空间的局限性,使之融于自然,表现自然。加之动静结合、虚实对比、承上启下、循序渐进、引人入胜、渐入佳境的空间组织手法和空间的曲折变化,以及园中园式的空间布局原则常常将园林整体分隔成许多不同形状、不同尺度和不同个性的空间,并将形成空间的诸要素糅合在一起,参差交错、互相掩映,将自然、山水、人文景观等分割成若干片段,分别表现,使人看到空间局部交错,以形成丰富得似乎没有尽头的景观。使园林景观与外面的自然景观等相联系、相呼应,营造整体性园林景观,追求无限外延的空间视觉效果。

(三)园林建筑,顺应自然

中国园林中的建筑形式多样,有堂、厅、楼、阁、馆、轩、斋、榭、航、亭、廊、桥、墙等。其作用是满足人们生活享受和观赏风景的愿望。在中国自然式园林中,建筑一方面要可行、可观、可居、可游;另一方面还起着点景、隔景的作用,使园林景色步移景异、渐入佳境,小中见大。所有建筑的形与神,与天空、地下自然环境相吻合,园内各部分自然相接,以使园林体现自然、淡泊、恬静、含蓄的艺术特色。

(四)树木花卉,表现自然

"山本静水流则动,石本顽树活则灵。"虽然山石水体是自然式园林的骨架,还需有植物、建筑和道路的装点陪衬,才会有"群山郁苍、群木荟蔚、空亭翼然、吐纳云气"的景象和"山重水复疑无路,柳暗花明又一村"的境界。中国古代园林对树木花卉的处理与安设,讲究自然。松柏高耸入云,柳枝婀娜垂岸,桃花数里盛开,乃至于树枝弯曲自如,花朵迎面扑香,其形与神,其意与境都十分重在表现自然。

师法自然,融于自然,顺应自然,表现自然——这是中国古代园林体现"天人合一"民族文化所在,是独立于世界之林的最大特色,也是永具艺术生命力的根本原因。

二、中国古典园林的地方特色

地形地貌,水文地质,乡土植物等自然资源构成的地域景观类型,是中国古典园林的空间主体的构成要素。乡土材料的精工细致,园林景观的意境表现,是中国传统园林的主要特色之一。中国古典园林强调"虽由人做,宛自天开",强调"源于自然而高于自然",强调人对自然的认识和感受。在中国古典园林的发展过程中,由于南北方气候、地域、文化、植被等因素的差异,使得中国古典园林逐渐形成了南方园林和北方园林两大主流风格,其他还有岭南园林、中原园林、荆楚园林、云贵园林、川蜀园林及少数民族地区园林。

我们经常指的北方园林较为狭义,是指河北、山东、北京、天津的园林,它集中了齐鲁、燕赵两地文化。在北方园林中,建筑的形象稳重、敦实,加之冬季寒冷和夏季多风沙而形成的封闭感,别具一种不同于江南的刚健之美。相对于南方而言,此区雨量较少,华北湖泊较少,不可能像江南,既有广袤平原,又有纵横水道。北方园林的崇山性表现在园林的堆山上,园山雄伟,以高、壮为美。山体面积较大,北方不像江南那样盛产叠山的石材,叠石为假山的规模就比较小一些。北京园林叠山多为就地取材,运用当地出产的北太湖石和青石,青石纹理挺直,类似江南的黄石,北太湖石的洞孔小而密,不如太湖石之玲珑剔透。这两种石材的形象均偏于浑厚凝重,与北方建筑的风格十分谐调。植物配植方面,观赏树种比江南少,尤缺阔叶常绿树和冬季花木，园林中柳树、槐树、松树、柏树、杨树、榆树等乔木类是用得较多的树种，其中以松柏和柳树最多。每届隆冬，树叶零落，水面结冰，又颇有萧索寒林的画意。园林的规划布局，中轴线、对景线的运用较多，更赋予园林以凝重、严谨的格调。

南方园林主要以江南私家园林为代表，它是以开池筑山为主的自然式风景山水园林。江南一带河湖密布，具有得天独厚的自然条件，又有玲珑剔透的太湖石等造园材料，这些都为江南造园活动提供了非常有利的条件。江南园林不仅在风格上与北方园林不同，在使用要求上也有些区别。江南园林以扬州、无锡、苏州、湖州、上海、常熟、南京等城市为主，其中又以苏州、扬州最为著称，也最具有代表性，而私家园林则又以苏州为最多。因此，苏州又有"江南园林甲天下，苏州园林甲江南"之称。南方园林有三个显著特点：第一，叠石理水。江南水乡，以水景擅长，水石相映，构成园林主景。第二，花木种类众多，布局有法。江南气候土壤适合花木生长，且多奇花珍木，新种奇品迭出，四季繁花不断。第三，建筑风格淡雅、朴素。布局自由，厅堂随宜安排，结构不拘定式，亭榭廊槛，宛转其间，一反宫殿、庙堂、住宅之拘泥对称，而以清新洒脱见称，为典型的文人园林风格。据记载，宋徽宗的艮岳、苑囿中建筑皆仿江浙白屋，不施五彩，清初营建北京的三山五园和热河的避暑山庄，也有意仿效江南园林意境。如清漪园的谐趣园仿寄畅园，圆明园的四宜书屋仿海宁安澜园；避暑山庄的小金山、烟雨楼都是以江南园林建筑为范本。

◆小结

中国古典园林指的是世界园林发展第二阶段上的中国园林体系。它由中国的农耕经济、集权政治、封建文化培育成长起来的，比起同一阶段上的其他园林体系，历史最久、持续时间最长、分布范围最广，这是一个博大精深而又源远流长的风景式园林体系。若把我国园林艺术3 000年左右的历史划分阶段的话，大致可分为：商朝产生了园林的雏形—囿；秦汉由囿发展到苑；唐宋由苑到园；明清则为我国古典园林的极盛时期。

从总体布局来看，中国古典园林是以山水为骨干构成的自然山水园林，皇家苑囿和私家园林彼此之间相互吸收渗透，共同推演着数千年之久的壮观园林艺术发展史。

在漫长的历史发展过程中，东西方园林由于历史背景和文化传统的不同而风格迥异、各具特色。园林作为文化的体现，东方是以中国古典园林为代表；西方则以法国古典园林为典型。前者着眼于反映园林的自然美，追求"虽由人作，宛自天开"的效果；后者讲究几何图案的协调组织，表现人工的创造力。从整体上看，东西方园林由于在不同的哲学、美学思想支配下，其形式和风格差别还是十分明显的，但同时又是互补的，各有所长。西方在园林学理论方面自有其系统性和深度，在严密规划方面更有其特色。特别是近代以来大力推广公共园林，这比东方要突出。

总之，中西方的园林相互影响，有同有异。西方园林追求物质形式的美、人工的美、几何布局的美、一览无余的美。在建筑形式上完全追求是两种迥异的效果：一个曲直交替、错落有致，别有一番韵味，一个严密规整、富丽堂皇，尽显气势恢宏。中国园林追求意韵的美、自然与人和谐的美、浪漫主义的美、抑扬跌宕的美。如果把西方园林比作油画，那么可把中国园林比作山水画，中国园林比西方园林更贴近自然。

技能训练二 中国古典园林典型案例分析

一、实训目的

通过实训了解中国古典园林的特色与风格，并运用到规划设计实践中。

二、材料用具

中国古典园林典型案例、尺子、笔、本子、参考书籍等。

三、方法步骤

1. 以小组为单位选择一个典型案例；
2. 每位同学认真分析，总结出该园林的特色；
3. 小组讨论，将各自意见进行交流，得出共同答案，并记录；
4. 小组间展示、分享各自的分析成果；
5. 总结、修改、完善。

四、作业

完成任务工单的填写。

◈典型案例

——苏州拙政园

拙政园，江南园林的代表，苏州园林中面积最大的古典山水园林。位于苏州市东北街178号，始建于明朝正德年间今园辖地面积约83.5亩，开放面积约73亩，其中园林中部、西部及晚清张之万住宅（今苏州园林博物馆旧馆）为晚清建筑园林遗产，约38亩。中国四大名园之一，全国重点文物保护单位，国家5A级旅游景区，全国特殊旅游参观点，被誉为“中国园林之母”，1997年被联合国教科文组织（UNESCO）列为世界文化遗产。

拙政园，这一大观园式的古典豪华园林，以其布局的山岛、竹坞、松岗、曲水之趣，被胜誉为“天下园林之典范”。与承德避暑山庄、留园、北京颐和园齐名，该园是中国四大名园之首、全国重点文物保护单位、全国特殊游览参观点之一、世界文化遗产，迄今为止同时具备这四项桂冠的全国仅拙政园一家。拙政园中现有的建筑，大多是清咸丰9年（公元1850年）拙政园成为太平天国忠王府花园时重建，至清末形成东、中、西三个相对独立的小园。中部是拙政园的主景区，为精华所在。面积约18.5亩。其总体布局以水池为中心，亭台楼榭皆临水而建，有的亭榭则直出水中，具有江南水乡的特色。池水面积占全园面积的3/5（也有资料显示为1/3）。池广树茂，景色自然，临水布置了形体不一、高低错落的建筑，主次分明。总的格局仍保持明代园林浑厚、质朴、疏朗的艺术风格。以荷香喻人品的“远香堂”为中部拙政园主景区的主体建筑，位于水池南岸，隔池与东西两山岛相望，池水清澈广阔，遍植荷花，山岛上林荫匝地，水岸藤萝粉披，两山溪谷间架有小桥，山岛上各建一亭，西为“雪香云蔚亭”，东为“待霜亭”，四季景色因时而异。远香堂之西的“倚玉轩”与其西船舫形的“香洲”(“香洲”名取以香草喻性情高傲之意)遥遥相对，两者与其北面的西园“荷风四面亭”呈三足鼎立之势，都可随势赏荷。倚玉轩之西有一曲水湾深入南部居宅，这里有三间水阁“小沧浪”，它以北面的廊桥“小飞虹”分隔空间，构成一个幽静的水院。

从拙政园中园的建筑物名来看，大都与荷花有关。王献臣之所以要如此大力宣扬荷花，主要是为了表达他孤高不群的清高品格。中部景区还有微观楼、玉兰堂、见山楼等建筑以及精巧的园中之园——枇杷园。西部原为“补园”，面积约 12.5 亩，其水面迂回，布局紧凑，依山傍水建以亭阁。因被大加改建，所以乾隆后形成的工巧、造作的艺术的风格占了上风，但水石部分同中部景区仍较接近，而起伏、曲折、凌波而过的水廊、溪涧则是苏州园林造园艺术的佳作。西部主要建筑为靠近住宅一侧的三十六鸳鸯馆，是当时园主人宴请宾客和听曲的场所，厅内陈设考究。晴天由室内透过蓝色玻璃窗观看室外景色犹如一片雪景。三十六鸳鸯馆的水池呈曲尺形，其特点为台馆分峙，装饰华丽精美。回廊起伏，水波倒影，别有情趣。西部另一主要建筑“与谁同坐轩”乃为扇亭，扇面两侧实墙上开着两个扇形空窗，一个对着“倒影楼”，另一个对着“三十六鸳鸯馆”，而后面的窗中又正好映入山上的笠亭，而笠亭的顶盖又恰好配成一个完整的扇子。“与谁同坐”取自苏东坡的词句“与谁同坐，明月，清风，我”。故一见匾额，就会想起苏东坡，并立时顿感到这里可欣赏水中之月，可受清风之爽。西部其他建筑还有留听阁、宜两亭、倒影楼、水廊等。东部原称“归田园居”，是因为明崇祯四年(公元 1631 年)园东部归侍郎王心一而得名。约 31 亩，因归园早已荒芜，全部为新建，布局以平冈远山、松林草坪、竹坞曲水为主。配以山池亭榭，仍保持疏朗明快的风格，主要建筑有兰雪堂、芙蓉榭、天泉亭、缀云峰等，均为移建。拙政园的建筑还有澄观楼、浮翠阁、玲珑馆和十八曼陀罗花馆等。

拙政园的布局疏密自然，其特点是以水为主，水面广阔，景色平淡天真、疏朗自然。它以池水为中心，楼阁轩榭建在池的周围，其间有漏窗、回廊相连，园内的山石、古木、绿竹、花卉，构成了一幅幽远宁静的画面，代表了明代园林建筑风格。拙政园形成的湖、池、涧等不同的景区，把风景诗、山水画的意境和自然环境的实境再现于园中，富有诗情画意。淼淼池水以闲适、旷远、雅逸和平静氛围见长，曲岸湾头，来去无尽的流水，蜿蜒曲折、深容藏幽而引人入胜；通过平桥小径为其脉络，长廊逶迤填虚空，岛屿山石映其左右，使貌若松散的园林建筑各具神韵。整个园林建筑仿佛浮于水面，加上木映花承，在不同境界中产生不同的艺术情趣，如春日繁花丽日，夏日蕉廊，秋日红蓼芦塘，冬日梅影雪月，无不四时宜人，创造出处处有情，面面生诗，含蓄曲折，余味无尽，为江南园林的典型代表。

◈复习思考题

1. 传统园林中世界造园三大系统产生的历史文化背景及造园特点是什么？
2. 简述中国古典园林的主要特点和地方特色。
3. 中国古典园林起源于何时？
4. 中国古典园林有哪几个重要发展时期？

项目三 园林设计程序分析

◈学习目标

了解园林规划设计的概念；熟悉园林规划设计的过程；掌握园林规划设计图纸的类型、表达方法和要求等；能结合具体设计项目，运用到规划设计实践中。

园林规划包括发展规划和实施规划两部分。发展规划指对未来园林绿地发展方向的设想安排，从宏观上对未来若干年园林绿地的发展提出设想。主要任务是按照国民经济发展需要，提出园林绿地发展的战略目标、发展规模、速度和投资等。一般有长期规划、中期规划和近期规划三种。实施规划（进行规划）指对某一个园林绿地（包括已建和拟建的园林绿地）所占用的土地进行安排和对园林要素（即山水、植物、建筑等）进行合理的布局与组合。从微观上对实际地段进行布局。主要任务是从时间、空间方面对园林绿地进行安排，使之符合生态、社会和经济的要求，同时又能保证园林个要素之间取得有机联系，以满足园林艺术的要求。

园林设计就是为了满足一定目的和用途，在规划的原则下，围绕园林地形，利用植物、山水、建筑等园林要素创造出具有独立风格、有生机、有力度、有内涵的园林环境。园林设计的内容包括地形设计、建筑设计、园路设计、种植设计、园林小品设计等。

园林规划设计就是从时间、空间、发展方向上对园林的发展作出设想，并对园林空间及构成要素进行合理地布局和组合，创造出适合人们观赏、游息、居住的园林环境。

任务一 园林规划设计过程分析

一、接受设计任务、基地实地踏勘，收集有关资料

作为一个建设项目的业主（俗称“甲方”）会邀请一家或几家设计单位进行方案设计。作为设计方（俗称“乙方”）在与业主初步接触时，要了解整个项目的概况，包括建设规模、投资规模、可持续发展等方面，特别要了解业主对这个项目的总体框架方向和基本实施内容。总体框架方向确定了这个项目是一个什么性质的绿地，基本实施内容确定了绿地的服务对象。这两点把握住了，规划总原则就可以正确制定了。

另外，业主会选派熟悉基地情况的人员，陪同总体规划师至基地现场踏勘，收集规划设计前必须掌握的原始资料。这些资料包括：

（1）所处地区的气候条件　气温、光照、季风风向、水文、地质土壤（酸碱性、地下水位）等；

（2）周围环境　主要道路，车流人流方向等；

（3）基地内环境　湖泊、河流、水渠分布状况，各处地形标高、走向等。

总体规划师结合业主提供的基地现状图（又称“红线图”），对基地进行总体了解，对较大的影响因素做到心中有底，今后作总体构思时，针对不利因素加以克服和避让；有利因素充分地

合理利用。此外，还要在总体和一些特殊的基地地块内进行摄影，将实地现状的情况带回去，以便加深对基地的感性认识。

二、初步的总体构思及修改

基地现场收集资料后，就必须立即进行整理，归纳，以防遗忘那些较细小的却有较大影响因素的环节。在着手进行总体规划构思之前，必须认真阅读业主提供的“设计任务书”(或“设计招标书”)。在设计任务书中详细列出了业主对建设项目的各方面要求：总体定位性质、内容、投资规模、技术经济相符控制及设计周期等。在这里，还要提醒刚入门的设计人员一句话：要特别重视对设计任务书的阅读和理解，一遍不够，多看几遍，充分理解，“吃透”设计任务书最基本的“精髓”。

在进行总体规划构思时，要将业主提出的项目总体定位作一个构想，并与抽象的文化内涵以及深层的警世寓意相结合，同时必须考虑将设计任务书中的规划内容融合到有形的规划构图中去。

构思草图只是一个初步的规划轮廓，接下去要将草图结合收集到的原始资料进行补充，修改。逐步明确总图中的入口、广场、道路、湖面、绿地、建筑小品、管理用房等各元素的具体位置。经过这次修改，会使整个规划在功能上趋于合理，在构图形式上符合园林景观设计的基本原则：美观、舒适(视觉上)。

三、方案的第二次修改及文本的制作包装

经过了初次修改后的规划构思，还不是一个完全成熟的方案。设计人员此时应该虚心好学、集思广益，多渠道、多层次、多次数地听取各方面的建议。不但要向老设计师们请教方案的修改意见，而且还要虚心向中青年设计师们讨教，往往多请教讨教别人的设计经验，并与之交流、沟通，更能提高整个方案的新意与活力。

由于大多数规划方案，甲方在时间要求上往往比较紧迫，因此设计人员特别要注意两个问题：

第一，只顾进度，一味求快，最后导致设计内容简单枯燥、无新意，甚至完全搬抄其他方案，图面质量粗糙，不符合设计任务书要求。

第二，过多地更改设计方案构思，花过多时间、精力去追求图面的精美包装，而忽视对规划方案本身质量的重视。这里所说的方案质量是指：规划原则是否正确，立意是否具有新意，构图是否合理、简洁、美观，是否具可操作性等。

整个方案全都定下来后，图文的包装必不可少。现在，它正越来越受到业主与设计单位的重视。

最后，将规划方案的说明、投资框(估)算、水电设计的一些主要节点，汇编成文字部分；将规划平面图、功能分区图、绿化种植图、小品设计图，全景透视图、局部景点透视图，汇编成图纸部分。文字部分与图纸部分的结合，就形成一套完整的规划方案文本。

四、业主的信息反馈

业主拿到方案文本后，一般会在较短时间内给予一个答复。答复中会提出一些调整意见：包括修改、添删项目内容，投资规模的增减，用地范围的变动等。针对这些反馈信息，设计人员

要在短时间内对方案进行调整、修改和补充。

现在各设计单位计算机出图率已相当普及，因此局部的平面调整还是能较顺利按时完成的。而对于一些较大的变动，或者总体规划方向的大调整，则要花费较长一段时间进行方案调整，甚至推倒重做。

对于业主的信息反馈，设计人员如能认真听取反馈意见，积极主动地完成调整方案，则会赢得业主的信赖，对今后的设计工作能产生积极的推动作用；相反，设计人员如马马虎虎、敷衍了事，或拖拖拉拉，不按规定日期提交调整方案，则会失去业主的信任，甚至失去这个项目的设计任务。

一般调整方案的工作量没有前面的工作量大，大致需要一张调整后的规划总图和一些必要的方案调整说明、框（估）算调整说明等，但它的作用却很重要，以后的方案评审会，以及施工图设计等，都是以调整方案为基础进行的。

五、方案评审

由有关部门组织的专家评审组会集中一天或几天的时间进行专家评审（论证）。出席会议的人员，除了各方面的专家外，还有建设方领导、市及区有关部门领导，以及项目设计负责人和主要设计人员。

方案评审会结束后几天，设计方会收到打印成文的专家组评审意见。设计负责人必须认真阅读，对每条意见都应该有一个明确的答复，对于特别有意义的专家意见，要积极听取，立即落实到方案修改中。

六、扩初设计评审会

设计者结合专家组方案评审意见，进行深入一步的扩大初步设计（简称“扩初设计”）。在扩初文本中，应该有更详细、更深入的总体规划平面、总体竖向设计平面、总体绿化设计平面、建筑小品的平、立、剖面（标注主要尺寸）。在地形特别复杂的地段，应该绘制详细的剖面图。在剖面图中，必须标明几个主要空间地面的标高（路面标高、地坪标高、室内地坪标高）、湖面标高（水面标高、池底标高）。

在扩初文本中，还应该有详细的水、电气设计说明，如有较大用电、用水设施，要绘制给排水、电气设计平面图。

扩初设计评审会上，专家们的意见不会像方案评审会那样分散，而是比较集中，也更有针对性。设计负责人的发言要言简意赅，对症下药。根据方案评审会上专家们的意见，我们要介绍扩初文本中修改过的内容和措施。未能修改的意见，要充分说明理由，争取能得到专家评委们的理解。

在方案评审会和扩初评审会上，如条件允许，设计方应尽可能运用多媒体电脑技术进行讲解，这样，能使整个方案的规划理念和精细的局部设计效果完美结合，使设计方案更具有形象性和表现力。

一般情况下，经过方案设计评审会和扩初设计评审会后，总体规划平面和具体设计内容都能顺利通过评审，这就为施工图设计打下了良好的基础。总之，扩初设计越详细，施工图设计越省力。

七、基地的再次踏勘

在园林规划设计步骤一中，我们谈到过基地的踏勘。这次所谈的基地的再次踏勘，至少有3点与前一次不同：

1. 参加人员范围的扩大

前一次是设计项目负责人和主要设计人，这一次必须增加建筑、结构、水、电等各专业的设计人员。

2. 踏勘深度的不同

前一次是粗勘，这一次是精勘。

3. 掌握最新、变化了的基地情况

前一次与这一次踏勘相隔较长一段时间，现场情况必定有了变化，我们必须找出对今后设计影响较大的变化因素，加以研究，然后调整随后进行的施工图设计。

八、施工图的设计

现在，很多大工程，市、区重点工程，施工周期都相当紧促。往往最后竣工期先确定，然后从后向前倒排施工进度。这就要求我们设计人员打破常规的出图程序，实行"先要先出图"的出图方式。一般来讲，在大型园林景观绿地的施工图设计中，施工方急需的图纸是：

(1)总平面放样定位图(俗称方格网图)。

(2)竖向设计图(俗称土方地形图)。

(3)一些主要的大剖面图。

(4)土方平衡表(包含总进、出土方量)。

(5)水的总体上水、下水、管网布置图，主要材料表。

(6)电的总平面布置图、系统图等。

同时，这些较早完成的图纸要做到两个结合：

(1)各专业图纸之间要相互一致，自圆其说。

(2)每一种专业图纸与今后陆续完成的图纸之间，要有准确的衔接和连续关系。总之，每一专业各自有特点。

社会的发展伴随着大项目、大工程的产生，它们自身的特点使得设计与施工各自周期的划分已变得模糊不清。特别是由于施工周期的紧迫性，我们只得先出一部分急需施工的图纸，从而使整个工程项目处于边设计边施工的状态。

前一期所提到的先期完成一部分施工图，以便进行即时开工。紧接着就要进行各个单体建筑小品的设计，这其中包括建筑、结构、水、电的各专业施工图设计。

另外，作为整个工程项目设计总负责人，往往同时承担着总体定位、竖向设计、道路广场、水体，以及绿化种植的施工图设计任务。他不但要按时，甚至提早完成各项设计任务，而且要把很多时间、精力花费在开会、协调、组织、平衡等工作上。尤其是甲方与设计方之间、设计方与施工方之间、设计各专业之间的协调工作更不可避免。往往工程规模越大，工程影响力越深远，组织协调工作就越繁重。

从这方面看，作为项目设计负责人，不仅要掌握扎实的设计理论知识和丰富的实践经验，更要具有极强的工作责任心和优良的职业道德，这样才能更好地担当起这一重任。

九、施工图预算编制

严格来讲，施工图预算编制并不算是设计步骤之一，但它与工程项目本身有着千丝万缕的联系，因而有必要简述一下。

施工图预算是以扩初设计中的概算为基础的。该预算涵盖了施工图中所有设计项目的工程费用。其中包括土方地形工程总造价，建筑小品工程纵总价，道路、广场工程总造价，绿化工程总造价，水、电安装工程总造价等。

根据一般的设计项目所得经验，施工图预算与最终工程决算往往有较大出入。其中的原因各种各样，影响较大的是：施工过程中工程项目的增减，工程建设周期的调整，工程范围内地质情况的变化，材料选用的变化等。施工图预算编制属于造价工程师的工作，但项目负责人脑中应该时刻有一个工程预算控制度，必要时及时与造价工程师联系，协商，尽量使施工预算能较准确反映整个工程项目的投资状况。

应该承认，某个工程的最终效果很大程度上有投资控制所决定。项目负责人有责任为业主着想，客观上因地制宜，主观上发挥各专业设计人员的聪明才智，平衡协调在设计这一环节中，做到投资控制。

十、施工图的交底

业主拿到施工设计图纸后，会联系监理方、施工方对施工图进行看图和读图。看图属于总体上的把握，读图属于具体设计节点、详图的理解。

之后，由业主牵头，组织设计方、监理方、施工方进行施工图设计交底会。在交底会上，业主，监理，施工各方提出看图后所发现的各专业方面的问题，各专业设计人员将对口进行答疑，一般情况下，业主方的问题多涉及总体上的协调、衔接；监理方、施工方的问题常提及设计节点、大样的具体实施。双方侧重点不同。由于上述三方是有备而来，并且有些问题往往是施工中关键节点。因而设计方在交底会前要充分准备，会上要尽量结合设计图纸当场答复，现场不能回答的，回去考虑后尽快做出答复。

在工程建设过程中，设计人员的现场施工配合又是必不可少的。

十一、设计师的施工配合

设计的施工配合工作往往会被人们所忽略。其实，这一环节对设计师、对工程项目本身恰恰是相当重要的。

业主对工程项目质量的精益求精，对施工周期的一再缩短，都要求设计师在工程项目施工过程中，经常踏勘建设中的工地，解决施工现场暴露出来的设计问题、设计与施工相配合的问题。如有些重大工程项目，整个建设周期就已经相当紧迫，业主普遍采用“边设计边施工”的方法。针对这种工程，设计师更要勤下工地，结合现场客观地形、地质、地表情况，做出最合理、最迅捷的设计。

如果建设中的工地位于设计师所在的同一城市中，该设计项目负责人必须结合工程建设指挥的工作规律，对自己及各专业设计人员制定一项规定：每周必须下工地一至两次(可根据客观情况适当增减)，每次至工地，参加指挥部召开的每周工程例会，会后至现场解决会上各施工单位提出的问题。能解决的，现场解决；无法解决的，回去协调各专业设计后出设计变更图解决，时间控制在2～3天。如遇上非设计师下工地日，而工地上恰好发生影响工程进度的较重大设计施工问题，设计师应在工作条件允许下，尽快赶到工地，协调业主、监理、施工方解决问题。上面所指的设计师往往是项目负责人，但其他各专业设计人员应该配合总体设计师，做好本职专业的施工配合。

如果建设中的工地位于与设计师不同城市，俗称“外地设计项目”而工程项目又相当重要（影响深远，规模庞大）。设计院所就必须根据该工程的性质、特点，派遣一位总体设计协调人员赴外地施工现场进行施工配合。

其实，设计师的施工配合工作也随着社会的发展、与国际间合作设计项目的增加而上升到新的高度。配合时间更具弹性、配合形式更多样化。俗话说，“三分设计，七分施工”。如何使“三分”的设计充分体现、融入到“七分”的施工中去，产生出“十分”的景观效果，这就是设计师施工配合所要达到的工作目的。

任务二 图纸表达

一、总体规划图设计阶段

（一）图纸部分

（1）建设场地的规划和现状位置图：图中要标明绿线轮廓、现状及规划中建筑物的位置和周围环境。图的比例尺为1∶2 000～1∶10 000。

（2）近期和远期用地范围图：标明具体位置，有明确尺寸及坐标，图的比例尺为1∶500～1∶2 000。

（3）总体规划平面图：要在用地范围内标明道路、广场、河湖、建筑、园林植物类型、出入口位置及地形竖向控制标高等。

（4）整体鸟瞰图。

（5）重点景区、园林建筑或构筑物、山石、树丛等主要景点或景物的平面图或效果图：比例尺为1∶20～1∶100。

（6）公用设施、管理用设施、管线的位置和走向图。

（7）重点改造地段的现状照片。

（二）说明书

总体规划图设计文件文字说明部分应包括：

1. 主要依据

即批准的任务书或摘录，所在地的气候、地理、地质概况，风景资源及人文资源，能源、公共设施、交通利用情况等。

2. 规模和范围

包括建设规模、面积及游人容量，分期建设情况，设计项目组成和对生态环境、游览服务设施的技术分析。

3. 艺术构思

包括主题立意，景区、景点布局的艺术效果分析和游览、休息线路布置。

4. 种植规划概况

包括立地条件分析，天然植被与人工植被的类型分析，种苗来源情况及园林植物选择的原则。

5. 功能与效益

包括执行国家政策、法令及有关规定的情况，对城市绿地系统和生活影响的预测及各种效益的估价。

6. 技术、经济指标

包括用地平衡表，土石方概数、主要材料和能源消耗概数，以及总概算。

7. 需要审批时决定的问题

包括城市规划的协调，拆迁、交通情况，施工条件、施工季节，以及总的投资预算。

二、初步设计阶段

(一)图纸部分

1. 总平面图

(1)用具体尺寸、标高标明道路、广场、河湖、建筑、假山、设备、管线等各专业设计或单独的子项目工程的相互关系、周围环境的配合，必要时可用断面图加以说明。

(2)总平面图必须有准确的放线依据。

(3)总平面图的比例尺由 1：200～1：500，简单的工程设计可用 1：1 000。

2. 附属的分图

(1)竖向设计图。

(2)道路广场设计图：包括广场外轮廓与道路的宽度，用具体尺寸标明；用方格网(或轴线、中心线)控制位置或线型，广场标高应标明中心部位和四周标高，道路转弯处应标出标高；标明排水方向，用地下管道排水时，要标明雨水口位置；比例尺同总平面图。

(3)种植规划图：应标明树林、树丛、孤立树和成片花卉的位置，定出主要树种；重点树木或树丛要标出与建筑、道路、水体的相对位置，比例尺同总平面图。

(4)园林建筑布局图：应注明建筑轮廓及其周围地形的标高，与周围构筑物的距离尺寸，以及与周围绿化种植的关系。

(5)综合管网图：应标明各种管线的平面位置和管线中心尺寸。

(二)初步设计说明书

对照总体规划图文件中的文字说明，提出全面的技术分析和技术处理措施、各专业设计配合关系中关键部位的控制要点，以及材料、设备、造型、色彩的选择原则。

(三)工程量总表

(1)各园林植物的种类、数量；

(2)平整地面、堆山、挖填方的数量；

(3)山石数量；

(4)广场、道路的铺装面积；

(5)驳岸、水池的面积；

(6)各类园林小品的数量；

(7)园灯、园椅等设备的数量；

(8)园林建筑、服务、管理建筑、桥梁的数量、面积；

(9)各种管线的长度，并尽可能标注处管径。

(四)设计概算

(1)根据概算定额，按照工程量计算工程的基本费用；

(2)按照有关部门规定，计算增加的各种附加费；

(3)公园、绿地范围以外的市政配套所用的附加费。

三、施工图设计阶段

(一)图纸目录

(二)设计说明

主要技术经济指标表，这些表可列在总平面布置图上。

(三)总平面布置图

(1)城市坐标网、场地建筑坐标网、坐标值；

(2)场地四界的城市坐标和场地建筑坐标(或注尺寸)；

(3)建筑物、构筑物(人防工程、化粪池等隐蔽工程以虚线表示)定位的场地建筑坐标(或相互关系尺寸)、名称(或编号)、室内标高及层数；

(4)拆除旧建筑的范围边界、相邻单位的有关建筑物、构筑物的使用性质、耐火等级及层数；

(5)道路、铁路和明沟等的控制点(起点、转折点、终点等)的场地建筑坐标(或相互关系尺寸)和标高、坡向箭头、平曲线要素等；

(6)指北针、风玫瑰；

(7)建筑物、构筑物使用编号时，列建筑物、构筑物名称编号表；

(8)说明栏内容包括尺寸单位、比例、城市坐标系统和高程系统的名称、城市坐标网与场地建筑坐标网的相互关系、补充图例、施工图的设计依据等。

(四)竖向设计图

(1)地形等高线和地物；

(2)场地建筑坐标网、坐标值；

(3)场地外围的道路、铁路、河渠或地面的关键性标高；

(4)建筑物、构筑物的名称(或编号)、室内外设计标高(包括铁路专用线设计标高)；

(5)道路、铁路和明沟的起点、变坡点、转折点和终点等的设计标高(道路在路面中、铁路在轨项、阴沟在沟项和沟底)、纵坡度、纵坡距、纵坡向、平曲线要素、竖曲线半径、关键性坐标. 道路注明单面坡或双面坡；

(6)挡土墙、护坡或土坡等构筑物的坡顶和坡脚的设计标高；

(7)用高距 0.10～0.50 m 的设计等高线表示设计地面起伏状况，或用坡向箭头表明设计地面坡向；

(8)指北针；

(9)说明栏内容包括尺寸单位、比例、高程系统的名称、补充图例等；

(10)当工程简单，本图与总平面布置图可合并绘制。如路网复杂时，可按上述有关技术条件等内容，单独绘制道路平面图。

(五)土方工程图

(1)地形等高线、原有的主要地形、地物；

(2)场地建筑坐标网、坐标值；

(3)场地四界的城市坐标和场地建筑坐标(或注尺寸)；

(4)设计的主要建筑物、构筑物；

(5)高距为 0.25～1.00 m 的设计等高线；

(6)20 m×20 m 或 40 m×40 m 方格网，各方格点的原地面标高、设计标高、填挖高度、填区和挖区间的分界线、各方格土方量、总土方量；

(7)土方工程平衡表；

(8)指北针；

(9)说明栏内容包括尺寸单位、比例、补充图例、坐标和高程系统名称、弃土和取土地点、运距、施工要求等；

(10)本图亦可用其他方法表示，但应便于平整场地的施工；

(11)场地不进行初平时可不出图，但在竖向设计图上须说明土方工程数量。如场地需进行机械或人工初平时，须正式出图。

(六)管道综合图

(1)绘出总平面布置图；

(2)场地四界的场地建筑坐标(或注尺寸)；

(3)各管线的平面布置、注明各管线与建筑物、构筑物的距离尺寸和管线的间距尺寸；

(4)场外管线接入点的位置及其城市和场地建筑坐标；

(5)指北针；

(6)当管线布置涉及范围少于三个设备专业时，在总平面布置蓝图上绘制草图，不正式出图。如涉及范围在三个或三个以上设备专业时，对干管干线进行平面综合，须正式出图；管线交叉密集的部分地点，适当增加断面图，表明管线与建筑物、构筑物、绿化之间以及合线之间的距离，并注明管道及地沟等的设计标高；

(7)说明栏内容包括尺寸单位、比例、补充图例。

(七)绿化布置图

(1)绘出总干面布置图。

(2)场地四界的场地建筑坐标(或注尺寸)。

(3)植物种类及名称、行距和株距尺寸、群栽位置范围、与建筑物、构筑物、道路或地上管线的距离尺寸、各类植物数量(列表或旁注)。

(4)建筑小品和美化构筑物的位置、场地建筑坐标(或与建筑物、构筑物的距离尺寸)、设计标高。

(5)指北针。

(6)如无绿化投资，可在总平面布置图上示意，不单独出图。此时总平面布置图和竖向设计图须分别绘制。

(7)说明栏内容包括尺寸单位、比例、图例、施工要求等。

(八)详图

道路标准横断面、路面结构、混凝土路面分格、小桥涵、挡土墙、护坡、建筑小品等详图。

◉小结

园林规划设计从接受设计任务开始,基地实地踏勘和收集有关资料是设计的基础,先进行总体构思,进行总体规划图设计,再进行初步设计,最后是施工图设计。不管哪个阶段,都需要反复地与业主沟通、基地踏勘,不能闭门造车,只有这样才能设计出业主满意的作品。即使如此,在施工阶段,设计师仍然需要配合施工,才能最终取得满意的效果。

技能训练三　园林规划设计过程分析

一、实训目的

通过实训熟悉园林规划设计的各个环节,并运用到规划设计实践中。

二、材料用具

某一个规划设计案例、图纸、绘图工具、笔、本子、参考书籍等。

三、方法步骤

1. 以小组为单位,进行角色扮演,分别扮演业主、设计师、评审专家、施工方等;
2. 业主阐述要求;
3. 设计师现场踏勘;
4. 总体构思初稿;
5. 业主反馈;
6. 总体构思修改;
7. 方案评审;
8. 初步设计;
9. 方案评审;
10. 再次踏勘;
11. 施工图设计;
12. 配合施工。

四、作业

完成任务工单的填写。

◈典型案例

——黄冈遗爱湖公园

遗爱湖公园构建"一环"、"两片"、"五区"、"十二景"的立体布局结构。

一环:指由城市干道、湖心路、公园内部的环湖路等交织、衔接、围合形成的公园环形观光主游线。这里的城市干道主要指东坡大道、赤壁大道、黄州大道、新港大道、文峰路五条道路;湖心路则是连接新老城区的交通要道。

两片:以湖心路为界限,形成的遗爱湖东湖片区和遗爱湖西湖片区。

五区:东坡文化休闲区、文化商业休闲区、竹园生态休闲区、原生态自然保护区、市民户外运动游乐区。

十二景:遗爱清风、临皋春晓、东坡问稼、一蓑烟雨、琴岛望月、红梅傲雪、江柳摇村、幽兰芳径、大洲竹影、水韵荷香、霜叶松风、平湖归雁。

我国素有将几个景点组合起来命名的传统,风景区多"四绝"、"八胜"、"十景"等美称。大体看来,景点的组合命名按区域大小可分成两种情况:一类是景区内的景点组合,如黄山四绝、西湖十景等;另一类是一个地区内的景点组合,如长江三峡、关中八景等。根据遗爱湖公园总体规划设计,我们初步考虑将公园景点归纳为"遗爱十二景"。

1. 遗爱清风(遗爱亭景区。命名法:地点+景观)　主要基于三点考虑:一是地理特征。这里是遗爱湖公园的主景区,所以必须突出"遗爱"。取"清风"是因为遗爱亭建于此,是遗爱湖公园的最高点,登高以后感觉微风拂面,心旷神怡。二是文化内涵。苏东坡《前赤壁赋》有"清风徐来,水波不兴","唯江上之清风,与山间之明月,耳得之而为声,目遇之而成色"的句子。三是纪念意义。《遗爱亭记》是苏东坡为纪念徐君猷罢任黄州知府而作的。徐君猷一身正气,两袖清风,"去而人思之,此之为遗爱"。此命名启迪各级领导干部要为民办事、为政清廉。

2. 临皋听涛(原打靶场。命名法:地点+行为)　临皋的意思就是水边的高地。原打靶场是一个高地,现在进行了平整,但还是三面环水,很适宜于听涛。同时,苏东坡寓居临皋亭期间,写有《临江仙·夜归临皋》:"夜饮东坡醒复醉,归来仿佛三更。家童鼻息已雷鸣。敲门都不应,倚杖听江声。长恨此身非我有,何时忘却营营? 夜阑风静縠纹平。小舟从此逝,江海寄余生。"

3. 东坡问稼(赤壁大道至新港一路。命名法:地点+行为)　这个地段都是湖边坡地,按规划设计,将种植茶园、梅园、海棠园、百草园、五谷园、果蔬园等,再现当年苏东坡日以困匮、躬耕东坡、以苦为乐的情景以及《东坡八首》的意境。

4. 一蓑烟雨(新港一路至顾家咀。命名法:景观+景观)　此地段是一个伸向湖中间的半岛,常常是烟雨蒙蒙。主要布置涵晖阁、景苏苑、弘毅台等建筑和景观,集中展示苏东坡的文化品格和艺术成就。苏东坡所作《定风波》中"一蓑烟雨任平生"就是其人生和艺术历程的概括和总结。

5. 琴岛望月(原琴岛。命名法:地点+行为)　琴岛系原名。此岛位于湖中,酷似一把小提琴。每至"月出于东山之上,徘徊于斗牛之间",站在琴岛之上,月光、湖光交相辉映,月影、云影融为一片,祈福"但愿人长久,千里共婵娟",可谓意境悠远,韵味无穷。

6. 花港春晓(洪家港临湖处。命名法:地点+景观)　此半岛三面环水,静处港湾。苏东坡《西江月》有"解鞍欹枕绿杨桥,杜宇一声春晓"的句子。这里规划建成青少年课外学习活动场所。青少年是人生花季，是祖国的花朵，契合“春晓”蕴含的青春年少、朝气蓬勃的意味。

7. 野岛秋鸿(原野营岛。命名法：地点+景观) 野岛就是孤岛，沿用野岛也是野营岛的历史传承。苏东坡《卜算子》中有“谁见幽人独往来，缥缈孤鸿影”的词句，还写下了“人似秋鸿有来信，事如春梦了无痕”的诗句。

8. 江柳摇村(连心桥至水产学校。命名法：景观+景观) 这里现在都是一些村庄，规划建成成片的柳树林及仿古村落。苏东坡写有“十日春寒不出门，不知江柳已摇村”的诗句。

9. 大洲竹影(大洲岛至水利学校。命名法：地点+景观) 沿用了原名“大洲岛”，此处规划建成大别山专类竹园，布置珍贵竹类专区、经济竹类专区、竹林幽径、竹文化馆等景观。苏东坡喜竹，初到黄州，便觉得黄州有“长江绕郭知鱼美，好竹连山觉笋香”之美。且以竹明志，写有“宁可食无肉，不可居无竹。无肉令人瘦，无竹令人俗。人瘦尚可肥，士俗不可医”的人生格言。《记承天寺夜游》中也有“庭下如积水空明，水中藻荇交横，盖竹柏影也”的佳句。

10. 水韵荷香(水利学校至西湖三路。命名法：景观+景观) 此处建有水韵广场及荷香桥。规划设计广种荷花。每当夏日，“接天莲叶无穷碧，映日荷花别样红”，清香四溢，令人陶醉。

11. 霜林松风(菱湖高中及周边。命名法：景观+景观) 这里是原生态自然保护区，有生态湿地和茂密的森林，尤以松树为主。苏东坡写有“自知醉耳爱松风，会拣霜林结茅舍”的诗句。独立寒秋，感受松风阵阵，观赏层林尽染，物我皆忘。

12. 疏桐归雁(新港路至西湖五路。命名法：景观+景观) 这里是城市入口处，最典型的景观特征是湖边一排整整齐齐的梧桐。徜徉于湖边树下，忽见开阔的湖面上空飞来一群雁阵，体验“诗中有画，画中有诗”的意境，感受大雁归来的喜悦，实为人生乐事。

◆复习思考题

1. 园林规划设计的一般步骤包括哪几个？
2. 在规划设计之前，应做哪些准备工作？
3. 总体规划图设计阶段的文字说明应包括哪些内容？
4. 施工图设计阶段需要绘制哪些图纸？

项目四 园林绿地空间构建

◈学习目标

了解中、西方园林艺术审美原理；掌握园林形式美的表现形态；掌握园林形式美的应用法则；掌握园林布局的基本形式；掌握园林空间艺术原理；掌握园景的创作手法；掌握园林色彩构图的组成因素；能结合实际，运用相关理论进行园林绿地空间构建与造景。

任务一 确定园林绿地的表现形式

一、美的概念

美是美学的中心问题，有人认为：客观事物反映到人的意识中，一切使人愉悦的，都可称之为美。从我国古汉字中，羊十大＝美，即牛羊等牲畜肥大可以满足人们美味的需要就是美，在古希腊，大哲学家苏格拉底认为："美即有用。"而同样在古希腊，毕达哥拉斯学派的学者们则认为："美是和谐。"18世纪法国文艺批评家布瓦洛认为：美是真与善的统一。还有人认为：美存在于观赏者心里；美是物体的一种性质；美是关系；美在于自由鉴赏，美是理念的感性显现。

总之，人的审美活动是以美的客体为对象，以人为主体进行的实践活动。人们在审美活动过程中，会萌发美感。美感发生时，常伴随强烈的情感反应，使人产生生理上的快感和精神上的舒畅、满足；美的客体会使人赏心悦目。

二、园林艺术的审美内容

通常，我们把人类能感受到的各种美归纳为三大类：即生活美、自然美和艺术美。

园林艺术是空间的艺术，通常人们认为园林属于五维空间的艺术范畴，一般有两种提法，一种是指：线条、时间空间、平面空间、静态立体空间、动态流动空间和心理思维空间；另一种是指：长、宽、高、时间空间和联想空间（意境）。园林艺术是综合的艺术，园林是人类在社会发展中为摆脱烦嚣嘈杂，尘俗污染的都市生活，回归大自然，再享自然美的"虽由人作，宛自天开"的杰出创造。园林艺术是按审美的要求，在叠山理水的自觉活动中，由山水、动植物、建筑组成的有限空间里创造出无尽的意境，具有很高的景观价值和欣赏意义的综合艺术。我们可以用亚里士多德的"整体大于部分之和"的名言来说明它，即"1＋1＞2"，也就是说：园林艺术的美，绝非等于各项单体景观元素之和，而应该大于各项单体景观元素之和。

因此，园林美的内容是生活美、自然美和艺术美的高度和谐统一，它有机地摄纳、融合了建筑、文学、美术、书法等各门艺术的意境，营造出自身独特的审美意境。

它是一种以模拟自然山水为目的，把自然的或经人工改造的山水、植物与建筑物按照一定的审美要求组成的综合艺术的美。一个美的园林能把人为的物质环境与自然风景合而为一，使建筑群与自然风光融合，形成一个更为集中典型的审美整体。古代所谓“天人合一”就是创造中国古典园林艺术、园林美的内在依据。其作为园林的审美理想渊源于传统的“天人合一”说。庄子提出：“天地与我并生，万物与我为一。”《易传》曰：“天大人者，与天地合其德，与日月合其明，与四时合其序，与鬼神合其吉凶。先天而弗违，后天而奉时。”孟子说：“万物皆备于我矣。”“天人合一”一方面以伦理、道德的方式肯定了人的社会性；另一方面又以“人道”和“天道”相通指出了人的自然性，因此“天人合一”观念中的人具有双重属性，人既是社会的产物又是自然的产物，完整、和谐的人性必然是介乎自然与社会之间，而园林艺术正是这一人生理想的产物。它通过自然景观、建筑、空间变化等手段来表达一定的审美情趣和人生理想。园林摆脱了一般建筑物所受到的功能上的束缚，它的使用功能更多地表现在精神内容方面，其审美要求远远超过物质功能要求。

三、园林艺术的审美途径

正是由于园林艺术是一门综合的艺术，故其审美途径也是多元化的。审园林之美，我们不仅要赏其空间之旷、花木之美、山石之秀，更要赏其深处，感受其境界之深美，因为在构成园林整体的诸要素中，文化底蕴是最有味道的一环。如若不能用一种旷达与超逸的审美观来审视园林，那么你将看不到真正意义上的文化园林。

中国造园走的是自然山水远的路子，所追求的是诗画一样的境界。在中国园林里，民俗吉祥图案洋溢着智慧的美、朴素的美、给游人带来具有强烈而明快的民俗民情的美感。人们把作为审美对象的自然景物看作是品德美、精神美和人格美的一种象征。古人有这样一些共识：认为松柏延年，荷花廉洁，翠竹虚心，岩石坚贞等都是和人的情感相联系的。因此，竹影花影，风声雨声，阳光月光，茶香花香，都能激起人们的情感的丰富联想，形成中国古典园林艺术的独特风格。人们把竹子喻为一种虚心、有节、挺拔凌云、不畏霜寒、随遇而安的品格精神。从竹子的人格化可以看出，人们更注重从自然景观的象征意义体现物与我、彼与己、内与外、人与自然的同一。又如，苏州沧浪亭中就有“五百名贤祠”，壁上嵌有自周代至清代与苏州有关的“名贤”500余人的石画像，显然也为了提供形象的道德规范，这也为园林储存了大量史学和伦理学信息。又如，在许多江南园林中的名人书联，不但笔墨酣畅，形神兼备，文采洋溢，字字珠玑，而且文化内涵丰富，可熏陶游客，昭示后人，启迪未来。

有人说，中国园林像一杯充满浓郁香气的茶叶茶，需要我们细细品尝，然后慢慢回味，而西方的园林就像一块精美的甜点，别具匠心，给人最直接的享受。西方园林着重体现人类征服自然、改造自然的成就。在园林中，你会发现人工雕琢过的自然散发着另一种美，一种被人类理想化了的美。这种美表现得很直白，很显露，无须太多的揣摩，给人以直接的享受。西方人更注重个性的充分发挥和自我理念的完美结合，不过于拘泥小节，张扬且十分大气，但有时他们的园林会给人一种与环境极不协调的感觉，身处其中有一种矛盾、冲突的体验，能给人一种振奋的感觉。

中、西园林从形式上看其差异非常明显。西方园林所体现的是人工美，不仅布局对称、规则、严谨，就连花草都修整的方方正正，从而呈现出一种几何图案美，从现象上看西方造园主要是立足于用人工方法改变其自然状态。中国园林则完全不同，既不求轴线对称，追求的是山环水抱，曲折蜿蜒，不仅花草树木任自然之原貌，即使人工建筑也尽量顺应自然而参差错落，力求与自然融合。当然，一个好的园林，无论是中国或西方的，都必然会令人赏心悦目，但由于侧重不同，西方园林给我们的感觉是悦目，而中国园林则意在赏心。

在原始社会，人们经常把动物的牙齿串起来挂在脖子上，作为一种勇敢的象征，或乞求神赐予力量。久而久之，这种形式逐步脱离了原来的使用价值。人们看到他们时会自然而然地产生一种亲切感，这时，它已经成为一种装饰品，成为一种时尚，一种形式上的美感，是相对独立的外部形式诸因素的美，即点、线、面、色彩、空间、构图、质材等形式因素组合构成的艺术作品的形式美。

人类在长期的劳动实践当中，发现了一些美的规律，古代希腊人在建筑和雕塑的创作中非常注重运用符合美规律的东西。比如，雅典卫城的帕特农神庙，第一个特征就是规则，规则被认为是最完美的艺术形式，是达到完美的保证。第二个特征是注重比例，并用精确的数字来表现。所以说，形式美是人类在长期社会实践中发现和积累起来的产物。然而，由于对自然美的认同差异，中西方在造园艺术上的追求各有侧重。中国造园虽也重视形式，但倾心追求的却是意境美；而西方造园刻意追求的却是形式美。西方人认为自然美有缺陷，为了克服这种缺陷而达到完美的境地，就必须凭借某种理念去提升自然美，从而达到艺术美的高度。这个理念也就是形式美法则。

在艺术史上，艺术家们通过长期的创造实践，探索出了一些相对不变的形式美法则，这些法则都是事物矛盾运动和对立统一规律在艺术形式上的体现，因此具有很大的普遍性。早在古希腊，哲学家毕达哥拉斯就从数的角度来探求和谐，并提出了黄金率。罗马时期的维特鲁威提出："比例是美的外貌，是组合细部时适度的关系。"文艺复兴时的达芬奇、米开朗琪罗等人还通过人体来论证形式美的法则。而黑格尔则以"抽象形式的外在美"为命题，对整齐一律、平衡对称、符合规律、和谐等形式美法则作抽象、概括。通过长期研究探索和实践，形式美的法则逐渐成了人们的审美共识。它不仅支配着建筑、绘画、雕刻等视觉艺术，甚至对诗歌、音乐等听觉艺术也有很大的影响。我们不难发现，西方园林那种轴线对称、均衡的布局，精美的几何图案构图，强烈的韵律节奏感都明显地体现出对形式美的刻意追求。

四、形式美的表现形态

形式美的表现形态，一般包括点、线、面、形、色彩、声音、空间等要素，它们是形式美赖以产生的重要条件。这些抽象形式美的因素，对于艺术美的生成，是至关重要的。在园林空间中形式美的表现形态主要有以下几个方面。

(一)点

点是相对较小的元素，它与面的概念是相互比较而形成的，园林中，同样是一棵树，如果布满整个绿地，它就是面(如树林、植物色块)，如果它在一个场景中可以多处单独出现，就可以理解为点，相类似还有如孤植树、置石、亭子等都可以看成是点。园林设计中，点最重要的功能就是表明位置和进行聚集，一个点在平面上，与其他元素相比，是最容易吸引人的视线的。点是最基本和最重要的元素，一个较小的元素在一幅构图中或者两个以上的非线元素如果同时出现在一个构图中，我们都可以将其视为点。点可以有各种各样的形状，有不同的面积，但在平面设计理论中，它的位置关系重于面积关系，甚至很多时候，我们并不关心点的面积大小。点和点之间，可以有不同的对应关系，如并列、上下重叠、大小不同对比等，各有各的视觉感受。如一个点在画面上是视点中心点，会给人安定而单纯的感觉；两个点就产生相互联系，具线与张力的感觉；三个以上的点作近距离的散置，会产生形的感觉；连续性的点可以形成点线

(图 4-1)。所以说,点的基本特征是细小,有小巧玲珑之感。点线拥有线的优势,又有点的特征,是用得较多的设计方式,如成排的行道树就可以理解为点的连续。而三个以上不在同一条线上的点可以形成面,我们可以运用点面这种特性来进行设计,点面具有面的优势,更多的是面的特征,但同时也有点的美感,因此看起来有种特别的美。在园林中我们可以多用点之间的不同的组合关系,来找出一些美丽的排列方式。

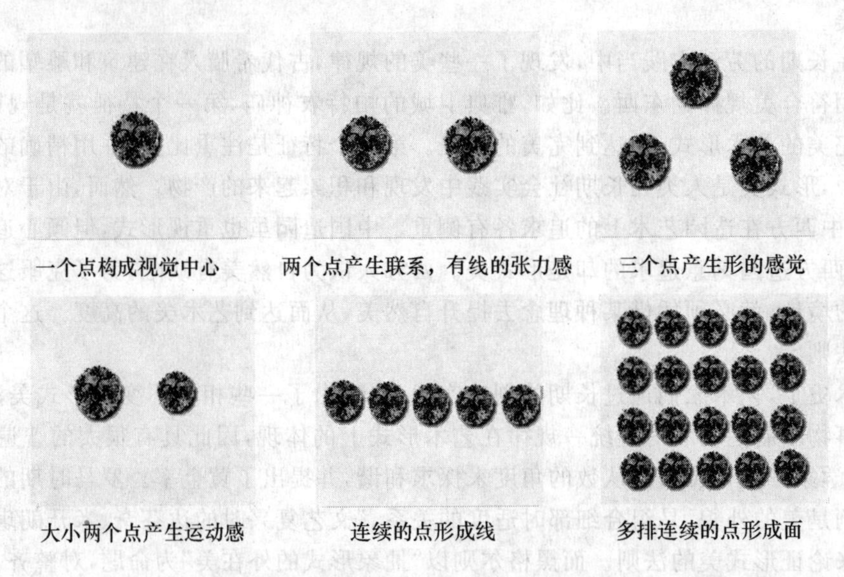

图 4-1　园林设计中点的视觉感受

点在绿化中起画龙点睛的作用。植物栽种的点是指单体或几株植物的零星点缀,点的合理运用是园林设计师创造力的延伸,其手法有:自由、陈列、旋转、放射、节奏、特异等,不同点的排列会产生不同的视觉效果,点是一种轻松、随意的装饰美,是园林设计的重要组成部分。

(二)线

线是具有位置、方向与长度的一种几何体,可以把它理解为点运动后形成的。与点强调位置与聚集不同,线更强调方向与外形。线可分为直线与曲线,直线具有男性阳刚的特征,它有力度、相对稳定,水平的直线容易使人联想到地平线、广场地坪、水面等。垂直的直线具有崇高、庄重、拉长、升降的心理感觉,如宝塔、纪念碑等(图 4-2)。设计作品中,直线的适当运用对于作品来说,有标准、现代、稳定的感觉,我们常常会运用直线来对不够标准化的设计进行纠正。适当的直线还可以分割平面。曲线则具有女性化的特点,具有柔软、优雅和病态的感觉。曲线的整齐排列会使人感觉流畅(图 4-3),让人想象到自然驳岸线、园路、流水等,有强烈的心理暗示作用,而曲线的不整齐排列会使人感觉混乱、无秩以及自由。斜线具有方向性、不安定和运动感。几何曲线则具有比例、节奏、和谐的理智性和时代感。线可以构成面(只要线出现了封闭,就是一个面了),线还可以突出形的美化作用。线的基本特征是细而具有一定的长度。园林构图中出现的线多指用植物栽种的线或是重新组合而构成的线,例如:绿化中的绿篱、花境等。要把植物绿化图案化、工艺化,线的运用是基础,绿化中的线不仅具有装饰美,而且还充溢着一股生命活力的流动美。

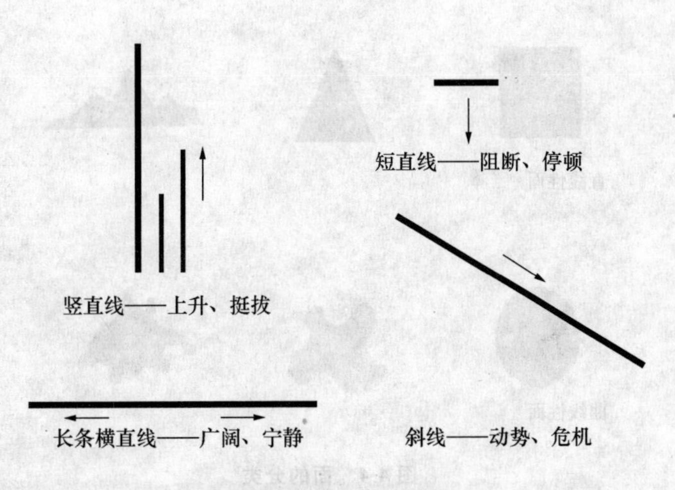

图 4-2　直线类型的审美特征

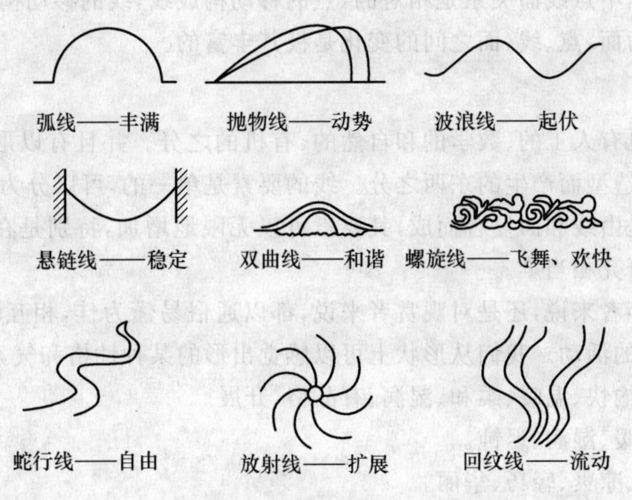

图 4-3　曲线类型的审美特征

(三)面

与点相比,它是一个平面中相对较大的元素,点强调位置关系,面强调形状和面积,请注意这里的面积是讲画面不同色彩间的比例关系。由二度空间构成的形都可以称为面,点和面之间没有绝对的区分,在需要位置关系更多的时候,我们把它称为点,在需要强调形状面积的时候,我们把它看为面。群化的面能够产生层次感,所谓群化,就是一大堆,一群群的,想象一下一只绵羊和一大群绵羊相比,就能明白什么是群化了。面可以进一步成为体,即体化的面。面的形态具有整体感的视觉特征,不同的面给人不同的视觉联想,如:正方形、菱形、等边三角形等直线性的面,具有坚固、简洁、秩序的视觉特征;圆形、椭圆形等曲线性的面则有柔软、数理、秩序井然、自由、明快的感觉;自由曲线性的面则给人以活泼、多变、朴实无华和富有情感的表达性(图 4-4)。面的特征是有长度、位置、方向而无厚度。绿化中的面主要指的是绿地草坪和各种形式的绿墙,它是绿化中最主要的表现手法。面可以组成各种各样的形,例如:任意的、多边的、几何的;把它们或平铺或层叠或相交,其表现力非常丰富。

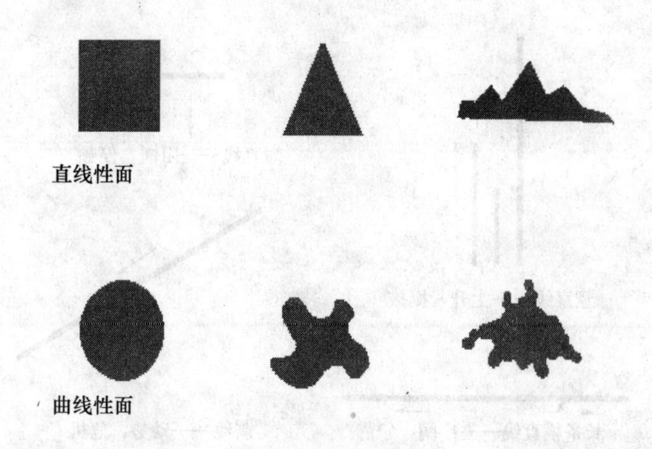

图 4-4　面的分类

总之，园林构图中点线面关系是相对的，点的移动构成线，线的移动构成面，面的缩小可变成点，点的扩大成为面，点、线、面之间的变化是极其丰富的。

(四)形

形，同线一样也有人工的、数学的和自然的、有机的之分。并且有以形为主追求功能性产生的东西和专追求造型而产生的东西之分。线的要素是单一的，可以分为直线和曲线，人工线和自然线等，而形是由线和面复合而成，其要素可以无限地增加，特别是在自然的形中更是如此。因此，对形的研究相当难。

形，无论对设计者来说，还是对观赏者来说，都以通俗易懂为佳，相互不了解的东西，不可能产生美的想象力的活动。我们从形状上可以感觉出形的某种性格和气氛：

(1)圆形：非常愉快、温暖、柔和、湿润、有品格、开展。

(2)半圆形：温暖、湿润、迟钝。

(3)扇形：锐利、凉爽、轻巧、华丽。

(4)正三角形：凉爽、锐利、坚固、干燥、强壮、收缩。

(5)菱形：凉爽、干燥、锐利、坚固、强壮、有品格、轻巧。

(6)正方形：坚固、强壮、质朴、沉重、有品格、愉快。

(7)长方形：凉爽、干燥、坚固、强壮。

(8)椭圆形：温暖、迟钝、柔和、愉快、湿润、开展。

(五)色彩

色彩是物质属性之一，是构成形式美的必不可少的要素。火红的太阳、蔚蓝的天空、翠绿的春山、金黄的麦浪等。如果缺乏了色彩，这个五彩缤纷的世界必然要黯然失色。色彩具有强烈的表情性质和精神意蕴。例如，蓝色给人感觉是宁静；绿色是最平静的颜色，对疲乏不堪的人是一大安慰；白色是一种孕育着希望的沉寂；而黑色是毫无希望的沉寂等。我们把组成园林景观的色彩分为三类，即人工色、自然色和半自然色。

人工色：是指通过各种人工技术手段生产出来的颜色，在园林景观中表现为各种材料和色彩的瓷砖、玻璃、各种涂料的色彩。

自然色：自然色是指自然物质所表现出来的颜色，在园林景观中表现为天空、石材、水体、植物的色彩。

半自然色：是指人工加工过但不改变自然物质性质的色彩，在园林景观中表现为人工加工过的各种石材、木材和金属的色彩。

园林景观中的色彩设计最重要的就是把园林景观中的天空、水体、山石、植物、建筑、小品、铺装等色彩的物质载体进行组合，以期得到理想中的色彩配置方案。在按照色彩的设计原则进行色彩设计时，是要考虑多方面的因素，如色彩的心理、生理感知影响；场地的地理特色，气候因素；民族及国家的风俗和偏好，文化宗教的影响；光线的变化、气候的因子；材料的特性等。另外，还要考虑使用中的场地性质对于色彩的要求，使用者的兴趣，爱好等。更重要的是，色彩设计本身带有设计者很强的主观意愿，在很大程度上是设计师个人意志的体现。

(六)空间

园林设计是一种环境空间设计，其目的在于提供给人们一个舒适而美好的外部休闲憩息场所。空间是由一个物体同感觉它存在的人之间产生的相互联系，在城市或公园这样广阔的空间中，它有自然空间和目的空间之分。作为与人们的意图有关的目的空间又有内在秩序的空间和外在秩序的空间两个系列。园林空间的构成须具备三因素：一是植物、建筑、地形等空间境界物的高度；二是视点到空间境界物的水平距离；三是空间内若干视点的大致均匀度。园林中的空间根据境界物的不同分为不同种类，主要有：以地形为主组成的空间；以植物（主要乔木）为主组成的空间，以及以园林建筑为主组成的空间（庭院空间）和三者配合共同组成的空间四类。

五、形式美法则的应用

(一)变化和统一法则

变化与统一是构成园林景观形式美诸多法则中最基本、也是最重要的一条法则。变化，是指相异的各种要素组合在一起时形成了一种明显的对比和差异的感觉，变化具有多样性和运动感的特征，而差异和变化通过相互关联、呼应、衬托达到整体关系的协调，使相互间的对立从属于有秩序的关系之中，从而形成了统一，它具有同一性和秩序感。统一，是指诸元素之间在内部联系上的一致性，变化与统一的关系是相互对立又相互依存的统一体，缺一不可。变化和统一是一种相当普遍使用的基本法则，他和整个宇宙对立统一的规律是一样的。事物本来就是丰富多彩而富于变化的统一整体。在园林环境中，由于多种元素存在，使其形象富有变化，但是这种变化必须要达到高度统一，使其统一于一个中心或主体部分，这样才能构成一种有机整体的形式，变化中带有对比，统一中含有调和。因此，在统一中求变化，在变化中求统一，并保持变化与统一的适度，才能使景观设计日臻完美。例如，配置园林植物时，如三树平列，则只统一而少变化，就显呆板；三树乱置，则杂乱无章，无统一可言，只有将二树统一，一树变化，二树聚而一树散，整体上造成既变化又统一的艺术效果。其实，在自然规律中，有秩序的程度是相对的，有秩序中包含着对比、平衡中包含不对称、静中包含着动，这种规律体现在艺术作品中，都会引起一种特定的形式美。园林景观是多要素组成的空间艺术，我们可以通过以下园林要素来处理好变化与统一的问题：

(1)局部与整体的统一；

(2)形式与内容的统一；

(3)风格的多样统一；

(4)形体的多样统一；

(5)材料与质地的多样统一；

(6)线型纹理的多样统一。

(二)对比与调和法则

1. 对比

对比是园林造景最常用的手法之一，对比意味着元素的差别，差别越大，对比越强，相反就越弱。所以在色彩关系上，有强对比与弱对比的区分。对比就是应用变化原理，使一些可比成分的对立特征更加明显，更加强烈。园林造景中的对比因素很多，如大小、曲直、方向、黑白、明暗、色调、疏密、虚实、开合等，都可以形成对比。通过对比可突出主题，强化立意，也可使相互对比的两个事物相得益彰，相互衬托，创造出感人至深的景观效果。在中国园林中，往往以建筑物与山石作对比，大与小作对比，高与低作对比，疏与密作对比，藏与露作对比，动与静作对比等。

(1)疏与密对比：在园林设计中，各造景要素在布局上，总是要求疏密得当，尤其在自然式园林中，疏与密之间的恰如其分的对比关系，是设计成功的关键之一。中国画在树的画法布局中强调疏可走马，密不透风，这一布局原则就很好地反映了疏与密的对比所产生的对比效果。到过北海团城的人，没有一个不说团城承光殿前的松柏布置得妥帖宜人。这是因为其松柏的姿态与附近的建筑物高低相称，又利用了“树池”将它参差散植，加以适当地组合，使疏密有致，掩映成趣，加上苍翠虬枝卷曲的枝干，与红墙碧瓦构成一幅极好的画面。

(2)藏与露对比：中国古典园林绝大部分四周皆有墙垣，景物藏之于内，可是园外有些景物还要组合到园内来，使空间推展极远，予人以不尽之意，中国园林向来以含蓄为美，利用障景、框景、漏景及各种划分园林空间的手法，达到园虽小，景愈深的艺术效果，这里其实就是一个藏与露的问题。藏与露的强烈对比是为了加强表现的效果，障景并非把景物障去，而是创造景观，慢慢地把景观向游人展现。

(3)动与静对比：在园林构图中，线条的平直与弯曲，会使人产生动或静的感觉。平行的线条，会使人联想到平直的地平线，有静止的感觉，而弯曲的线条，会使人联想到蜿蜒的河流，有流动的感觉。充分运用线条的各种造型，已经成为重要的表现手段，而且对美化园林景观画面和深化主题也具有不可缺少的作用。我们要善于发现存在于自然景物和人文景观中的线条，并能巧妙地利用它们去塑造形象，从而赋予设计作品鲜明的艺术感染力。从许多现代城市园林中，我们可以深切地体会到线条能赋予画面的生动性和悦目性。还有，万绿丛中一点红原本表达的是色彩上的对比，但我们也可理解为是动与静对比，大片的绿色给人以恬静之感，这绿丛中的一朵红花却注进了动的美感，这是因为红色是最具动感的色彩。许多园林绿地以给人们创造一片宁静、安然的环境为目的，但这宁静必须加以动的衬托，所谓“鸟鸣山更幽”也是动与静的对比。平静的湖面，一叶扁舟使湖面更加清明、恬然，又不乏生活的情趣，幽深的山林中，突现一个人工亭，给山林增添一种动感。

(4)开敞与闭锁对比：园林中开敞空间与闭锁空间的强烈对比，能给游人以强烈的心灵震撼，产生山重水复疑无路，柳暗花明又一村的景观效果。在许多江南私家园林中，为了突现小中见大的效果，通常是让人经过一个狭长闭锁的巷道，然后再穿门一步跨入一个相对宽敞的院落，造成开敞空间与闭锁空间的强烈对比。杭州太子湾公园位于西湖西南角，园中以西湖引水工程的一条明渠作为主线，积水成潭，截流成瀑，环水成洲，跨水筑桥，形成了诸如琵琶洲、翡翠园、逍遥坡、玉鹭池、颐乐苑、太极坪等空间，通过巧妙地收放承接，组成一系列开合收放相宜、清新可人的景点，堪称是中国传统的造园艺术和现代的园林美学达到了和谐的统一。

2. 调和

调和就是各元素性质之间的近似，是指把有差别的、对比的、以至不协调的元素间关系，经过调配整理、组合、安排，使其中产生整体的和谐、稳定和统一。获得调和的基本方法，主要是减弱诸要素的对比强度，使各元素之间关系趋向近似，而产生调和效果。调和就是各个部分或因素之间相互协调，是指可比因素存在某种共性，也就是同一性、近似性或调和的配比关系。和对比一样，调和的因素也是多方面的。

首先，园林中，色彩调和的方法可以按同一色调进行配色，例如，公园的铺装，有混凝土铺装、石材铺装、粉末铺装、卵石铺装等，往往是多样的材料同时存在，若忽视了配色之间的调和，将大范围地破坏园林的统一感。所谓同一色调的配色，就是明度和色度深浅虽不同，只要色相近似，就取得调和的效果。在园林中合理运用同一色调时，容易得到沉静的个性和气氛。但是，如果是色调过于统一的景观园林环境，有时会让人感到单调乏味。其次，园林中的质感的表现必须尽量发挥素材固有的美感。在公园和街头游园中，时常看到用混凝土模仿木头制造的阶梯、扶手、桌凳、桥等，但比使用圆木在美的程序上降低了很多，这就是质感的调和的例子。地面上用地被植物、石子、方块、混凝土等铺装的时候，使用同一材料时比使用多种材料容易达到整洁和统一，在质感上也容易得到同一调和，像分隔的石墙、竹篱、铁栅栏或是流水、假山堆石等，都以尽量使用同一材料为佳。

(三)比例与尺度法则

古罗马帝国最伟大的神学家圣·奥古斯丁说："美是各部分的适当比例，再加一种悦目的颜色。"比例是物与物的相比，表明各种相对面间的相对度量关系，艺术作品的形式结构和艺术形象中都包含着一种内在的抽象关系，就是比例和尺度。在美学中，最经典的比例分配莫过于"黄金分割"，几何学中的黄金分割被认为是最美的比例，将它广泛运用到艺术创作中。雕塑维纳斯的上下身比例以及古希腊建筑《帕特农神庙》的建筑平面与正立面的长、宽之比，都是接近黄金比例；中国古代画论中所说"丈山尺树，寸马分人"讲山水画中山、树、马、人的大致比例；古埃及的金字塔已经有严格的比例关系，胡夫金字塔的周长除以二倍塔高等于3.141 6，与圆周率巧合；在《芬奇论绘画》一书中达·芬奇认为："美感应完全建立在各部分之间神圣的比例关系之上。"意思是说，尺度就是标准、规范，其中包含体现事物的本质特征和美的规律。当今在西方国家建筑领域，比例与尺度的模数化的程度很高，形式美的比例关系也很成熟，无论城市构图，组群序列，单体建筑，以至某一构件和花饰，都力图取得整齐统一的比例数字。通过对中国古代园林建筑不同类型的比例尺度分析，我们也不难发现，皇家园林与私家园林给人所产生的空间感有着明显的差别。

(四)对称与均衡法则

对称是指图形或物体对某个中心点、中心线、对称面，在形状、大小或排列上具有一一对应的关系，它具有稳定与统一的美感。如人体、船、飞机的左右两边，在外观或视觉上都是对称的;对称与均衡是取得良好的视觉平衡的两种形式,自然界中许多植物动物都具有对称的外形,如螃蟹、蝴蝶、人体等,其中可分完全对称,具有很强的整齐感与秩序感,也有并不完全等量等形的对称,它是一种带有变化成分的对称,使人感到景物形象既稳重端庄,又自然生动。均衡是形态的一种平衡,是指在一个交点上,双方不同量,不同形但相互保持平衡的状态称为均衡。其表现为对称式的均衡和非对称性均衡两种形式。

对称的均衡为相反的双方的面积、大小、材质在保持相等状态下的平衡,这种平衡关系应用于园林中可表现出一种严谨、端庄、安定的风格,在一些规则式园林设计中常常加以使用。为了打破对称式平衡的呆板与严肃,追求活泼、自然的情趣,不对称均衡则更多地应用于自然式园林设计和自由式园林中,这种平衡关系是以不失重心为原则的,追求静中有动,以获得不同凡响的艺术效果(图 4-5)。

图 4-5 不对称均衡

均衡是从运动规律中升华出来的美的形式法则,轴线或支点两侧形成不等形而等量的重力上的稳定、平衡就是均衡,其实就是不平衡对称。均衡的法则可使园林构图形式于稳定中更富于变化,因而显得活泼生动。总而言之,对称能给人以庄重、严肃、规整、条理、大方、稳定等美感,富有静态的美,条理的美;但只有对称,在人的心理上会产生单调、呆板的感受。均衡来源于力的平衡原理,它具有"动中有静、静中有动"的秩序,体现出活泼生动的条理美:轻巧、生动、富有变化、富有情趣,可以克服对称的单调、呆板等缺陷。

(五)节奏与韵律法则

节奏与韵律来自于音乐概念,正如歌德所言:"美丽属于韵律。"韵律被现代艺术设计各领域所吸收。节奏是指元素按照一定的条理、秩序、重复连续地排列,形成一种律动形式。它有等距离的连续,也有渐变、大小、长短,明暗、形状、高低等的排列构成。在节奏中注入美的因素和情感——个性化,就有了韵律,韵律就好比是音乐中的旋律,不但有节奏更有情调,它能增强艺术构图的感染力,开阔艺术的表现力。韵律是一种和谐美的格律,"韵"是一种美的音色,"律"是规律,它要求这种美的音韵在严格的旋律中进行。中国的书法就具有这种旋律感。一条美的弧线,它的每一阶段的形态要美,这种美又是在一定规律中发展。线的弯曲度、起伏转折及前后要有呼应,伸展要自然,要有韵律感(秩序与协调的美)。形象的反复、连缀、排列、对称、转换、均衡等,几乎都有严格的音节和韵律,形成一种非常优美的形式。在园林设计作品中,韵律是指动势或气韵的有秩序的反复,其中包含着近似因素或对比因素的交替、重复,在和谐、统一中包含着更富变化的反复。韵律有两种,一种是"严格韵律";另一种是"自由韵律"。道路两旁和狭长形地带的植物配置最容易体现出韵律感,因此,要注意纵向的立体轮廓线和空间变换，做到高低搭配，有起有伏，产生节奏韵律，避免布局呆板。在园林布局中，常使同样的景物重复出现，这样的同样的景物重复出现和布局，就是节奏与韵律在园林中的应用。韵律可分为连续韵律、渐变韵律、交错韵律、起伏韵律等处理方法。园林空间造型的渐变韵律，有纵向和横向两种基本类型。比例精制的宝塔为什么比高度相同的高楼大厦美，这是由于它从塔基到塔顶按比例逐渐缩小，表现出递减的节奏美，这是园林造型的纵向层递。横向层递的造型如桥，长虹卧波的桥身化为一条长长的优美弧，这种起伏不大的渐变的曲线，最富于柔和含蓄的抒情意味。

(六)条理与反复的法则

条理与反复是园林图案构成的一个重要法则之一，它能使园林构图体现出整齐美和节奏美，极具装饰性。条理，是指把琐碎杂乱的诸元素，通过艺术处理使其整合，以产生规律化和秩序化效果。反复，是把同一图案形象作有规律的重复，或有规律的连续排列，使其产生既有变化又显统一的效果，构成形式多样又有节奏美感的图案形象。条理与反复在园林构图中，是彼此关联密不可分的一个整体，如在现代园林广场的铺装地上出现的许多图案形式中，就能充分体现出条理与反复的形式美法则，给人以自然、生动而优美的感受。

最后，值得一提的是，形式美的法则不是固定不变的，法则本身是在不断地发展和变化。在西方美术史上，哥特式艺术大师对教堂建筑形式规则的理解和运用，和古希腊完全不同。巴洛克美术为了强调动态和激情，背离了古希腊和文艺复兴时期古典艺术的形式规范。尤其是在现代艺术中，为了达到创新而打破传统形式法则的创作，更是层出不穷。

任务二 确定园林造景手法

一、园林布局的基本形式

园林布局的基本形式可以分为三大类：规则式、自然式和混合式。

(一)规则式园林

又称整形式或几何式园林，整个平面布局、立体造型以及建筑、广场、道路、水面、花草树木等都要求严整对称。规则式园林最明显的特点是中轴对称。在布局中，确定某方向一轴线，轴线上方通常安排主要景物，在主景前方两侧，常常配置一对或若干对的次要景物，以陪衬主景。如天安门广场、凡尔赛宫苑、中山陵等。规则式园林给人的感觉是雄伟、整齐、庄严。具体地分析我们可以发现规则式园林有如下特征：

1. 地形地貌

无论平原或山地，其剖面线多为直线型，多以不同标高的水平面及缓倾斜的平面组成，当地形起伏较大时，则由阶梯式的大小不同的水平台地、倾斜平面及石级组成。

2. 建筑布局

主体建筑采用严格的中轴对称的均衡式设计，并放置在轴线的终点或主、副轴交叉点处，以控制全园主景，其余次要建筑群也采取中轴对称均衡的手法，对称设置在轴线两侧，围合成园林空间。

3. 水体设计

平面轮廓均为规则的几何形驳岸，通常放在轴线的中央即主、副轴交叉点上，并多以喷泉、雕塑作为水景的主题。

4. 道路广场

园林中的空旷地和广场外形轮廓均为几何形。道路均为直线、折线或几何曲线组成，构成方格形或环状放射形中轴对称的几何布局。

5. 种植设计

树木配置以轴线两端对称式为主，园内设置以图案为主题的模纹花坛和大规模的花坛群以及花境，并运用大量的绿篱、绿墙以区划和组织空间。所有植物以整形修剪为主，强调人工美，并且常绿树种在设计中占据首要地位。

(二)自然式园林

又称为风景式、山水式园林，以模仿再现自然为主，不追求对称的平面布局，立体造型及园林要素布置均较自然和自由，相互关系较隐蔽含蓄。多见于中国古典园林与英国自然风景式园林之中，师法自然是其主要特点，值得一提的是，中国园林是一种内向的自然，英国自然风景式是一种外向的自然。自然式园林有以下特点：

1. 地形地貌

对原地形特征强调利用为主改造为辅的方针，善于因地制宜。地形剖面多为自然曲线。并力求山与水的关系以及假山中峰、涧、坡、洞各景象因素的组合，都符合自然界山水生成的客观规律，少人工拼叠的痕迹。

2. 建筑布局

园林内个体建筑为对称或不对称均衡布局，主要是用建筑来围蔽和分隔空间。分隔空间力求从视角上突破园林实体的有限空间的局限性，使之融于自然，表现自然。强调处理好形与神、景与情、意与境、虚与实、动与静、因与借、真与假、有限与无限、有法与无法等种种关系。全园不以轴线控制，而以主要导游线构成的连续构图控制全园。

3. 水体

其轮廓多为自然的曲线式的山石驳岸，常见水景的类型以溪涧、河流、自然式瀑布、池沼、湖泊等为主，并山水相伴，互为依托。

4. 道路广场

园林中的空旷地和广场的轮廓为自然形，以周围环境的建筑群、土山、自然式的树丛和林带围而形成。道路平面和剖面为自然起伏曲折的平面线和竖曲线组成。

5. 种植设计

园内种植以反映自然界植物群落自然之美为主，树木配植以孤立树、树丛、树林为主，花卉布置多为自然式。并运用植物的特征、姿态、色彩给人的不同感受而产生比拟、联想，作为某种情感的寄托或表达。

(三)混合式园林

主要指规则式、自然式交错组合，全园没有或形不成控制全园的主轴线或副轴线，只有局部景区、建筑以中轴对称布局，或全园没有明显的自然山水骨架，形不成自然格局。如当今城市中的综合性公园；机关、学校、工厂、体育馆、居住区绿化；大型建筑物前的绿地等，都属于混合式园林(图 4-6)。

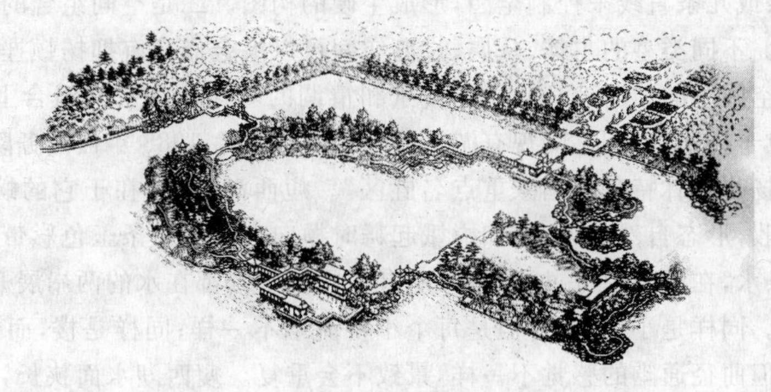

图 4-6 混合式园林

二、园林空间艺术原理

(一)园林空间的定义与分类

园林设计是一种环境空间设计,空间是由一个物体同感觉它存在的人之间产生的相互联系,而园林中的空间就是指人的视线范围内由树木花草(植物)、地形、建筑、山石、水体、铺装道路等构图元素所组成的景观区域。园林中的空间根据境界物的不同分为:以山水地形围合组成的空间;以植物围合组成的空间;以园林建筑围合组成的空间以及由山水、植物、建筑共同组成的空间四类。

(二)园林空间的构成及最佳视角

依据正常人眼观赏景物的视域范围可知,人眼的正常情况下不转动头部而能看清景物的视域,在垂直方向为 130°,水平方向为 160°,而最佳垂直视角为 25°～30°,最佳水平视角为 45°～50°。

根据人们长期生活习惯并结合人眼的特征,我们可以认为园林空间的构成由以下两因素构成:一是空间境界物(植物、建筑、地形等)的高度(H);二是视点到空间境界物的水平距离(D);通常,D/H 值越大,空间意境越开朗,D/H 值越小,封闭感越强。以园林建筑为主的园林庭院空间宜用较小的比值,以树木或树木配合地形为主的园林空间宜用较大的比值。$D/H \approx 1$ 时,空间范围小,空间感强,宜作为动态构图的过渡性空间或空间的静态构图使用。$D/H=2\sim3$ 时,是最适合人眼近观的空间,宜精心设计,而 $D/H=3\sim8$ 时是重要的园林空间形式,许多优美的园林空间的 D/H 值都符合该比值。

(三)园林空间的组织

园林空间组织是园林景观设计的一个重要方面;在定义园林空间时,最主要的是要有一个视线范围,没有合适的空间,就不能形成风景通视线。我们把通视空间分为静态空间和动态空间;开敞空间和闭合空间。在对进行园林规划时,我们可以把全园划分为既有联系,又彼此独立自成体系的局部空间。在 D/H 比值合理游人众多之处,安排优美的静观风景画面。在安排空间的划分与组合时,宜将其中最主要的空间作为布局的中心。再辅以若干中小空间,达到主次分明和相互对比的效果。并在动态观赏的空间组织中,考虑构图的边界景色更替,及节奏规律变化,做到有起点、高潮、结束。对于中式园林空间的组合一般规律有三点:一是曲折变化,应避免用一条或几条直线来控制全园,形成生硬的构图。二是空间组合的程序上须有某种连续性的节奏感。不同类型的主体、从属、过渡空间可以组合成富有抑扬顿挫的节奏感的空间展示序列。三是空间感的强弱、空间意境、气氛和情调的对比。在空间组合上,扬州瘦西湖处理得很成功,它位于扬州市西北郊,现有游览区面积 100 hm^2,1988 年被国务院列为"具有重要历史文化遗产和扬州园林特色的国家重点名胜区"。瘦西湖的美,在于它的蜿蜒曲折,古朴多姿。水面时展时收,形态自然动人,犹如嫦娥起舞时抛向人间的一条玉色彩带。它有空间非凡的秩序,沿着一条水,在线形游览过程当中,所有的园林景致都在水的两岸展开,又在统一的风格当中千变万化。同样是小桥流水,但是每个小桥流水不一样;同样是楼,而楼阁的形状不一样;同样是曲折,但曲径通幽的感觉不一样,景致不会重复。瘦西湖水面狭长,水面因堤、岛、岸线、桥梁的划分,成为有宽、有狭、有圆、有方的许多空间。在空间的收放、层次变幻、视线远近上,有不同处理。

三、园景的创作手法

(一)景的含义

"景"即境域的风光,也称风景,是指在园林绿地中,自然的或经人工创造的、以能引起人的美感为特征的可供作游憩欣赏的空间环境,是由物质的形象、体量、姿态、声音、光线、色彩以至香味等组成的。景是园林的主体,欣赏的对象,可分为景点与景区。景点是景物布局集中的地方,它是景的基本单位,景区是由若干景点组成的,供游客游览观赏的风景区域,若干个景区可组成一个完整的园林绿地。

(二)赏景

1. 合适视距

苏东坡在《题西林壁》诗中咏庐山时写道:"横看成岭侧成峰、远近高低各不同",这正好说明视距与景物效果之间的关系,远视可览全景和整体的美,近看可观局部、细致的美,仰视足以显示其雄伟、高峻,平视可见其开阔、辽远,而俯视最见其纵深层次。园林中游人所在位置称为赏景点或视点,一般安排在主景物的南向,以利于景物的采光,观赏点与景物之间的距离,称为赏景视距。赏景视距的长度的确定对赏景的艺术效果有着密切的关系。根据正常人的视力标准,肉眼看清远处 25~30 m 的景物的细节,对 250~270 m 处的景物可看清轮廓,超过 500 m 以外,只能看到景物模糊的影像,4 km 以外的景物几乎就看不到了,由此可见,如要表现近观景物则要把赏景视距设计为人眼可以明视的 20~30 m 范围之内。此外,还要注意处理好景物高度与视距的关系,我们知道,人眼视域与照相机的标准镜头相似,垂直明视角为 26°~30°,水平明视角为 45°,据此,我们通过长期实践经验,可推算出一个人眼观察景物的"合适视距"的标准,即不同类型的空间境界物与之相适应的最佳观赏视距的标准:对于以水平线条为突出特征的景物,其合适视距应为景物高的 1.2 倍;对于以垂直线条为突出特征的景物,其合适视距应为景物高的 3~3.5 倍。

2. 赏景方式

(1)按旅游观赏者的状态分类:

①静态观赏:指旅游者驻足或静坐观赏景色。属于选择性观赏。其特点是观赏时间相对

较长，游人赏景比较充分。

②动态观赏：指旅游者处于移动过程中观赏景色。动态观赏能给人一种电影画面般的流动的步移景异式观赏感受，具有极大的魅力。观赏者的感受信息量大，人与景没有阻隔、不可分离，左顾右盼，悠然自得，亲切感突出。

需要强调的是，一切美的景物，都处于动与静的交织之中，动与静是相辅相成、互为补充的。动中求静、静中求动、动静结合的观赏方法，符合旅游者在搜奇览胜过程中的生理、心理节奏。只有这样，旅游者才能享其美趣，得其神韵。

(2)按观赏者与旅游景点的距离分类：

①近距离观赏：此种观赏适宜安排小体量景点。一般看得较仔细真切，如池中观鱼、园中观花、庙内观佛像、门前观楹联等。

②远距离观赏：一般适于观全景、远景、大体量的景观。如群山逶迤之景，水天一色之廓，湖光塔影之妙，大江奔流之势，大桥飞架之姿，白云飘逸之趣等。

其实，旅游景观形式多样，内容变化无穷，其美的表现也各不相同。例如，同为山势之美，但有的以端庄美为主，有的以险峻美为最，有的以格局美取胜，有的以怪诞美夺魁。面对这些不同的美学形象，只要善于抓住景物特色，即可得到观赏的要领。

四、造景

造景即通过人工手段，利用环境条件和构成园林的各种要素造作所需要的景观。造景方法主要有：

(1)挖湖堆山，塑造地形，布置江河湖沼，辟径筑路，造山水景。

(2)构筑楼、台、亭、阁、堂、馆、轩、榭、廊、桥、舫、照壁、墙垣、梯级、磴道、景门等建筑设施，造建筑景。

(3)用石块砌叠假山、奇峰、洞壑、危崖，造假山景。

(4)布置山谷、溪涧、乱石、湍流，造溪涧景。

(5)堆砌巨石断崖，引水倾泻而下，造瀑布景。

(6)按地形设浅水小池，筑石山喷泉，放养观赏鱼类，栽植荷莲、芦荻、花草，造水石景。

(7)用不同的组合方式，布置群落以体现林际线和季相变化或突出孤立树的姿态，或者修剪树木，使之具有各种形态，造花木景。

(8)园林中布置各种雕塑或与地形水域结合，或单独竖立，成为构图中心，以雕塑为主体，造塑景。

在园林中，景有主景与配景之分，主景是整个园林的核心，起控制全园的作用。配景起衬托主景的作用。主景与配景关系处理好，可以相得益彰。园林设计过程中，突出主景的办法有：

(1)抬高主体或将主景放置在轴线端点及交叉处。

(2)利用动势向心，将主景设在中心焦点处。

(3)将主景设在坐北朝南的方向。

(4)加大四周配景，用以大衬小的办法突出主景。

(5)运用色彩和质感对比的方法。

五、园林色彩构图的组成因素

马克思说过:“色彩的感觉是一般美感中最大众化的形式。”色彩依附于具体的形象而作用于人的感官,它最容易被人所感受,正如人们对色彩的热爱已是由来已久,自古以来,在许多器皿上可以不加纹饰,但不能不敷于色彩。

由于色彩的多样化,人们在长期的社会生活中,对不同的色彩有其固化的象征意义。如:红色象征热情奔放、喜庆、高温、危险等;黄色象征着富贵、丰收、幼稚等;蓝色象征海洋、天空、凉爽、自由、忧郁等;紫色象征高雅、神秘、病态。所以,色彩的处理是在艺术构图中是非常重要的。

随着社会的发展,人们的物质文明和精神文明不断提高,对于色彩的追求和应用也越来越广泛。在园林设计方面利用色彩的组合构成,改变着过去的传统构图方式,使现代园林景观更加丰富多彩和更具有时代气息。

(一)冷、暖色系在园林设计中的应用

暖色系主要指红、黄、橙三色以及这三色的邻近色。红、黄、橙色在人们心目中象征着热烈、欢快,在园林设计中多用于一些庆典场面。如用在广场花坛及主要出入口和门厅等环境,给人朝气蓬勃的欢快感。例如,天安门广场每逢重大节日都会用暖色为主的花卉来烘托喜庆气氛,游人获得热烈的欢快感。此外,暖色还有平衡心理温度的作用,宜于在寒冷地区应用。暖色系的色彩中,波长较长,可见度高,色彩感觉比较跳跃,是一般园林设计中比较常用的色彩。值得一提的是,在高速公路绿化中不宜大量使用暖色系花卉配置,因为红、黄、橙色可见度高,易分散司机和行人的注意力,增加事故率。

冷色的色彩中主要是指青、蓝及其邻近的色彩。在园林设计中,对一些空间较小的环境边缘,可采用冷色或倾向于冷色的植物,能增加空间的深远感。由于冷色光波长较短,可见度低,在视觉上有后退感和收缩感,所以,如果我们把同样面积的红色块和蓝色块放在一起对比,就会发现,在视觉上感觉红色块比蓝色面积要大,同理,大家熟悉的奥运五环标志给人的感觉是五个环是一样大小的,但你若仔细量一下就会发现,冷色的环的直径比暖色环要画得大一些,这也说明冷、暖色系的对比所产生的面积感的差别。因此,在园林设计中,要使冷色与暖色获得面积同大的感觉,就必须使冷色面积略大于暖色。冷色在心理上有降低温度的感觉,在炎热的夏季和我国的南方城市,采用冷色会给人产生凉爽的感觉。

(二)对比色在园林设计中的应用

对比色主要是指色轮中呈180°关系的互补色,因为补色对比从色相等方面差别很大,对比效果强烈、醒目,如红与绿、黄与紫、橙与蓝等。人们通常所描绘的“万绿丛中一点红”的园林景观即是该方式的具体体现。在园林设计中,对比色的运用,能显示出强烈的视觉效果,给人以欢快、热烈的气氛。例如,运用对比色块组成的大型花坛、立体造型,给人热烈、鼓舞和兴奋。对比色在花卉组合中常见的有:黄色与蓝色的三色堇组成的花坛,橙色金盏菊与蓝色的风信子组合图案等都能表现出很好的视觉效果。而红色与绿色对比的素材就更多了,如:红叶李、红榕、红叶矮樱、红叶碧桃、红枫、红叶小檗、红檵木等以及在特定时节红花怒放的花木等。

(三)邻近色、同类色在园林设计中的应用

邻近色指在色轮表中彼此邻近的色相差距离不大的色彩。如:红色与橙色、橙色与黄色、

黄色与绿色。同类色也包括同一色相内深浅程度不同的色彩。如:墨绿与粉绿、黄绿与翠绿。这种色彩组合非常容易取得调和,形成统中有变,变中有统的完美效果,园林设计中,邻近色、同类色在一些花坛配植中经常应用,如从花坛中央向外色彩依次变深或变淡,给人一种层次感和空间感,在许多欧洲规则式园林的植物搭配中,这种邻近色、同类色的运用是非常普遍的。

此外,值得一提的是,黑色和白色在色彩中是没有冷暖性的,常被称为中间色。它们可以和大多数颜色取得调和,所以它们在园林景观设计中使用率却非常高,多应用于雕塑、建筑、假山、护栏、围墙以及喷泉、园林小品等方面。白色的花卉还常被用来掺杂填充色块,其优点是白色花卉既可凑数,又不会改变周围花卉的色性。而黑白两色搭配,又与对比色的应用有相似之处。在色彩设计过程中,如发现色彩过于单调或对比过强,就可以加入中间色使色彩趋向丰富和柔和。如可以在色彩构图中加入无彩色、白色、灰色、黑色,都能取得较好的调和效果。

◈小结

探讨形式美的法则,是所有设计学科共同的课题。在日常生活中,美是每一个人追求的精神享受。当你接触任何一件有存在价值的事物时,它必定具备合乎逻辑的内容和形式。在现实生活中,由于人们所处经济地位、文化素质、思想习俗、生活理想、价值观念等不同而具有不同的审美观念。然而单从形式条件来评价某一事物或某一视觉形象时,对于美或丑的感觉在大多数人中间存在着一种基本相通的共识。这种共识是从人们长期生产、生活实践中积累的,它的依据就是客观存在的美的形式法则,我们称之为形式美法则。在我们的视觉经验中,高大的杉树、耸立的高楼大厦、巍峨的山峦尖峰等,它们的结构轮廓都是高耸的垂直线,因而垂直线在视觉形式上给人以上升、高大、威严等感受;而水平线则使人联系到地平线、一望无际的平原、风平浪静的大海等,因而产生开阔、徐缓、平静等感受……这些源于生活积累的共识,使我们逐渐发现了形式美的基本法则。在西方自古希腊时代就有一些学者与艺术家提出了美的形式法则的理论,时至今日,形式美法则已经成为现代设计的理论基础知识。在设计构图的实践上,更具有它的重要性。形式美法则主要有:变化和统一法则;对比与调和法则;比例与尺度法则;对称与均衡法则;节奏与韵律法则;条理与反复的法则。

技能训练四　校园绿地空间构图与造景手法分析

一、实训目的

通过实训了解校园绿地的空间构图方法及造景手法,进一步了解园林空间构图的含义及形式、园林造景的手法,并运用到规划设计实践中。

二、材料用具

校园绿地、皮尺、图纸、绘图工具、笔、本子、参考书籍等。

三、方法步骤

1. 分组,踏勘校园某一绿地;

2. 分析绿地空间的类型；
3. 分析绿地空间分隔的方法；
4. 分析绿地的造景手法；
5. 分析空间中色彩的应用形式。

四、作业

完成任务工单的填写。

典型案例

——南京中山陵

南京中山陵坐落于紫金山南麓，是中国近代伟大的政治家孙中山先生的陵墓。建筑风格中西合璧，具有典型的规则式园林的特征，钟山的雄伟形势与各个牌坊、陵门、碑亭、祭堂和墓室，通过大片绿地和宽广的通天台阶，连成一个大的整体，显得十分庄严雄伟。陵墓建于1926年1月至1929年春。陵坐北朝南，傍山而筑，由南往北沿中轴线逐渐升高，依次为广场、石坊、墓道、陵门、碑亭、祭堂、墓室。整个墓区平面形如大钟，钟的顶为山下半月形广场，广场南端的鼎台(现改为中山先生的立像)为大钟的钟纽，钟锤就是半球形的墓室。墓道南端的三门石牌坊，上刻中山先生手书“博爱”两字。石坊前广场南端树立着孙中山的立像。石坊后是长达375 m、宽40 m的墓道。前行为陵门，门额上为孙中山的手迹“天下为公”四个大字。再进为亭，一块高约6 m的碑石上刻着“中华民国十八年六月一日中国国民党葬总理孙先生于此”的鎏金大字。过碑亭即为陡峻的石阶，石阶共分八段392级。

复习思考题

1. 园林形式美法则的内容有哪些？
2. 什么是美？谈谈你对园林美的理解。
3. 园林布局的基本形式有哪几种？
4. 怎样确定观赏园林景物的合适视距？
5. 园林景观设计中，突出主景的办法有哪些？

项目五　园林构成要素设计

◈学习目标

了解园林各构成要素的类型、功能和作用；掌握园林各构成要素的设计原则和方法；能够进行园林各构成要素的独立设计及其综合设计。

园林实质上是大自然景观在一定范围内的高度浓缩和概括，是大自然美和人工美的高度融糅。由于它们存在着历史、地理、气候、文化、取材和技法等方面的差异，所以产生了许许多多不同的类型，表现出不同的园林风格和地方特色。尽管如此，但都是由地形、水体、植物、建筑小品等要素所构成。正确了解这些构成要素的功能、类型及其设计方法，有助于我们设计的园林绿地更符合自然规律、艺术原理及工程技术要求。

任务一　园林地形设计

地形是园林的骨架，是园林艺术展现的重要组成部分。地形要素的利用与改造，将影响到园林的形式、建筑布局、植物配植、景观效果、给排水工程、小气候等诸因素。

一、地形在园林中的景观效应和功能

（一）地形的形态美

园林美是自然美、艺术美和社会美的综合体现，而自然美给观者最直接的感受是它的形态美。地形可以通过不同的方位和不同的高度表现出不同的立体景观效果。宋代文学家苏东坡赞美庐山："横看成岭侧成峰，远近高低各不同，不识庐山真面目，只缘身在此山中。"

（二）地形的韵律美

在园林规划设计中，我们应注意韵律美在设计中的体现，例如林冠线的韵律变化、地形的韵律变化。大面积平地景色单调，缺乏韵律美，所以园林在平地上应力求变化，通过适度的填挖形成微地形起伏，使空间富于立体化而产生节奏感和韵律美，从而达到引起欣赏者注意的目的。

（三）地形的意境美

平坦的地形会使人心情开朗，宁静致远；高大而挺拔的山峰，会使人产生神秘感，崇拜之情油然而生；凹地形给人的心理带一定的私密性和安全感；曲折的小道会使人产生一种曲径通幽的感觉，这些都是因为你的情感与美丽山景相融合，即情景交融，触景生情，浮想联翩，而产生的一种意境美。

(四)组景和造景作用

地形可以利用许多不同的方式创造和限制外部空间,满足园林功能要求;利用不同的地形地貌,设计出不同功能的场所、景观;可以通过视线的控制起到组景和造景的作用。在园林地形中,主要是通过假山和置石的形式来控制视线,或者利用凹地地形来控制视线。

二、地形的主要类型

(一)平地

平地是指坡度比较平缓的地,在视觉上给人以强烈的连续性和统一性。该地形便于园林绿地设计与施工、园林植物的浇水灌溉以及草坪的整形修剪,便于组织集会及文体活动或浏览风景时接纳和疏散游客。因此公园中都有较大面积的平地。园林绿地中的平地大致有草地、集散广场、交通广场、建筑用地等。

(二)山地

山地包括自然山地和人工的堆山叠石。山地能构成山地景观,组织园林空间,丰富园林观赏内容,提供建筑和种植需要的不同环境。因此,园林中常用挖湖堆山的方法改造地形。人工堆叠的山称为假山,不同于自然风景中雄伟挺拔或苍阔奇秀的真山,但它是自然景观的浓缩、概括和提炼,对形成中国园林的民族传统风格有着重要的作用。

(三)谷地

谷地是一系列连续和线性的凹形地貌,具有方向性,常伴有小溪、河流以及湿地等地形特征。

三、地形设计的原则

(一)因地制宜,顺其自然

结合场地的自然地貌进行地形处理,因地制宜,顺其自然,才能给人以自然、亲切感。在考虑经济因素的情况下,可进行"挖湖堆山"或进行推平处理。"挖湖堆山"应"因形随势"地加以利用与发挥。

(二)满足园林功能要求

园林中的不同游憩区,对空间环境有不同的要求,在进行地形设计时,要根据各区的功能要求,为游人创造适宜的地貌环境。如游人开展集体活动,需要一定面积的草坪或广场;登高远眺需要有登临之处;进行划船需要一定面积的水面等。

(三)符合园林艺术要求

在进行园林地形设计时,要利用地形组织空间,创造不同的立体景观效果。可将园林绿地内的空间划分为大小不等、或开阔或狭长的各种空间类型,如水面、山林等开敞、封闭或半开敞的园林空间类型,形成丰富的景观层次,使立面轮廓线条富于变化,以优美的园林景观丰富游人的游憩活动。

(四)体现地形和建筑的和谐美

地形处理必须与景园建筑景观相协调,以淡化人工建筑与环境的界限,使建筑、地形与绿化景观为一体。

(五)符合园林工程要求

园林地形的设计必须符合园林工程的要求。例如,在假山的堆叠中,土山要考虑山体的自然安息角、土山的高度与地质、土壤的关系、山高与坡度的关系,平坦地形的排水问题,开挖水体的深度与河床坡度的关系,园林建筑设置点的基础等工程技术要求。

四、园林地形的设计方法

园林地形的设计内容包括平地设计、坡地设计和山地设计等,而山地设计是园林地形设计中的最主要的内容。下面只对山地设计加以阐述。

山地包括自然山地和人工山地,人工山地是以天然真山为蓝本,加以艺术提炼和夸张,用人工堆土叠石而塑造的山体形式,人们常把他称为“假山”。我国著书名的假山有北京北海白塔山、苏州环秀山庄的湖石假山、上海豫园的黄石假山、扬州个园的四季假山等。

(一)堆山

1. 山的造型

假山造型艺术可以归纳为六个方面:一要有宾主;二要有层次;三要有起伏;四要有来龙去脉;五要有曲折回抱;六要有疏密、虚实。“山不在高,贵有层次,峰岭之胜,在于深秀。”达到“虽由人作,宛自天开”的艺术效果。

堆山,平面上要做到有缓有急,在地形各个不同方向以各种不同坡度延伸,产生各种不同体态、层次,给人以不同感受。立面上要有主、次、配峰的安排。主峰、次峰和配峰三者在水平布局上应呈不等边三角,要远近高低错落有致。作为陪衬的客山要和主峰在高度上保持合适的比例。

2. 山的高度

山的高度可因需要决定。供人登临的山,有高大感,利于远眺,应高于平地树冠线。当山的高度难以满足这一要求时,在主要欣赏面的靠山脚处不宜种植过大的乔木,应以低矮灌木突出山的体量。反之,为了弱化地形,可以采取以上相反的方法。如果山形奇特,建筑一般不要建在山的最高点,使山体呆板,建筑失去山体的陪衬,反之则可用建筑助长山势。

为使假山具有真山的效果,常将视距安排在山高的 3 倍甚至 2 倍以内,靠视角的增大产生高耸感。4～8 倍的视距仍会对山体有雄伟的印象,如果视距大于景物高度的 10 倍,这种印象就会消失。

3. 处理好山体与水体、道路之间的关系

利用石矶、汀步、小岛屿、洞壑引山入水,使山水缠绕。边岸要曲折近水,山环水抱。道路要在整个地形中峰回路转,跟随着地形、地貌上下曲折盘亘。曲折蜿蜒的道路,在自然山水中符合人们的审美趣味,延长游览长度。山路如坡度太大时(6%以上),应顺等高线方向做盘山路上升,坡度再大时(10%以上),则应做台阶。

(二)叠石

叠石又称为置石,是以山石为材料做独立或附属性的造景布置,主要表现山石的个体美或局部组合美。

1. 叠石材料种类

石在园林中，特别是庭园中是重要的造景要素。“园可无山，不可无石”；“石配树而华，树配石而坚”。置石用料不多，体量小而分散，布置随宜，且结构简单，不需完整的山形，但需造景的目的性强，起到画幅龙点睛的作用，做到“片山多致，寸石生情”。

我国幅员辽阔，叠山置石的材料极为丰富，应因地制宜，就地取材，常用的石类有太湖石类、黄石类、青石类、卵石类、剑石类、砂片石类和吸水石类，还有英石、宣石、岗石以及汉白玉、石笋等。

2. 叠石的形式

(1)特置：又称孤置。特置石必须具备独特的观赏价值，在选材上应选体量大、轮廓线突出、姿态多变、色彩突出的山石，具备“瘦、漏、透、皱”等特点。这种山石通常要配特置的基座。基座可以是规则式的石座，也可以是自然式的石座。自然式的基座称为“磐”。特置山石的布置要注意相石立意，山石的体量要与环境相协调。山石特置一般由一块或数块山石组成具有一定独特造型的石峰。特置的山石往往成为一种抽象的艺术，适合单独欣赏。作为局部构图中心，它常被用作园林的障景、对景和点景。置于道路转弯处、道路的一侧、小径深处、园路交叉点，或固定于树下、竹丛旁，成为园内的一个景点。

在古典园林中，著名特置石有苏州留园的“冠云峰”、苏州十中的“瑞云峰”、上海豫园的“玉玲珑”、杭州的“绉云峰”，这四个特置石峰被为“江南四大名石”。

(2)对置：即沿某一轴线两侧对应布置山石。其在数量、体量、形态上各异，要求相互呼应，构图上讲求均衡。多在建筑物前面两旁对称地布置两山石，以陪衬环境，丰富景色。

(3)散置：散置是将山石有散有聚、顾盼呼应成一群体地设置在山头、山坡、山脚、水畔、溪中、路旁、林下、粉墙前等处，“攒三聚五”、“散漫理之”的布置形式。对石材个体的要求相对比特置的要求要低些。其布置的要点为有聚有散、有立有卧、主次分明、高低曲折、顾盼呼应，疏密有致、层次分明、变化丰富，使景色更为自然、逼真、朴实。

(4)聚置：又称为聚点。即为数量较多的山石相互搭配点置。其所处的空间应有一定的面积，比较开阔。山石之间相互堆叠搭配，配出多样的石景，然后置于一定位置，点缀园林景观。山石搭配时应注意石材的大小应有变化，布置时应大小疏密相间，高低前后错落，左右相互呼应，做到主从分明、层次清晰。

聚置常与建筑等工程设施结合。如建筑外角处“抱角”，在院落内角处“镶隅”，在石阶、蹬道旁“蹲配”等。

3. 叠石应注意的事项

(1)融合自然：叠石要利用山石与自然融合，减少人工气氛。如墙角是两个面相交的地方，通过抱角镶隅遮挡，不仅使墙面生动，还可将山石较难看的两面屏蔽。建筑台阶可以用山石如意踏来代替，避暑山庄宫区大殿背面就是如此处理，显示得更为自然。

(2)石料要求：叠石应选择具有“瘦、漏、透、皱、丑”特点的观赏性石材。瘦是指挺拔秀丽而不臃肿，漏是指石上的洞穴，透是指石上有上下贯通的洞穴，皱是指石面上要有皴纹，丑是指石态宜怪不可流于常形。具备以上条件的湖石会给人以通透、圆润、柔曲、轻巧的感觉。

(3)工程要求：由于自然山石没有统一的规格与造型，所以叠石不同于建筑、种植等其他工程。设计时，除了确定平面位置、占地大小和轮廓外，还需要到现场配合施工，才能达到设计意图。施工时，应观察山石的特征，根据山石的不同特点来叠置。

任务二　园林水体设计

在设计地形时，山水应该同时考虑，山水相依，彼此更可以表露出各自的特点，同时还有一定的交互效应，山得水活，水依山转，相得益彰。

一、水体在园林中的景观效应和功能

（一）静态水体效应

静态水体是指水不流动、相对平静时状态的水体，通常可以在湖泊、池塘或是流动缓慢的河流中见到。这种状态的水具有宁静、平和的特征，给人们舒适、安详的景观视觉。静态水体还能反映出周围物像的倒影，丰富景观层次，扩大了景观的视觉空间。

（二）动态水体效应

动态水体常见于天然河流、溪水、瀑布和喷泉中。流动的水可以使环境呈现出活跃的气氛和充满生机的景象，对人们有景观视觉焦点的作用。水体以急流跌落，其动态效果是溢漫、水花、水雾，给人以活跃的气氛和充满生机的视觉效果。

（三）水声效应

动态水体在流动时或撞击水体边际物体时可产生声响，每一种性质的声音在景观设计中都有一定的作用。如溪流的飞溅声，湖水的拍岸声，瀑布和喷泉的跌落声，惊涛拍岸，雨打芭蕉等，其效果都有增补空间动态与完善水体景观的作用。同时，水的声响也能直接影响人们的情感，可使人们激动、兴奋、思绪万千。如无锡寄啸山庄的“八音涧”。

（四）水体的光效应

平静的水面犹如一面镜子。水面反射的粼粼波光可以引发观者有发现般的激动和快乐。由于湖泊水的成分、深度及水中的溶解物不同，水体对光线产生不同的吸收和散射作用，使水体产生不同的颜色。在纯水中蓝光易散射，所以，纯水多呈浅蓝色；当湖水悬浮物质增多时，水体多呈蓝绿色、绿色或呈黄褐色等。

（五）水体小气候效应

由于水体的热容量、导热率、热交换和水分交换方式不同于陆地，使水域附近的气温变化和缓、湿度增加，小气候变得更加宜人，更加适合某些植物生长。故石涛《画语录》中有：“夏地树常荫，水边风最凉”之说。

二、水体的主要类型

（一）按水体的形式分

1. 规则式水体

此类水体的外形轮廓为有规律的直线或曲线闭合而成几何形，大多采用圆形、方形、矩形、椭圆形、梅花形、半圆形或其他组合类型，线条轮廓简单，多以水池的形式出现（图 5-1）。规则式水体多采用静水形式，水位较为稳定，变化不大，其面积可大可小，池岸离水面较近，配合其他景物，可形成较好的水中倒影。

图 5-1 规则式水体

2. 自然式水体

自然式水体的外形轮廓由无规律的曲线组成(图 5-2)。园林中自然式水体主要是进行对原有水体的改造，或者进行人工再造而形成，是通过对自然界存在的各种水体形式进行高度概括、提炼，用艺术形式表现出来。如溪、涧、河流、池塘、潭、瀑布、泉等。

3. 混合式水体

混合式水体是规则式水体与自然水体有机结合的一种水体类型，富有变化，具有比规则式水体更灵活自由，又比自然式水体易于与建筑空间环境相协调的优点。

(二)按水体的形态分

1. 静水

湖、池、沼、潭、井。

2. 动水

河、溪、渠、瀑布、喷泉、涌泉、水阶、水梯等。

三、园林中常见水体的设计要点

(一)湖、池

湖、池属于静水，指成片汇聚的水面，有天然、人工两种，园林中湖池多为天然水域，略加修饰或依地势就低开凿而成，一般比自然界的湖泊小得多。湖池常作为全园的构图中心。水面宜有聚有分，聚分得体。小水面应以聚为主，较大的湖泊中可设堤、岛、半岛、桥，或种植水生植物分隔，以丰富水中观赏内容及观赏层次。堤、岛、桥均不宜设在水面正中，应设于偏侧，使水有大小之分。另外，岛的数量不宜多且忌成排设置，形体宁小勿大，轮廓形状应自然而有变化。

湖池除本身外形轮廓的设计外，与环境的有机结合也是湖池设计的一个重点。主要表现在获取水中倒影、水面波光粼粼。利用湖池水面的倒影做借景，丰富景物层次，扩大视觉空间，增强空间韵味，使人思绪无限，产生一种朦胧的美感，以创造“虚幻之境”。

(二)河流

在园林中的河流平面不宜过分弯曲，但河床应有宽有窄，有收有敛，有开敞和郁蔽之分。河岸随山势应有缓有陡，两岸的风景，应有意识地安排一些对景、夹景等，并留出一定的透视线，使沿岸景致丰富。河流多用土岸，配置适当的植物；也可造假山插入水中形成“峡谷”，显出山势峻峭。两旁可设临河的水榭等，局部可用整形的条石驳岸和台阶。水上可划船，窄处架桥，从纵向看，能增加风景的幽深和层次感(图 5-3)。

图 5-2　自然式水体

图 5-3　河流

(三)溪涧

自然界中,溪涧是泉瀑之水从山间流出的一种动态水景。水流平缓者为溪,湍急者为涧。园林中可在山坡地适当之处设置溪涧(图 5-4)。竖向上应有缓有陡,陡处形成跌水或瀑布,落水处还可构成深潭。溪涧多变的水形和各种悦耳的水声,给人以视听上的双重感受,引人遐想。

图 5-4　小溪

在平面设计上,溪涧应蜿蜒曲折,宜多弯曲以增长流程,显示出源远流长,绵延不尽。同时应注意对溪涧的源头隐蔽处理。两岸多用自然石岸,以砾石为底,溪水宜浅,可涉水,可踏汀步,两岸树木掩映,表现山水相依的景观。

(四)瀑布

断崖跌落的水为瀑,遥望似布悬垂而下,故称为瀑布。见彩图5-7。自然中的瀑布一般由五个部分构成:上游水流、落水口、瀑身、受水潭、下游泄水。其中,落水口的形态特征决定瀑布景观,当然也受水量大小的影响。因此,在瀑布的设计上,通过水泵来设计水量,设定落水口的大小,形成预期的瀑布景观。

瀑布按其势态分直落式、叠落式、散落式、水帘式、喷射式;按其大小分宽瀑、细瀑、高瀑、短瀑、涧瀑。综合瀑布的大小与势态可形成多种瀑布景观,如有直落式高瀑、直落式宽瀑等。

(五)喷泉

地下水向地面上涌出称为喷泉。城市园林绿地中的喷泉以人工喷泉为主,一般布置在城市广场上、大型建筑物前、入口处、道路交叉口等处的场地中,与水池、雕塑、花坛、彩色灯光等组合成景,作为局部的构图中心。

喷泉是以喷射优美的水形取胜,整体景观效果取决于喷头嘴形及喷头的平面组合形式。现代喷泉的水姿多种多样,有直射形、编织形、集射形、放射形、散射形、鼓泡形、混合形、球形等。随着现代技术的发展,出现光、电、声控以及电脑自动控制的喷泉,致使喷泉的形式更加丰富多样。因此,除普通喷泉外,还有音乐喷泉、间歇喷泉、激光喷泉等形式。

任务三 园路设计

一、园路的功能

(一)组织交通

园路同其他道路一样,具有基本的交通功能,它承担着游人的集散、疏导、组织交通作用。此外,还满足园林绿化建设、养护、管理等工作的运输任务,具备人、机动车辆和非机动车辆的通行作用。

(二)划分空间

园林中常常利用道路把全园分隔成各种不同功能的景区,同时又通过道路,把各景区、景点联系成一个整体。园路本身是一种线性狭长的空间,因园路的穿插划分,把园林划成不同形状、不同大小的系列空间,极大地丰富了园林空间的形象,增强了空间的艺术性表现。

(三)引导浏览

园路不仅解决园林的交通问题,而且还是园林景观的导游脉络。园路中的主路和一部分次要道路,被赋予明显的导游性,能自然而然地引导游人按照预定路线有序进行游赏,使园林景观像一幅连续的图画,不断呈现在游人面前。

(四)构成景观

园路也能进行某种园林意境的创造。利用园路的形式和铺装的材料,在某种特定的环境中能渲染出特定的园林气氛,从而产生一定的园林意境。如我国古代的宫殿、寺庙等园林中,常用各种莲纹花砖铺地,以烘托出清雅、高洁的气氛;在一些私家园林或庭院中,通过中国化的吉祥图案铺地，带给人美好的祝愿。

二、园路的类型

(一)按平面构图形式分

可分为规则式和自然式园路。规则式园路采用严谨整齐的几何形道路布局，突出人工之美；自然式园路以其自然流畅的布局，给人带来曲径通幽的意境。

(二)按性质和功能分

主干道：指从入口通向全园各景区中心、主要景点、主要建筑的道路。主要道路联系全园，必须考虑通行、生产、救护、消防、游览车辆。其道路规格根据园林的性质和规模的不同而异，中小型绿地一般路宽 3～5 m，大型绿地一般路宽 6～8 m，以能通行双向机动车辆为宜。

次干道：分散在各景区，连接景区内各景点的道路，并且和各主要建筑相连。路宽 2～3 m，以单向通行机动车辆为宜。

游步道：又称为小路，是深入到山间、水际、林中、花丛供人们漫步游赏的路。道路应满足两人行走为宜，一般路宽 1.2～2 m，小径可为 0.8～1 m。健康步道是近年来最为流行的足底按摩健身方式。通过行走卵石路上，按摩足底穴位达到健身目的，但又不失为园林一景。

园务路：为便于园务运输、养护管理等的需要而建造的路。这种路往往有专门的入口，直通公园的仓库、餐馆、管理处、杂物院等处，并与主环路相通，以便把物资直接运往各景点。

停车场：园林及风景旅游区中的停车场应设在重要景点进出口边缘地带及通向尽端式景点的道路附近，同时也应按照不同类型及性质的车辆分别安排场地停车，其交通路线必须明确。

三、园路的设计

园路的设计要因地制宜，主次分明，有明确的方向性，从园林绿地的使用功能出发，根据地形、地貌、景点的分布和园务活动的需要综合考虑，统一规划。

(一)园路设计的基本原则

西方园林多为规则式布局，园路笔直宽大，轴线对称，成几何形。中国园林多以山水为中心，园路多采用自然式布局，讲究意境；但在庭园、寺庙园林或在纪念性园林中，多采用规则式布局。园路设计应遵循以下基本原则。

1. 回环性

尽可能将园林中的道路布置成“环网式”，以便组织不重复的游览路线和交通导游。

2. 疏密适度

园路的疏密度同园林的规模、性质有关，在公园内道路大体占总面积 10%～12%，在动物园、植物园或小游园内，道路网的密度可以稍大，但不宜超过 25%。

3. 曲折性

园路随地形和景物而曲折起伏，若隐若现，造成“山重水复疑无路，柳暗花明又一村”的情趣，以丰富景观，延长游览路线，增加层次景深，活跃空间气氛。

4. 多样性

园林中的路的形式多种多样。在人流集聚的地方或在庭院内，路可以转化为场地；在林间或草坪中，路可以转化为步石或休息岛；遇到建筑，路可以转化为“廊”；遇山地，路可以转化为盘山道、磴道、石级、岩洞；遇水，路可以转化为桥、堤、汀步等。路又以它丰富的体态和情趣装点园林，使园林又因路而引人入胜。

5. 因景筑路

园路与景相通，所以在园林中是因景行路。园路回环萦纡，收放开合，藏露交替，使人渐入佳境。园路路网应有明确的分级，园路的曲折迂回应有构思立意，应做到艺术上的意境性与功能上的目的性有机结合，使游人步移景异。

(二)园路设计的基本形式

园林的道路系统不同于一般的城市道路系统，有自己的布置形式和布局特点，一般所见的园路系统布局有棋盘式、套环式、条带式、树枝式。

1. 棋盘式园路系统

棋盘式园路也叫网格式园路(图 5-5)。这种园路系统的特征是：由于明显的轴线控制整个道路的布局，一般主路为整个布局的轴线，次路和其他道路沿轴线对称，组成闭合的“棋盘”。这种道路系统适合规则式园林，道路规整、规律性强，但这种道路形式单调，适合平地使用。

图 5-5 棋盘式园路

2. 套环式园路系统

套环式园路系统的特点是：由主路构成一个闭合的大型环路或“8”字形的双环路，再由很多的次路和游步道从主路上分出，并且相互穿插、连接与闭合，构成另一些较小的环路。这样的道路系统可以使游人在浏览中不走回头路。但在地形狭长的园林中，由于受到地形的限制，套环式道路不易构成完整的道路系统，不适宜采用这种园路布局形式(图 5-6)。

3. 条带式园路系统

在地形狭长的园林中，采用条带式园路系统较为合适。这种园路布局形式的特点是：主路呈条带状，始端各在一方，并不闭合成环。在主路的一侧或两侧，可以穿插一些次路和游步道，次路和小路相互之间可以局部闭合成环路(图 5-7)。

图 5-6 套环式园路

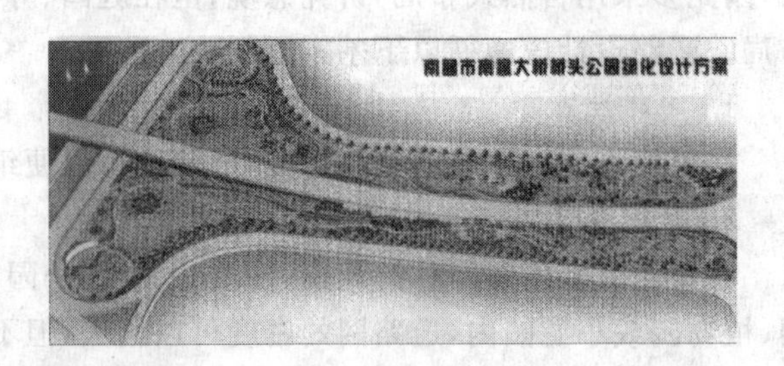

图 5-7 条带式园路

4. 树枝式园路系统

在山谷、河谷地形为主的园林或风景区，主路一般只能布置在谷地，沿着河沟从下往上延伸。两侧的山坡上的多数景点都是与从主路分出的一些支路相连，甚至再分一些小路继续加以连接。支路和小路可以是尽端式，也可以成环路，多数为尽端式。游人到达景点后，从原路返回到主路再向上行。这种道路系统的平面形状就像许多分支的树枝一样，因此叫树枝式。

(三)园路的铺装设计

一般来说，园路要进行铺地艺术设计，包括纹样、图案设计、铺地空间设计、结构构造设计、铺地材料设计等。常用的铺地材料分为天然材料和人造材料，天然材料有青(红)岩、石板、卵石、碎石、条(块)石、碎大理石片等；人造材料有青砖、水磨石、本色混凝土、彩色混凝土、沥青混凝土等。

中国园林在园路面层设计上形成了特有的风格，铺装的基本要求如下：

1. 寓意性

中国园林强调“寓情于景”，在面层设计时，有意识地根据不同主题的环境，采用不同的纹样、材料来加强意境。北京故宫的雕砖卵石嵌花甬路，是用精雕的砖、细磨的瓦和经过严格挑选的各色卵石拼成的。路面上铺有以寓言故事、民间剪纸、文房四宝、吉祥用语、花鸟虫鱼等为题材的图，以及著名戏剧场面里的图案。

2. 装饰性

中国自古对园路面层的铺装很讲究，园路是园景的一部分，应根据景的需要进行设计，路面或朴素、粗犷；或舒展、自然、古拙、端庄；或明快、活泼、生动。园路以不同的纹样、质感、尺度、色彩及不同的风格和时代要求来装饰园林。

任务四　园林建筑小品设计

一、园林建筑小品的功能

(一)使用功能

园林建筑同其他建筑一样，都是为了满足人们某种生活的需要。服务建筑是为游人提供一定的服务；专用建筑，如展览馆是为展览使用；休息建筑为游人提供一定的休息场所，如亭是为游人提供纳凉、避雨、纵目远眺等临时休息的场所。

(二)造景作用

1. 点景作用

建筑与山、水、植物相结合而构成园林内的许多风景画面。建筑物往往是这些画面的重点或主题，常常作为园林在一定范围内甚至整座园林的构景中心，比如北京颐和园的佛香阁。

2. 观景作用

一幢建筑物或一组建筑群都可作为观赏园内景物的场所。大到建筑群的组合布局，小到门窗、门洞或由细部所构成的“框景”，都可以利用起来，作为剪裁风景画面的手段(图 5-8)。

3. 组景作用

在园林设计中，常常使用建筑小品(如门洞、门窗、景墙等)将园林中的景色有效组织在某个画面中，使园林景观更丰富，层次更深远，意境更为生动，画面更富诗情画意。

4. 烘托主景

一般园林建筑在设计时，以园林建筑小品作为配景烘托主景，如草坪周围的栏杆，树下的石凳等。

5. 装饰作用

利用园林建筑小品装饰性强的特点，在园林中加强某些装饰，使园林景观更为生动，渲染园林气氛，增强空间感染力。

图 5-8 门洞

(三)划分空间

利用园林建筑的形体，在园林的局部进行分隔空间，或者利用建筑物围合成系列的庭院，或者以建筑为主，辅以其他园林要素将园林划分为若干空间层次。

(四)组织游览路线

在园林中，以道路结合建筑物形成游览路线，运用对景和障景手法，创造一种步移景异的动态观赏效果；或者利用建筑的导与引，有序地组织游人对景物的观赏。

二、园林建筑小品的设计原则

(一)立意新颖，底蕴深厚

园林小品的设计要有深刻的含义和感染力，要体现出其所创造的独特意境，表达出其自身独有的情趣，令人充满无限的遐想和无穷的回味。在设计上要巧于构思，精于造型和布局上的设计，使其不仅仅是一处观赏和使用的园林构筑物，更是充分体现思想内涵和文化底蕴的园林的主要组成部分。

(二)特色鲜明，融入自然

园林建筑小品不仅应具有浓厚的艺术特点，同时应具有鲜明的地方特色；"虽由人作，宛自天开"，精心设计，与自然融为一体，体现自然之趣；要和周边园林环境相协调，构成具有地方特色的园林景观。

(三)体量轻巧，精于体宜

园林建筑小品一般在体量上力求精巧，不可喧宾夺主。同时，园林建筑小品应力求得体，不可失去其相宜的分寸。在不同的园林景观环境空间中，应根据实际的要求设计出相应的体量和尺度，以遵循园林空间与景物之间最基本的"精于体宜"的构图原则。

(四)符合使用功能和技术要求

园林建筑小品既要造型美观、内涵丰富，更要注重实用功能。因此，必须要有严格的使用功能要求和技术要求。根据不同园林建筑小品所具有的不同使用目的，以及同种建筑小品在不同环境中的使用要求，因地制宜地确定其在技术上和功能上的要求。

三、园林建筑与小品的类型

(一)服务建筑

其使用功能主要为游人提供一定的服务，同时具有一定的观赏作用。如：摄影服务部、冷饮室、小卖部、茶馆、餐厅、厕所等。

(二)休息建筑

也叫游憩性建筑，主要是指具有较强的公共游憩功能和观赏作用的建筑，如亭、台、楼、阁、轩、榭、舫、廊、馆、观、塔等。

(三)专用建筑

主要是指使用功能较为单一，为满足某些功能而专门设计的建筑，如办公室、展览馆、陈列室、博物馆、观赏室、仓库等。

(四)园林建筑小品

主要是指使用具有一定使用功能和装饰作用的建筑构筑物，其类型很多。如栏杆、花架、园墙、园桌、园椅、园灯、门洞、花窗、花格、装饰隔断、指示牌、雕塑、园桥、垃圾箱等。

四、园林建筑小品的设计方法

(一)园林建筑

1. 亭

亭在我国园林中被普遍而广泛地采用，已成为我国园林的象征，我国古典园林产生了很多经典的亭子，如知春亭、沧浪亭、爱晚亭等。

(1)亭的功能：亭是供游人休憩和观景的园林建筑，主要是为了满足赏景、休憩、停顿、纳凉、避雨等功能的需要，同时又是园林中一景。

(2)亭的形式：亭的形式有很多种，但基本可以分为以下几种类型：三角亭、方亭、长方亭、圆亭、六角亭、双层亭、八角亭、扇形亭等。

(3)亭的位置：山地建亭，应选择在宜于鸟瞰远眺的地形，以眺览范围越开阔越好。在小山建亭，亭宜设在山顶，但不宜设在山形几何中心之顶；中等高度的山建亭，宜在山脊、山顶、山腰；大山建亭，宜在山腰台地、次要山脊、崖旁峭壁之顶、蹬道旁等地。临水建亭，小水面建亭宜低临水面；大水面建亭，宜设置临水高台，在台上建亭或者设在较高的石矶上建亭。平地建亭，位置随宜，一般建于道路的交叉口上、路侧的林荫之间。有时为一片花木山石所环绕，形成一个小的私密性空间环境；有的在自然风景区的路旁或路中筑亭作为进入主要景区的标志。

(4)亭的设计：每个亭都应有特点，不能千篇一律。亭的体量不宜过大、过高，应小巧玲珑。亭的色彩要根据风俗、气候与爱好而定，如南方多用黑褐等暗的色彩，北方多用鲜艳色彩。在建筑物不多的园林中以淡雅色调较好。

在布局上要考虑亭与周围环境的有机结合。在使用功能上除满足休憩、观景和点景的要求外，还应适用于园林中其他功能需要，如作为图书阅览、摄影服务等用途。

现代建筑中采用钢、混凝土、玻璃等新材料和新技术建亭，为建筑创作提供了更多的方便条件。造型上更为活泼自由，形式更为多样，例如平顶式亭、伞亭、蘑菇亭等。

2. 廊

廊是屋檐下的过道及其延伸成独立的有顶的过道，建造于园林中的廊称为园廊(图 5-9)。

(1)廊的功能：在园林中，廊作为各个建筑之间联系的通道，成为园林内游览路线的组成部分。它既有遮阳避雨、休憩、交通联系的功能，又有组织景观、分隔空间、组成景区、增加风景层次的作用，本身也可成为园中之景。

(2)廊的形式：中国园林中廊的形式和设计手法丰富多样。廊的结构常见有：木结构、砖石结构、钢及混凝土结构、竹结构等。廊顶有坡顶、平顶和拱顶等。廊的基本类型，按结构形式可分为：双面空廊、单面空廊、复廊、双层廊和单支柱廊 5 种。按廊的总体造型及其与地形、环境的关系可分为：直廊、曲廊、回廊、抄手廊、爬山廊、叠落廊、水廊、桥廊等。

(3)廊的设计：廊从总体上应因地制宜，利用自然环境，创造各种景观效果，使人感到新颖、舒畅。廊是长形观景建筑物，可适当用装饰隔断进行分隔内部空间，多折的曲廊要做好转折处的对景处理；廊尽量不要形成较长的直廊空间，要适当予以转折和曲折。廊的各种组成，墙、门、洞等是根据廊外的各种自然景观，通过廊内游览观赏路线来布置安排的，以形成廊的对景、框景。

廊从立面上应突出表现“虚实”的对比变化，以虚为主。廊是景色的一部分，需要和自然空间互相延伸，融于自然环境中。

3. 榭

榭是建在水面岸边紧贴水面的小型园林建筑，榭在现代园林中应用极为广泛，以水榭居多，所以又有叫它水阁(图 5-10)。

图 5-9 廊

图 5-10 榭

(1)水榭的功能：水榭是供人休息、观赏风景的临水园林建筑，用平台深入水面，以提供身临水面之上的开阔视野。并利用它变化多端的形体和精巧细腻的建筑风格表现榭的美，具有点缀风景的作用。

(2)榭的形式：中国园林中水榭的典型形式是在水边架起平台，平台一部分架在岸上，一部分伸入水中。平台跨水部分以梁、柱凌空架设于水面之上，平台临水围绕低平的栏杆或设靠椅供作息凭依。平台靠岸部分建有长方形的单体建筑，建筑四面开敞通透，或四面做落地长窗。如苏州拙政园的芙蓉榭。

榭与水体的结合方式有多种，有一面临水，两面临水，三面临水以及四面临水(有桥与湖岸相接)等形式。

(3)榭的设计要点:水榭位置宜选在水面有景可观之处,在湖岸线凸出的位置为佳。同时要考虑对景、借景的安排;榭的朝向切忌朝西;建筑及平台以尽量低临水面为佳感;榭的建筑要开朗、明快、视线开阔。

4. 舫

舫是仿照船的造型建在园林水面上的建筑物,也称旱船,下部船体用石制成,上部船舱为木结构,外形像船,供游玩宴饮、观赏水景之用。舫是中国园林建筑中具有高度象征性和艺术性的一种特殊建筑。处身其中宛如乘船荡漾于水泽(图 5-11)。

图 5-11　颐和园的清晏舫

(1)舫的形式:舫可分为三种类型。写实型舫:是一种全然以建筑手段来模仿现实中的船,完全建构在水上,在靠近岸的一面,有平桥与岸相连,平桥模仿跳板。以颐和园的"清晏舫"和南京煦园的"不系舟"为代表。集萃型舫:是一种建造在水边,按船体结构建造而外形经过一些建筑化处理而形成的一种仿船建筑。以拙政园的香洲和苏州怡园的画舫斋为代表。象征性舫:是用抽象的手法来模仿船的某些场景或意境的一种建筑形式,以中国古代的"船厅"为代表,如广东顺德清晖园的船厅和扬州寄啸山庄的单层船厅。

(2)舫的设计要点:舫的选址宜在水面开阔处,两面或三面临水,其余与陆地相连,有条件的可四面临水,其一侧设平桥与湖岸相连。要注意舫的体量与水面及其周围其他环境的协调。

舫一般由三部分组成,即船头、中舱和尾舱。船头前部有跳台,似甲板,船头常做敞棚,供赏景用。中舱是主要空间,是休息、饮宴的场所,其面比船头要低 1～2 级,有入舱之感,中舱两侧面,常做长窗,坐着观赏时可有宽广的视野。尾舱是仿驾舱,常作两层建筑,下实上虚,上层状似楼阁,四面开窗以便远眺。

5. 景墙

(1)景墙的功能:景墙是用来分隔空间,丰富景观层次以及控制、引导游览路线。景墙也可作为背景使用,精巧的园墙还可装饰园景。

(2)景墙的形式:景墙有两种类型:一是作为园林周边、生活区的分隔围墙;二是园内为划分空间、组织景色、安排导游而布置的围墙(图 5-12)。

(3)景墙的设计要点:景墙在设计时,首先,要选择好位置,景墙作分隔空间时,一般设在景物变化的交界处,或地形、地貌变化的交界处,使景墙的两侧有决然不同的景观。其次,要做好景墙的造型,其形象与环境协调一致,墙面上需设漏窗、门洞或花格,起到空间渗透作用。第三,景墙的色彩、质感既要对比,又要协调;既要醒目,又要调和。另外,还要考虑景墙的安全性,选择好墙面及墙头的装饰材料。

6. 园林栏杆

栏杆在绿化中起分隔、导向的作用,使绿地边界明确清晰,设计好的栏杆,很具装饰意义(图 5-13)。

(1)栏杆的构图:栏杆是一种长形的、连续的构筑物,要整体美观,在长距离内连续地重复,产生韵律美感,因此,某些具体的图案、标志,例如动物的形象、文字往往不如抽象的几何线条组成给人感受强烈。栏杆的构图还要服从环境的要求。如桥栏,平曲桥的栏杆有时仅是两道横线,与水的平桥造型呼应,而拱桥的栏杆,是循着桥身呈拱形。

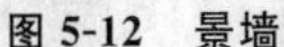

图 5-12 景墙

图 5-13 园林栏杆

(2)栏杆的用料:石、木、竹、混凝土、铁、钢、不锈钢都有,现最常用的是不锈钢与铸铁、铸铝的组合。竹木栏杆自然、质朴、价廉,但是使用期不长,如有强调这种意境的地方,真材实料要经防腐处理,或者采取“仿”真的办法。混凝土栏杆构件较为拙笨,使用不多,有时作栏杆柱,但无论什么栏杆,总离不了用混凝土作基础材料。铸铁、铸铝可以做出各种花形构件;美观通透,缺点是易脆,断了不易修复。

(3)栏杆的高度:低栏 0.2~0.3 m,中栏 0.8~0.9 m,高栏 1.1~1.3 m,要因地按需设置。现代园林需要的是造型优美的导向性、生态型栏杆。在能用自然要素组织空间,达到分隔目的时,少用栏杆。如用绿篱、水面、山石、自然地形变化等。一般来讲,草坪、花坪、花坛边缘用低栏,明确边界,也是一种很好的装饰和点缀,在限制入内的空间、人流拥挤的大门、游乐场等用中栏,强调导向;在高低悬殊的地面、动物笼舍、外围墙等用高栏,起分隔作用。

7. 花架

花架是园林中以绿化材料作顶的廊,是指攀援植物的棚架,是建筑与植物结合的构筑物,因而与自然环境易于协调,由于植物的季节变化而使其造景效果更为突出。

(1)花架的功能:花架可以供人歇足休憩,欣赏风景。在园林布景中可以划分、组织空间,并可点缀园景,又可为攀援植物生长创造立地条件。

花架可应用于各种类型的园林绿地中,常设置在风景优美的地方供休息和点景,也可以和亭、廊、水榭等结合,组成外形美观的园林建筑群;在居住区绿地、儿童游戏场中花架可供休息、遮阳、纳凉;用花架代替廊,可以联系空间;用格子垣攀援藤本植物,可分隔景物;园林中的茶室、冷饮部、餐厅等也可以用花架作凉棚,设置坐席;也可以用花架作园林的大门。

(2)花架的形式:花架的形式有单片式花架、连体花架、弧形花架、圆形花架等。

(3)花架的设计要点:花架在设计时,应注意环境与土壤条件,使其适应植物生长的要求,要考虑植物同花架的适应性,合理设置花架的高度、栅格的粗细、间距以及种植池的位置及大小,以利植物的生长和攀援;单体造型宜简洁轻巧,开场通透,不应有繁杂的装饰,体量适宜,应与周围环境相协调。花架的尺度要与所在空间与观赏距离相适应;花架的式样要与周围环境和建筑协调,风格要统一;花架也要注意局部的装饰以及材料的选用,要适合近观。

(4)花架的材料:花架常用的建筑材料有以下几种。竹木材:朴实、自然、价廉、易于加工,但耐久性差。也可用经处理的木材作材料,以求真实、亲切。钢筋混凝土:是最常见的材料,基础、柱、梁都可根据设计要求浇灌成各种形状,也可做成预制构件,现场安装,灵活多样,经久耐用,使用最为广泛。石材:厚实耐用,但运输不便,常用块料做成花架柱。金属材料:轻巧易制,构件断面及自重均小，常用于独立的花柱、花瓶等。造型活泼、通透、多变、现代、美观，采用时要注意使用地区和选择攀援植物种类，以免炙伤嫩枝叶，并应经常油漆养护，以防脱漆腐蚀。

8. 园桥及汀步

园桥是跨越水面及山涧的园路，汀步是园桥的特殊形式，也可看做点(墩)式园桥。

(1)园桥的功能：园林中的桥具有联系水面风景点，组织游览线路，变换观赏视线，点缀水面景色，增加风景层次，兼有交通和艺术欣赏的双重功能。园桥在造园艺术上的价值，往往超过交通功能，

(2)园桥的形式：按建筑材料可分为石桥、木桥、铁桥、钢筋混凝土桥、竹桥。按建筑形式可分为平桥、曲桥、拱桥、点式桥、亭桥、廊桥、吊桥、铁索桥、浮桥等。

(3)园桥的设计要点：在自然山水园林中，园桥的位置和体型要和景观相协调。园桥在设计时最好选在水面最窄处，桥身与岸线应垂直。桥的设计要保证游人通行、游船通航的安全。一般大水面下方要过船或欲让桥成为园中一景的多选拱桥，宜宏伟壮丽，重视桥的体型和细部的表现；小水面多选平桥，宜轻盈质朴，简化其体型和细部；引导游览、组织游览的或丰富水中观赏内容的多选曲桥。水面宽广或水势湍急者，桥宜较高并加栏杆；水面狭窄或水流平缓者，桥宜低并可不设栏杆。水陆高差相近处，平桥贴水，过桥有凌波信步亲切之感；沟壑断崖上危桥高架，能显示山势险峻。水体清澈明净，桥的轮廓需考虑倒影；地形平坦，桥的轮廓宜有起伏，以增加景观的变化。水位不稳定的可设浮桥。园桥材料的选择应与周围的建筑材料协调。

(4)汀步：又称步石、飞石。浅水中按一定间距布设块石，微露水面，使人跨步而过。园林中运用这种古老的渡水设施，质朴自然，别有情趣。将步石美化成荷叶形，称为“莲步”，桂林芦笛岩水榭旁有这种设施。

9. 厅堂

厅是古时会客、治事、礼祭的建筑。一般坐北向南，体型高大，居园林中的重要位置，成为全园的主体建筑。常与廊、亭、楼、阁结合。厅又有大厅、四面厅、鸳鸯厅、花厅、荷花厅、花篮厅之分。

10. 楼阁

楼是指二层或二层以上的房屋，阁是楼房的一种，四周开窗，属造型较轻巧的建筑物。楼阁在园林的作用是赏景和控制风景视线，常成为全园艺术构图的中心，成为该园的标志。如：颐和园的佛香阁、武汉的黄鹤楼。楼阁因其凌空高耸，造型精美，常成为园林中的主要景点。现代园林中楼阁除供远眺、游憩外，还作餐厅、茶室、接待室等。

11. 塔

塔是一种高耸的建筑物或构筑物，如佛塔、灯塔、水塔，在园林中常起到标志及主景作用，还可供登临眺望赏景。如北京的北海白塔、延安的延安宝塔、杭州的六和塔。塔的平面以方形、八角形居多，层数一般为单数，罕见双数。塔可分为木结构塔和砖石结构塔。砖石结构塔又有楼阁式塔、密檐式塔、喇嘛塔、金刚宝座塔、墓塔等。

12. 斋

斋本来是宗教用语，被移用到造园上来，主要是取它“静心养性”的意思，一般指用作书房、学舍的房屋。在园林中常建在较幽静的地方。如北京北海里的“养心斋”，苏州网师园“集虚斋”。

13. 轩和台

轩和台都是建于高旷的部位，能登临远眺风景。如北京颐和园的“云清轩”，河北承德避暑山庄的“山近轩”，网师园的“竹外一枝轩”。轩指有窗户的长廊或小屋子，台是我国最早出现的建筑形式之一，用土垒筑，高耸广大，有些台上建造楼阁厅堂，布置山水景物。现代园林里的台，主要是供游人登临观景，除了通常的楼台，有的建在山岭，有的建在岸边，不同的地点有不用的景观效果。

14. 殿

殿在古代泛指高大的堂屋，后来专指帝王居住及处理政事的建筑或供奉神佛的建筑。如养心殿、太和殿、大雄宝殿。在皇家园林及寺庙园林中常见此类建筑。

15. 馆

古代是房舍建置的通称，后来主要指接待宾客或供饮宴娱乐的房舍。如北京颐和园的“听鹂馆”，现代公共文化娱乐、饮食、旅居的场所，外交使节办公的处所也称馆，如文化馆、展览馆、饭馆、大使馆等。

16. 雕塑

园林中的雕塑主要是指具有观赏性的装饰性雕塑，除此之外，还有少量纪念性雕塑、主题性雕塑。园林中的雕塑题材广泛，可点缀风景，丰富浏览内容，给游人以视觉和精神的享受。抽象雕塑还能使人产生无限的遐想。园林雕塑就其造型而言，常见的有人物雕塑、动物雕塑、抽象雕塑、场景雕塑等。

雕塑可配置于规则式园林的广场上、花坛中、道路端头、建筑前等处，也可点缀在自然式园林的山坡、草地、池畔或水中等风景视线的焦点处，与植物、岩石、喷泉、水池花坛等组合在一起。园林雕塑的取材与构思应与主题一致或协调，体量应与环境的空间大小比例恰当，布置时还要考虑观赏视距、视角、背景等问题。

(二)园林小品

园林小品是园林中供休息、装饰、照明、展示和为园林管理及方便游人之用的小型建筑设施。一般设有内部空间，体量小巧，造型别致，富有特色，并讲究适得其所。恰当地运用园林小品，不仅能充分体现它的艺术价值，还对园林景观给予有益补充。在园林中美化环境，丰富园趣，为游人提供了休息和公共活动的方便，又能使游人从中获得美的感受和良好的教益。

1. 园林小品的分类

(1)供休息的小品：包括各种造型的靠背园椅、凳、桌和遮阳的伞、罩等。常结合环境，用自然块石或用混凝土做成仿石、仿树墩的凳、桌；围绕大树基部设椅凳，既可休憩，又能纳荫。

(2)装饰性小品：各种固定的和可移动的花钵、饰瓶，可以经常更换花卉。装饰性的日晷、香炉、水缸等，在园林中起点缀作用。

(3)结合照明的小品：园灯的基座、灯柱、灯头、灯具都有很强的装饰作用。

(4)展示性小品：各种布告板、导游图板、指路标牌以及动物园、植物园和文物古建筑的说明牌、阅报栏、图片画廊等，都对游人有宣传、教育作用。

(5)服务性小品：各种游人服务的饮水泉、洗手池、公用电话亭、时钟塔等；为保护园林设施的栏杆、格子垣、花坛绿地的边缘装饰等；为保持环境卫生的废物箱等。

2. 园林小品的设计要点

(1)立意新颖，内涵丰富：园林小品不仅要有形式美，还要有深刻的内涵。只有表达一定意境和情趣的小品，才能具有感染力，才是成功的艺术作品。要根据自然景观和人文风情，进行景点中小品的设计构思。

(2)造型新颖，突出特色：园林小品具有浓厚的工艺美术特点，所以一定要突出特色，以充分体现其艺术价值。无论哪类园林小品，都应体现时代精神，体现当时的发展特征和人们的生活方式。既不能滞后于历史，也不能跨于时代。

(3)融入自然，天人合一：作为装饰小品，应将人工与自然融为一体，不破坏原有风貌。通过对自然景物形象的取舍，使造型简练的小品获得景象丰满充实；如在自然风景中、在古巨树之下，设以自然山石修筑成的山石桌椅，体现自然之趣。

(4)体量精巧，布局合理：园林小品在体量上力求精巧，不可喧宾夺主，失去分寸。选择合理的位置和布局，做到巧而得体，精而合宜。

(5)符合功能技术要求：园林小品绝大多数具有实用功能，因此除满足艺术造型美观的要求外，还应符合实用功能及技术的要求。如园林坐凳，应符合游人休憩的尺度要求。

(6)装饰点缀园林空间：充分利用园林小品的灵活性、多样性以丰富园林空间；把需要突出表现的景物强化起来，把影响景物的角落巧妙地转化成为游赏的对象；两种明显差异的素材巧妙地结合起来，相互烘托，显出双方的特点。

(7)突出地域民族风情：园林小品应充分考虑地域特征和社会文化特征。园林小品的形式，应与当地自然景观和人文景观相协调，尤其是在旅游城市，建设新的园林景观时，更应充分注意到这一点。

任务五　园林植物设计

园林植物是指在园林中作为观赏、组景、分隔空间、装饰、蔽荫、防护、覆盖地面等用途的植物，包括木本和草本。园林植物是园林中有生命的要素，使园林充满生机和活力，为游人带来自然而舒适的感受。没有园林植物，就不成其为园林。

一、植物在园林中的景观效应和功能

(一)园林植物的生态效应

园林植物在园林中可以通过多种方式创造舒适的小气候环境条件。高大的乔木在夏季浓荫盖地，形成阴凉的环境；冬季阳光可透过落叶乔木的树枝透射到地面，提高地面和空气温度；植物可通过叶片的蒸腾作用，增加空气湿度；植物还可以通过光合作用提高空气中的含氧量，吸附空气中的尘埃，吸收有害气体，杀灭细菌，净化空气，减弱噪声等。

地被植物能减弱雨水对地面的冲刷，减少地表径流，保持水土，还可以增强土壤的渗水性能，涵蓄地下水。植物群体能阻挡风沙。

(二)园林植物的观赏功能

园林植物不仅表现良好的生态功能，而且也是一个独特的观赏对象。园林植物的干、枝、叶、花、果等所表现出来的形、色、姿、味、韵都具有独特而丰富的景观功能。

园林植物姿态各异，常见的木本乔灌木的树形有柱形、塔形、圆锥形、伞形、圆球形、半圆形、卵形、倒卵形、匍匐形等，特殊的有垂枝形、曲枝形、拱枝形、芭蕉形等。不同姿态给人以不同的感觉，与不同的地形、水体、建筑相配植，则景色更浓。

园林植物群体也是一个独具魅力的观赏对象。茂密的树林、开阔的草坪、繁茂的花卉给人们以强烈的视觉冲击。乔木林地所形成的林冠线以及自然流畅的林缘线也是独特的园林景观，而且，随着气候的变化，园林植物群体表现出不同的季相景观。

(三)园林植物的造景作用

1. 作为主景和背景

园林植物可单独作为主景进行造景，充分发挥园林植物的观赏作用。例如孤植树景观。此外，园林植物还可作为其他要素的背景，与其他园林要素形成鲜明对比，突出主景。例如利用园林植物群体景观所产生的整体感，起到背景的作用(图 5-14)。

图 5-14　植物的背景作用

2. 分隔空间，引导视线

利用园林植物阻挡视线，分隔空间，增强空间感，从而达到组织空间的作用。利用植物引导视线，形成框景、漏景、夹景。

3. 装饰美化，丰富意境

利用园林植物加强建筑的装饰，柔化建筑生硬的线条。利用园林植物创造一定的园林意境。在中国传统文化中，赋予了植物一定的人格化。

二、园林植物种植设计的基本原则

(一)遵循艺术构图的基本原则

1. 对比与和谐原则

植物造景设计时，树形、色彩、线条、质地、比例等都要有一定的差异和变化，显示植物的多样性，又保持一定相似性，形成统一感，这样既生动活泼，又和谐统一。设计中常用对比的手法突出主题，用和谐的手法形成统一感。例如，在树种规划时，分基调树种、骨干树种和一般树种。基调树种种类少，但数量大，形成园林的基调及特色，起到统一作用；而一般树种，种类多，每种数量少，起到变化的作用。例如，在园林植物色彩构图中利用互补色和冷暖色对比，可以突出主题，烘托气氛。利用近似色和类似色的和谐处理手法，可获得和谐统一的园林色彩构图。

2. 稳重与均衡原则

在平面上表示轻重关系适当的就是均衡；在立面上表示轻重关系适宜的则为稳定。色彩浓厚、体量庞大、数量繁多、质地粗厚、枝叶茂密的植物种类，给人以重的感觉；反之，则给人以轻盈的感觉。园林景观为取得环境的最佳效果，一般应是稳定的。因此，那些干细而长、枝叶集生顶部的大乔木下，应配置中小乔木、花灌木，使其形体加重，成为稳定的植物景观，达到自然活泼的效果。

在园林植物配植时，均衡有规则式均衡和自然式均衡两种。规则式均衡常用于规则式建筑及庄严的陵园或雄伟的皇家园林中。自然式均衡常用于花园、公园、植物园、风景园等较自然的环境中。

3. 韵律和节奏原则

植物配置的单体有规律地重复，有间隙地变化，在序列重复中产生节奏，在节奏变化中产生韵律。如路旁的行道树用一种或两种以上植物的重复出现形成韵律。

4. 比例与尺度原则

比例是指园林中的景物在体形上具有适当的关系，其中既有景物本身各部分之间长、宽、高的比例关系，又有景物之间、个体与整体之间的比例关系。如面积较小的园林，在配置时，树木、置石或其他装饰品都是小型的，使人感到亲切合宜；大型园林，在配置时，树木、草地、水池、纪念物等都是大型的，使人感到宏伟壮观。例如，在绿地中配置一株孤植树作为主景，周围草坪的最小宽度就应按适当的比例关系要确定，以达到最佳的观赏效果。

(二)符合园林绿化的性质和功能要求

园林植物种植设计首先要从园林绿地的性质和主要功能出发，选择好植物种类以及合适的植物种植形式。例如综合性公园的功能具有多种，在种植设计时应满足各种功能的要求：供集体活动的广场或大草坪，供蔽荫的乔木，供观赏艳丽花朵的灌木和花卉，供安静休息、散步需要的疏林等。街道绿化主要解决街道的遮阳和组织交通，防止眩光以及美化作用。

(三)符合园林总体规划形式

园林的植物景观必须符合园林的总体规划，体现园林绿地的植物景观特色，处理好植物同山、水、建筑、道路等园林要素之间的关系，使之成为一个有机整体。园林总体规划形式如果是规则式，乔木、灌木常采用规则式布局，其他植物也采用与规划形式对应的布局形式；如果是自然式，则应采用与之谐调的自然式布局形式。

(四)考虑四季景色的变化

园林植物的季相景观变化，能给游人以明显的气候变化感受，体现园林的时令变化，表现出园林植物特有的艺术效果。因此，要根据不同的季节，精心搭配园林植物，呈现出不同的景观特色。如春季山花烂漫；夏季荷花映日，石榴花开；秋季硕果满园，层林尽染；冬季梅花傲雪等。当然，也不能出现满园都是一个模式。在出入口及重点地区，四季游人均集中的地方，应四季皆有景可赏。而以单一季节景观为主的地段，也应点缀其他季节植物，避免单调乏味。

(五)要充分发挥园林植物的观赏特征

园林植物的观赏特性是多方面的，植物个体的形、色、香、姿以及群体景观都是丰富多彩的，例如雨打芭蕉、留得残叶听雨声。在植物种植设计时，应根据园林植物本身具有的特点，全面考虑各种观赏效果，合理配置。例如，观整体树形或花色的植物应距游人远一点；观叶形、花形的植物应距游人较近；有香味的植物可布置在游人可接近地方，如广场、休息设施旁。若要听松涛，则松树宜布置在风口地带，且要成片种植。淡色开花植物近旁最好配叶色浓绿的植物，以衬托花色。

(六)适地适树，满足园林植物的生态要求

为创造良好的园林植物景观，必须使园林植物正常生长。要因地制宜，适地适树，使植物本身的生态习性与栽植地点的生态条件统一。例如，山上要选择耐旱植物，并有利于山景的衬托；水边要选择耐水湿植物，并与水景协调。另外，在园林植物的种植设计时，要尽量选用乡土

树种，突出当地植物景观特色。适当选用已经引种驯化成功的外来树种。

(七)合理设置种植密度和搭配

植物种植的密度是否合适直接影响绿化、美化效果，影响功能的发挥。种植过密会影响植物的通风透光，降低植物的光合效率，植株生长瘦小枯黄，易发生病虫害。从长远考虑，应根据成年树木的树冠大小来确定种植距离。如选用小苗，先期可进行密植，到一定时期后，再进行疏植，以达到合理的植物生长密度。在进行植物搭配时，要兼顾速生树与慢生树、常绿树与落叶树、乔木与灌木、观叶与观花、草坪与地被等植物的搭配，营造稳定的植物群落。

(八)注意植物造景的经济原则

在进行植物种植设计时，一定要注意经济原则，尽量保留园林绿地的原有树种，慎重使用大树造景，合理使用珍贵树种，大量使用乡土树种。另外，还要考虑植物栽植后的养护管理费用。观赏性草坪能产生较好的草坪景观，但面积过大或过多，必定会带来昂贵的养护成本。

三、园林植物种植设计的基本形式

园林绿化树木种类繁多，种植之前，首先应考虑园林绿化植物的功能要求、艺术构图和植物本身的生物学特性，然后做出合理的布置。

(一)乔灌木种植设计形式

1. 孤植

园林中的优型树，单独栽植，称为孤植(图 5-15)。孤植是作为局部主景或者园林中的蔽荫与艺术构图的需要而设置的。孤植树必须有较为开阔的空间环境，游人可以从多个位置和角度去观赏。孤植树需要有一定的观赏视距，一般为树高的 4 倍。孤植树可以栽植在草坪、广场、湖畔、桥头、岛屿、斜坡、园路的尽头或拐弯处、建筑旁等。在设计孤植树时，需要与周围环境相适应，一般要有天空、水面、草地等作背景衬托，以表现孤植树的形、姿、色、韵等。

图 5-15 孤植树

孤植树一般要求树体高大、姿态优美、树冠开阔、枝叶茂盛、开花繁茂且具芳香、花果不易散落、生长健壮、寿命长、无污染或具有特殊价值等。适宜作孤植树的树种有香樟、榕树、悬铃木、朴树、雪松、银杏、七叶树、广玉兰、金钱松、油松、桧柏、白皮松、枫香、白桦、枫杨、乌桕等。

2. 对植

对植是指两株树按照一定的轴线关系做相互对应，成均衡状态的种植方式。对植依种植形式的不同分对称种植与不对称种植两种，对称种植常用在规则式构图中，是用两株同种同龄的树木对称栽植在入口两旁，体形姿态均没有太大差异，构图中距轴线的距离也需相等。非对称栽植多用在自然式构图中。在自然式种植中，对植是不对称的，但左右必须是均衡的。运用不对称均衡的原理，轴线两边的树木在体形、大小、色彩上有差异，但在轴线的两边须取得均衡。常栽植在出入口两侧、桥头、石级蹬道旁、建筑入口旁等处。

对称栽植多选用树冠形状比较整齐的树种，如龙柏、雪松等，或者选用可进行整形修剪的树种进行人工造型，以便从形体上取得规整对称的效果。非对称栽植形式对树种的要求较为宽松，数量上不必一定是两株。

3. 列植和行植

列植和行植是指沿直线或曲线以等距离或在一定变化规律下栽植树木的形式常用于行道树的设计。

列植和行植在设计形式上有单纯列植(行植)和混合列植(行植)。单纯列植是用同一种树种进行有规律的种植设计，具有强烈的统一感和方向性，可用于自然式，也可用于规则式。混合列植是用两种或两种以上的树木进行有规律的种植设计，具有高低层次和韵律变化，其形式变化也更多一些。混合列植因树种的不同，产生色彩、形态、季相等变化，从而丰富植物景观。

4. 丛植

丛植通常是指由两株到十几株、同种或异种、乔木或乔灌木组合种植而成的种植类型，也叫树丛(图 5-16)。

丛植是具有整体效果的植物群体景观，主要反映自然界植物小规模群体植物的形象美。这种群体形象美又是通过植物个体之间的有机组合与搭配来体现的，因此要很好地处理好株间、种间的关系。所谓株间关系，是指疏密、远近的因素；种间关系是指不同乔木以及乔木、灌木之间的搭配；在处理株间关系时，要注意整体适当密植，局部疏密有致，使之成为一个有机的整体；在处理种间关系时，要尽量选择搭配关系有把握的树种，要阳性与阴性、快长与慢长、乔木与灌木有机地组合，成为生态相对稳定的树丛。

图 5-16　丛植

丛植通常是由乔木、灌木混合配置，有时也可与山石、花卉相组合。树丛可作局部主景，也可作配景、障景、隔景或背景，其布置的地点适应性较孤植树强。选择作为组成树丛的单株树木的条件与孤植树相似，应挑选在树姿、色彩、芳香、季相等方面有特殊价值的树木。

丛植一般有以下几种基本形式及组合(图 5-17)：

两株丛植：两株丛植的配植方法因具体构图要求而不同，一般由同种树种、不同大小的树木以较小的株距栽植在一起，形成一个整体。在造型上一般选择一大一小，一左一右，一倚一直，一昂一俯的不同姿态进行配植，使之互相呼应，顾盼有情。

三株丛植：三株树木配植最多不超过两种。它们的大小、姿态也应有显著的差异，使各个方向的观赏效果不同，栽植时水平布局为不等边三角形。其中最大与最小的树木应靠近，成为一组，中等的一株要远离一些，成为另一组。

四株丛植：四株丛植对树木的要求与三株丛植相同，在栽植时外轮廓可呈不等边三角形，也可呈不等边四角形。在数量的安排上多采用 3∶1，一般不采用 2∶2 的对等栽植。在树木的大小排列上，最大的一株要与其他株相距近些，远离的可用中等大小的植株。

五株丛植：五株丛植的变化较为丰富，但树种最多不超过三种，其基本要求与两株、三株配植相同，在数量的分配上有 3 ∶ 2 和 4 ∶ 1，在栽植时外轮廓为不等边三角形、不等边四边形或不等边五边形。组合原则与两株、三株、四株丛植的配合相同。但组与组之间要有呼应关系，且距离不可过远。最大的植物应在大组内，最小的也不能单独成组。

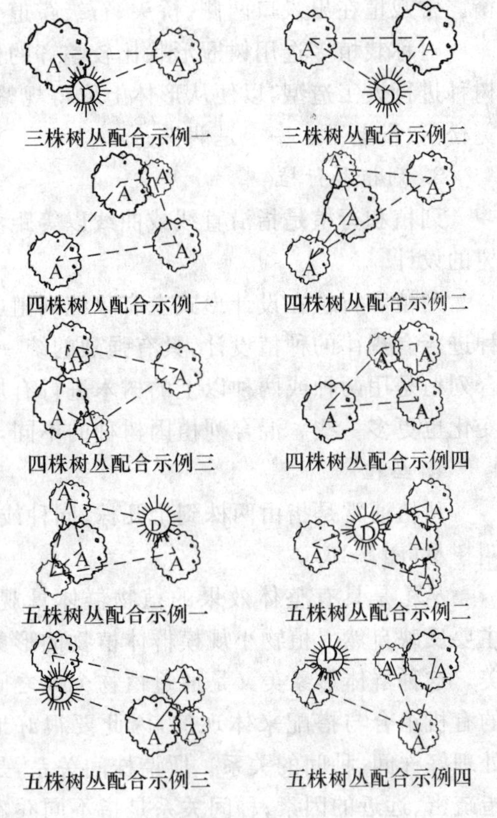

图 5-17　丛植方式

5. 群植

群植是指 20～30 株以上同种或异种、乔木或乔灌木组合成群栽植的种植类型。它所表现的是群体美，具有“成林”的效果。群植常作为园林构图的主景或配景。可作规则式或自然式配植。规则式群植一般进行分层配植，前不掩后；自然式群植模仿自然生态群落。群植常设于草坪上、道路交叉处。此外，在池畔、岛上或丘陵坡地，均可设置。

群植的设计形式有两种：单纯树群和混交树群。单纯树群只有一种树木，其树木种群景观特征显著，景观规模与气氛大于丛植，一般郁闭度较高。混交树群由多种树木混合组成，是树群设计的主要形式，层次丰富，景观多姿多彩，群落持久稳定。混交树群大多由乔木层、亚乔木层、大灌木层、小灌木层及多年生草本植被 5 个层次构成。其中每一层都要显露出来，显出部分应该是该植物观赏特征突出的部分。乔木层选用的树种，树冠的姿态要丰富些，使整个树群的天际线富于变化；亚乔木层选用的树种最好开花繁茂，或者具有美丽的叶色；灌木应以花木为主，草本植物应以多年生野生性花卉为主，树群下的土面不应暴露。树群组合的基本原则是乔木层在中央，亚乔木层在其四周，大灌木、小灌木在外缘，这样不致互相遮掩。树群内植物的栽植距离要有疏密变化，树木的组合必须很好地结合生态条件。通过乔、灌、草的巧妙配搭和花、木的混合群植形成一个生态协调、构图优美、结构紧凑、花叶并茂、层次清楚、高低起伏、四季鲜艳的简洁而美观的树群。

6. 林植

林植是成片、成块大量栽植乔木、灌木，构成林地和森林景观的种植形式。若长短轴之比大于 4 ∶ 1，则称为林带。林植也叫树林，树林在园林绿地中起防护、分隔、范围、蔽荫、背景或组景等作用。多用于大面积公园的安静休息区、园边地带、风景游览区或疗养区及卫生防护地带。

林植具有一定的密度和群落外貌。郁闭度达 70％～100％之间的称为密林，郁闭度在 40％～70％之间的称为疏林。密林又有单纯密林和混交密林之分。单纯密林具有简洁、壮观的特点，但层次单一，缺少丰富的季相，稳定性较差。混交密林具有多层结构，通常 3～4 层。密林可选用异龄树种，配置大、小耐阴灌木或草本花卉。疏林树种应树冠展开，树荫疏朗，花叶色彩丰富。疏林多与草地结合，成为“疏林草地”，深受人们的喜爱。疏林中树木的间距一般为

10～20 m，最小以不小于成年树冠冠径为准，林间需留出较多的活动空间。疏林选择的树种应有较高的观赏价值，生长健壮，树冠疏朗开展，配置一定的落叶树种，做到四季有景可观，疏林中还应注意林木疏密相间，有断有续，自由错落。

7. 篱植

凡是由灌木或小乔木以近距离的株行距密植，栽成单行或双行，紧密结构的种植形式称为篱植，又称为绿篱(图 5-18)。绿篱按高度一般分为矮篱(高度＜50 cm)、中篱(高度为 50～120 cm)、高篱(高度为 120～150 cm)和树墙(高度＞150 cm)四种形式。绿篱按植物种类及其观赏特性可分为树篱、彩叶篱、花篱、果篱、枝篱、竹篱、刺篱、编篱等。

绿篱的主要是分隔空间、遮挡视线和作花境、喷泉、雕塑的背景，美化挡土墙，遮蔽不美观的墙基。车行道与人行道之间的绿篱起到安全与绿化的作用，在道路的分隔带栽植绿篱可阻挡对面车辆的眩光，增加行车安全。

图 5-18　绿篱

作为篱植用的植物长势强，萌发力强；生长速度较慢；叶子细小，枝叶稠密；底部枝条与内侧枝条不易凋落；抗性强。

8. 色块、色带

色块是的指将色叶植物紧密栽植成所设计的图形，并按设计高度修剪的种植类型。若长宽比大于 4∶1，则称为色带。这种种植形式是从篱植发展来的，并越来越广泛地应用于广场、街道、坡地、立体交叉等绿地的草坪上，是一种装饰性强、具有较好美观效果的种植形式。

色块、色带的形式根据环境及立意设计，可规则可自然，它们的材料主要有：桧柏、金叶千头柏、黄杨、金叶女贞、紫叶小檗、变叶木、红桑、黄榕、大叶茳草等。也可用多年生宿根花卉组成色块、色带。

(二)花卉的种植设计

花卉种类繁多，色彩艳丽，生长培育周期短。因此，花卉是园林中用作重点装饰和色彩构图的植物材料。花卉的种植主要有以下几种形式。

1. 花坛

花坛是指在一定范围的畦地上按照整形式或半整形式的图案栽植观赏植物，以表现花卉群体美的园林设施，具有较高的装饰性和观赏价值。花坛的形状一般有方形、长方形、圆形、梅花形、组合形等。花坛的分类方法如下。

花坛按其形态可分为立体花坛和平面花坛；按观赏季节可分为春花坛、夏花坛、秋花坛和冬花坛；按栽植材料可分为一年生、二年生草花坛、球根花坛、水生花坛、专类花坛(如菊花花坛、翠菊花坛)等；按表现形式可分为花丛花坛、绣花式花坛或模纹花坛；按花坛的运用方式可分为单体花坛、连续花坛和组群花坛。现代又出现移动花坛，由许多盆花组成，适用于铺装地面和装饰室内外。

花坛主要用在规则式园林的建筑物前、入口、广场、道路旁或自然式园林的草坪上。

2. 花丛

花丛是指用多种花卉(花大色艳或花小色茂的花卉)进行密植形成丛状,直接种在地上或植床内,按园林的景观需要呈点状规则式或自然式布置在园林绿地的草坪中,以观赏开花时的整体效果为主。

其形式可以是单纯花丛,也可设计成混合花丛。一般可布置在林缘、路边、道路转折处、路口、休息设施的对景处的草坪上。

3. 花境

花境是指以树丛、树群、绿篱、矮墙或建筑物作背景,以多种多年生花卉为主的带状自然式花卉布置形式,也叫花缘或花径。

花境所选用的植物材料以能露地越冬的多年生花卉或观花灌木为主,既要四季美观又以有季相交替,一般栽植后3～5年不更换,以反映植物群落的自然景观。

花境的完整结构一般由三部分组成,第一是背景,如建筑物、矮墙、树丛等;第二是花境的主体,呈一个或多个带状或组成一定的图案;第三是镶边材料,作为花境主体的装饰,多用矮型观叶植物。

4. 其他花卉种植形式

花卉的种植形式除了前面所谈到的外,还有其他一些种植形式,如花台、花地、花钵(或花箱)、花斗、花柱等。

(三)地被植物及草坪种植设计

1. 地被植物

地被植物是指生长低矮紧密、繁殖力强、覆盖迅速的一类植物,包括蕨类,球根、宿根花卉,矮生灌木以及爬蔓植物。地被植物在现代园林中所起的作用越来越重要,是不可缺少的景观组成部分,通常在乔木、灌木和草坪组成的自然群落之间起着承上启下的作用。

(1)地被植物的功能:地被植物能覆盖地面,提高绿化覆盖率,改善生态环境和节约管理成本,还可丰富园林绿化的景观效果,某些地被植物的综合开发可增加经济收入。

(2)地被植物的类型:一般按其生物学、生态学特性,并结合应用价值进行分类,通常将其分为一年生、二年生草本,如红绿草、多盏菊、羽衣甘蓝等;多年生草本,如吉祥草、石蒜、葱兰、麦冬、鸢尾类、玉簪类、三叶草、马蹄金、萱草类等;蔓藤类植物,如常春藤、油麻藤、爬山虎、络石、爬行卫茅、金银花等;亚灌木类,如十大功劳、小叶女贞、金叶女贞、红檵木、紫叶小檗、杜鹃、八角金盘等;竹类,如箬竹、鸡毛竹等。

(3)地被植物种植设计:地被植物的配置应根据“因地制宜,功能优先,高度适宜,四季有景”的原则统筹配置。地被植物适宜栽植在人流量较小,需要达到水土保持效果的斜坡地;栽植条件差的地方,如土壤贫瘠、沙石多、建筑物残余基础地等场所;某些不许践踏的地方;养护管理很不方便的地方;杂草太猖獗的地方。

地被植物的配置要注意花色协调,宜醒目。地被植物品种的选择应适当,注意地被植物的高矮与附近的建筑比例关系要相称,矮型建筑物适于用匍匐而低矮的地被植物,而高大建筑物附近,则可选择稍高的地被植物;视线开阔的地方,成片地被植物高矮均可,宜选用一些具有一定高度的喜阳性植物作地被成片栽植。

2. 草坪

草坪是指用多年生矮小草本植株密植,并经人工经常剔除杂草、碾轧修剪平整的人工草地。因草坪低矮、空旷、统一，能同植物及其他园林要素较好结合，故草坪的应用广泛。

(1)草坪的功能：草坪能覆盖地面，减少扬尘；消毒杀菌，净化空气；调节气温，增加湿度；保持水土，防止冲刷；开拓视觉，平和心神；美化环境，可供游憩。草坪能创造园林空间，引导视线，衬托主景，突出主题，增加景深和层次，并能充分表现地形的美，表现时空的变化；它不仅可以独立成景，而且还可以将园林中不同色彩的植物、山石、水体、建筑等多个要素统一于以其为底色的园林景观之中，并协调各种造园要素，减少园林的郁闭度，增加明朗度，使园林更具艺术效果。用于城市园林草坪的草本植物主要有结缕草坪、狗牙根草、地毯草、假俭草、黑麦草、早熟禾等。

(2)草坪的类型：按草坪的用途分为游憩草坪、观赏草坪、运动草坪、交通安全草坪、飞机场草坪和护坡护岸草坪；按草坪的植物组合分为单纯草坪、混合草坪和缀花草坪；按草坪的季相特征与草坪草生活习性的不同，草坪可分为夏绿型草坪、冬绿型草坪和常绿型草坪；按草坪与树木的组合方式的不同，草坪可分为空旷草坪、封闭草坪、开朗草坪、稀树草坪、疏林草坪、林下草坪；按草坪的形式分为规则式草坪和自然式草坪。

(3)草坪种植设计：园林绿地中的草坪最主要的任务是满足游人和体育活动的需要，因而选择的草种应低矮细密，耐踩踏。其次，草坪占地面积往往较大，养护费工费水，因而选择的草种最好有良好的抗旱性能，管理省工。

为了使雨后能尽快开放，提高使用效率，并有良好的观赏效果，应使草坪有合理的坡度。护坡护岸草坪若无工程护坡，则坡度不宜大于 30°。规则式草坪、运动草场只需保证最小的排水坡度，范围在 0.2%～1.0%，一般从中心向四周倾斜。游憩草坪的坡度应在 0.5%～15%，以 3%～5%最好。必要时可埋设排水盲沟来解决排水问题。

(四)攀援植物的种植设计

攀援绿化是利用攀援植物装饰建筑物的一种绿化形式，可以创造生机盎然的氛围。攀援绿化除美化环境外，还有增加叶面积和绿视率、阻挡日晒、降低气温、吸附尘埃等改善环境质量的作用。

1. 攀援植物的特点

(1)用途多样：攀援绿化是攀援植物攀附在建筑物上的一种装饰艺术，绿化的形式能随建筑物的形体而变化。用攀援植物可以绿化墙面、阳台和屋顶、装饰灯柱、栅栏、亭、廊、花架和出入口等，还能遮蔽景观不佳的建筑物。

(2)占地很少：攀援植物因依附建筑物生长、占地很少，在人口多、建筑密度大、绿化用地不足的城市，尤能显示出攀援绿化的优越性。

(3)繁殖容易：攀援植物繁殖方便，生长快，费用低，管理简便。草本攀援植物当年播种，当年发挥效益。木本攀援植物，通常用扦插、压条等方法繁殖。

2. 攀援植物种植设计要点

攀援植物的选择，应根据绿化场地的性质选择相应的攀援植物，例如墙绿化覆盖，宜选有吸盘或有气生根的攀援植物，如美国地锦、薜荔等，间距 2～4 株/m。与栏杆配合的攀援植物一般选爬不高的攀援植物即可，栽植密度约 1 株/m。花架、阳台、栅栏等的绿化装饰，可选择攀附能力较强、有缠绕茎、卷须或钩刺的植物；绿化坡地的攀援植物可选地锦、络石、薜荔等。此外，要根据攀援植物的生态习性，因地制宜地选择植物种类。耐寒性较强的爬山虎、忍冬、紫藤、山葡萄等适宜于中国北方栽培；而在中国南方，除上述植物外，还可用常春藤、络石、凌霄、薜荔、常春油麻藤、木香等。喜阳的凌霄、紫藤、葡萄等宜植于建筑物的向阳面;耐阴的常春藤、爬山虎等宜植于建筑物的背阴处。选用观花的攀援植物时,宜选花色与攀附物颜色相对比的种类。如浅色墙用花色深的,而深色墙则宜用花色浅的攀援植物。阳台、窗台等处宜用可悬垂的攀援植物,如绿萝。

(五)水生植物的种植设计

可在水中生长并繁殖的植物即水生植物。水生植物一般生长迅速,适应性强,栽培管理省工。园林中应用的水生植物的茎、叶、花、果都有观赏价值。在水体内种植水生植物,可丰富水面观赏内容,增添水面情趣,减少水面蒸发,改良水质,还可提供一定的副产品,如莲子、藕、菱角、慈姑等。

根据水面大小、水的深浅、拟取得的水面景观效果、水生植物的特点等,选择水生植物种类。较大的水面可以几种混种,但要有主次之分,在植物间有形状、高矮、姿态、叶形、叶色、花期等的对比调和。挺水植物宜种植在不妨碍水上活动,又能增进岸边风景的边缘水域中。浮水植物可种在稍深一些的水域中,漂浮植物可作静水面上的点缀。

在种植水生植物时,为了获得倒影效果及扩大空间感觉,不宜种满一池,也不宜沿岸种满一圈,应有疏有密、有断有续。在水面内,水生植物面积应不大于水面积的1/3。

为了控制水生植物的生长,应设置水生植物种植床,或用缸栽植。若水较深,可提高植物床或在水下设墩台,以利于水生植物生长。

(六)园林(城市)道路植物种植设计

道路绿化是城市绿地系统的重要组成部分,它可以体现一个城市的绿化风貌与景观特色。

1. 道路树种的选择原则

一般来说,道路树种应具备冠大荫浓、主干挺直、树体洁净、落叶整齐;无飞絮、毒毛、臭味、污染的种子或果实;适应城市环境条件,如耐践踏、耐瘠薄土壤、耐旱、抗污染等;萌发力强,耐修剪,易复壮、长寿等。

道路树种的选择应根据适地适树原则,选择适合当地条件的树种,以乡土树种为主,从当地自然植被中选择优良的树种,但不排斥经过长期驯化考验的外来树种;应结合城市特色,优先选择市花、市树及骨干树种。

2. 城市道路植物种植设计

随着城市建设飞跃发展,城市道路增多,功能各异,形成各种绿带。公园、植物园中的不同级别的园路,植物配植更是丰富多彩。城市道路的植物配植首先要服从交通安全的需要,能有效地协助组织车流、人流的集散;同时起到改善城市生态环境及美化的作用。现代化城市中除必备的人行道、慢车道、快车道、立交桥、高速公路外,有的还有林荫道、滨河路、滨海路等,由这些道路的植物配置组成了车行道分隔绿带、行道树绿带、人行道绿带等。

(1)高速公路及立交桥的植物配植:我国高速公路具有上、下行4条以上的车道,中间的分隔带虽然稍窄些,但还可以种植低矮的花灌木、草皮及宿根花卉。一般较宽的分隔带可种植自然式的树丛。

(2)车行道分隔绿带:指车行道之间的绿带。绿带的宽度不一致,窄者仅1 m,宽可10余m。在分隔绿带上的植物配植除考虑到增添景色外,首先要满足交通安全的要求,不能妨碍司机及行人的视线,一般窄的分割绿带上仅种植低矮的灌木及草皮,极少种植较高的乔木。随着宽度的增加，分隔绿带上的植物配植形式多样，可规则式。最简单的规则式配植为等距离的一层乔木，也可在乔木下配植耐阴的灌木及草坪。利用植物不同的姿态、线条、色彩，配植成高低错落、层次参差的树丛，达到四季有景，富于变化的水平。

(3)行道树绿带：是指车行道与人行道之间种植道树的绿带。其功能主要为行人蔽荫，同时美化街景。行道树绿带的立地条件是城市中最差的。由于土地面积受到限制，故绿带宽度往往很窄，常在 1～1.5 m 之间。常和各种架空电缆发生矛盾，地下又有各种电缆、排水、煤气、热力管道等，应选择耐修剪、抗瘠薄、根系较深的行道树种。

(4)人行道绿带：指人行道边缘到建筑物之间的绿化带世间。此绿带既起到与嘈杂的车行道的分隔作用，也为行人提供安静、优美、蔽荫的环境。由于绿带宽度不一，因此，植物配植各异，基础绿带常用藤本植物做墙面垂直绿化，或用直立的珊瑚树或女贞等植于墙面作为分割，如绿带宽些，则以绿色屏障作为背景，前面配植矮灌木、宿根花卉及草坪，在外缘常用绿篱分隔，以防行人践踏破坏。

3. 园路的植物种植设计

(1)主路旁植物配植：主路是沟通各活动区的主要道路，往往设计成环路，宽 3 ～5 m，游人量大。平坦笔直的主路两旁常用规则式配植，植以观花乔木，并以花灌木作下木，丰富园内色彩。蜿蜒曲折的园路，不宜成排成行，而以自然式配植为宜，沿路的植物景观在视觉上应疏密有致，高低错落。景观上有草坪、花池、灌丛、孤植树，甚至水面、山坡、建筑小品等不断变化。游人沿路漫游可经过大草坪，也可在林下小休或穿行在花丛中赏花。

(2)次路与小路旁植物配植：次路是园中各区内的主要道路，一般宽 2～3 m，小路则是供游人漫步，一般仅 1～1.5 m。次路和小路两旁的种植灵活多样，由于路窄，有的只需在路的一旁种植乔、灌木，达到既蔽荫赏花的效果。有些园林在小径两旁常用红背桂、茉莉花、扶桑等配植成彩叶篱及花篱；在小径两旁配植花境或花带；在小径两旁配植竹林，组成竹径，让游人循径探幽。

◈小结

园林是大自然的高度概括和浓缩，是地形、水体、植物和园林建筑小品等要素的有机结合体。在进行园林规划设计时，设计者必须遵循园林规划的设计原则，按照园林的性质和功能要求，充分发挥园林各要素的功能和作用，精心设计，打造出具有一定园林特色和时代精神的园林精品。

地形是园林的骨架，在园林中表现出独特的园林景观效应和功能，直接影响着园林的空间布局、植物配置、水体形式和道路布置等。园林中的地形主要有平地、坡地、山地和谷地。在园林中主要是通过“挖湖堆山”或推山平地方式改造地形。另外，还可以通过叠石的方法重塑地形，叠石有特置、对置、散置和聚置等形式。不同的叠石形式表现不同的景观效果。

水体是园林中最具有活力的景观要素。山得水活，水得山转，相互衬托，共同构成山水景观园林。水体表现的动态效应和静态效应，使游人从视、听、触等多种感觉器官上感受到园林的形态美、韵律美和意境美。在园林中，水体的形式有河流、溪涧、湖池、瀑布、喷泉等。在园林设计中，应充分利用不同水体的特点，合理设计，凸显各水体的功能效应。

园林道路与建筑小品是园林中最具可塑性的园林要素。园林道路具有组织园林空间、引导游人视线、美化园林景观和交通等方面的功能。在设计时，要以人为本，根据地形和园林性质和功能要求，为游人创造方便、舒适的游览线路。园林建筑具有组织空间、引导游人视线、构成园林景观的重要功能。中国园林建筑中的亭、廊、榭、楼、阁、桥、舫、雕塑等，形态多种多样，精巧别致，往往在园林中起到画龙点睛的作用。因此，在园林设计中要注重园林建筑及小品的合理使用，精心布局。

植物是园林中有生命的要素，使园林充满生机和活力，具有观赏、组景、分隔空间、装饰、蔽荫、防护、覆盖地面等功能。在园林中，乔灌木和地被植物可以通过孤植、对植、行植、丛植、群植和林植等配置方式，花卉可通过花坛、花丛、花境等方式表现出不同的园林植物景观。在设计中，如果与其他景观要素有机配合，会获得更佳的园林景观效果。

技能训练五　城市公园绿地造园要素的表现形式分析

一、实训目的

通过实训了解园林绿地的造园要素的表现形式及效果，进一步熟悉各造园要素的具体表现形式，并运用到规划设计实践中。

二、材料用具

城市公园绿地、皮尺、图纸、绘图工具、笔、本子、参考书籍等。

三、方法步骤

1. 分组，踏勘某一城市公园；
2. 分析公园绿地地形的表现形式；
3. 分析公园绿地水体的表现形式；
4. 分析公园绿地园路的表现形式；
5. 分析公园绿地园林建筑小品的表现形式；
6. 分析公园绿地园林植物的表现形式。

四、作业

完成任务工单的填写。

◈**典型案例**

——花园的植物配置

一、空间感

植物高度的错落、生长体量的胖瘦其实很重要，搭配得好，就可以提升视觉的空间感。城市公共绿地中大面积的草花摆放，在让人感觉气势宏大、整齐划一的同时，也多少会显得有些呆板、单调；所以私家花园中很少采用这种“平铺直叙”的栽培手法。植物种类有那么多，我们可以选择高低不同的花草并进行搭配，这会让花园的内容更加丰富。

二、量感

如果你喜欢繁花怒放的感觉，那么使用横向匍匐扩展，或是纵向攀援而上的植物可以带来这种效果。此外，选择了合适的品种，还需要有一定的数量才能奏效。普通的一年生草花或宿根花草如孤植或少量种植，既没有起到良好的观赏效果，也不易管理。诸如野花组合这样的籽播花草可以考虑引入花园，这让花境景观更趋自然，可以达到“虽由人作，宛若天开”的境界，而且充满了野性的能量。

三、层次感

注意到植物的高矮和冠幅还不够，如何根据它们的不同高度设计出立体的花境或花坛才是关键的一步。除了植物高低之外，如何排列它们更重要。通常低矮的植物配植在花境的最前沿，之后逐步递增，让花境或花坛更加立体化，增强群落的透视感是主人在栽种之前必须考虑的问题

四、律动感

合理的线性配置植物能够引导人们的视觉，让视线得以延伸，这尤其体现在花园步道的设计思路上。沿着蜿蜒的步道旁，使用线性配置植栽能够增加花园的律动感。而直线型的步道会带来规整严肃的感觉。如果你的花园是规则式的，那么可以选择直线几何型设计；如果是自然式，则多采用曲径通幽的思路。

五、质感

植物自身的质感就是指物体材质所呈现在色彩、光泽、纹理、粗细、厚薄、透明度等多种外在特性的综合表现。植物的质感不容忽视，这属于花园视觉和触觉的范畴。有的植物毛茸茸充满温暖，有的植物具有坚硬挺拔的线条，有的则稀疏浪漫如羽衣，这些都属于植物的特别质感。每一种植物都有自己独特的质感。主人可根据自己花园中的不同部位所属的不同功能来选择。

配植的质感由多种不同质感植物组成重复的点与线产生的表面特质，形成了植物配置的综合质感。细质地的植栽在营造自然风格中是不可或缺的元素，它们带有调和、柔化的效果：比如窈窕的虞美人、稀疏的观赏草等。粗质感的植物可以强烈突出主题，比如北京街头常见的剑麻、硕大的灌木状绣球等。不过需要注意的是：使用过多细质感植物容易丧失主题，过多粗质感植物则容易显得粗糙。

六、色彩

花园的颜色直接影响人们对它的第一印象。每一种颜色自有它特别的语言。色彩的选择完全取决于主人的偏爱。如果主人希望花园是柔和的效果，那么选择色彩相邻的花草会达到这一效果。如果希望是热烈的，那么选择明亮有朝气的黄色或橙色就好。主人应该先决定自己期望拥有的庭院形象，然后再根据喜好和色轮来选择适合的花色。

七、香气

我们都迷恋香气，尤其在夜晚和清晨。在花园中配置一些能散发脉脉香气的花草，会给主人带来进一步的感官享受。香花不仅为花园带来美丽的视觉效果，而且能产生愉悦的嗅觉效果。很多花只有迷人的外表却没有好闻的香气；有些花其貌不扬却有着甜美的芬芳。主人可以考虑错开搭配，能够在自己的花园进行芳疗的真实体验一定很不错。金银花、夜来香、月见草等在夜风中，香味若隐若现，反而更加隽永。

八、花序

植物的花在花柄上有规律的排列方式，称花序。花序的魔力应该属于植物配置的层次感

范畴。花草具备不同的形态，而花序的不同，让人感受也不同。伞形花序、穗状花序、头状花序、蝎尾状花序等是耳熟能详的名词，它们能给花园带来蓬勃的效果。穗状花序直立挺拔，带来昂扬的气场；伞形花序丰满怡人，带来温柔敦厚的感觉。所以了解所植花草的花序会有助于植物配置的设计思路。

◈复习思考题

1. 绘制若干园林建筑和小品的实景资料，并通过观察分析其周围环境，找出它们与周围环境的联系。

2. 参观园林建材市场，了解园路铺装材料种类、特性及价格情况，编写一份园路铺装材料资料库(最好含图片资料)。

3. 分析所在地的植物生活类型，设计出一个适合当地环境的花境的植物组合。

4. 分析某个熟悉的园林绿地的地形所起的作用，并分析该园林绿地是如何利用地形进行造景的。

5. 结合实例，试述如何做好地形的坡度设计。

6. 水体的布局形式有哪些？举例分析。

7. 在园林设计中如何发挥水体的作用？

8. 园林植物的造景作用有哪些？举例说明。

9. 试分析乔、灌木的规则式配植与自然式配植的不同。

10. 园林建筑和小品有哪些特点？

11. 在亭的设计中，如何体现园林建筑的设计原则？

12. 园路的规划布局的形式有哪些几种？举例说明。

13. 如何进行园路设计？

项目六　道路绿地设计

◈学习目标

了解城市道路绿地设计的专用语；了解城市道路绿地断面布置形式；掌握城市道路绿地规划设计的原则和类型；能够进行各类城市道路绿地的规划设计。

任务一　城市道路绿地设计

城市道路是城市的骨架，道路绿化的好坏不仅对城市面貌起决定性作用，同时反映出城市绿化的整体水平。因此做好城市道路的绿化具有十分重要的意义。

一、城市道路的类型

（一）按道路的断面布置形式分

1. 一板二带式

一条车道、两条绿化带，是城市道路绿化中最常见的形式。中间为车行道，两侧种植行道树与人行道分隔。多用于城市次干道或车辆较少的街道。优点：用地经济，管理方便；缺点：机动车与非机动车混合行驶，不利于组织交通，景观单调（图 6-1）。

2. 二板三带式

两条车行道，三条绿化带。即分成单向行驶的两条车行道和两条行道树，中间以一条绿带分隔。多用于高速公路和入城道路。优点：用地经济，上、下行车辆分流，减少行车事故发生，道路景观有所改善，绿带数量较大，生态效益较显著；缺点：不能解决机动车与非机动车之间互相干扰的矛盾（图 6-2）。

图 6-1　一板二带式道路绿化

图 6-2　二板三带式道路绿化图

3. 三板四带式

三条车行道，四条绿化带。即利用两条分车绿带把车行道分成三块，中间为机动车道，两侧为非机动车道，连同车道两侧的行道树有四条绿带。优点：组织交通方便、安全、卫生防护及庇荫效果好，道路整洁美观；缺点：用地面积较大（图 6-3）。

4. 四板五带式

利用三条分车绿带将车行道分成四块板，连同车行道两侧的两条人行道绿带构成四板五带式断面绿化形式。优点：不同类型、不同方向车辆互不干扰，各行其道，保证了行车速度和安全；缺点：用地面积大（图 6-4）。

图 6-3　三板四带式道路绿化图

图 6-4　四板五带式道路绿化图

5. 其他形式

依道路所处地理位置、环境条件不同，产生许多特殊情况，如在道路窄、山坡旁、湖边，则只有一条绿带，一条路形成一板一带式。

(二)按绿地的景观特征分

1. 密林式

一般设在城乡交界处或环绕城市或结合河湖布置。沿路两侧形成浓茂的树林，可用乔木、灌木加地被植物分层种植。沿路植树要有相当宽度，一般在 50 m 以上。

2. 自然式

模拟自然景色，主要根据地形环境来决定。沿街两面在一定宽度内布置不同植物组成的自然树丛，具有高低、浓淡、疏密和各种地形的变化。这种形式易与周边环境景物配合。增强街道空间的变化，但夏季遮阳效果一般。

3. 花园式

沿道路外侧设置大小不同的绿化空间，有广场，有绿荫，并设置必要的园林设施、建筑小品，如：桌椅、亭廊等。这种形式一般设在商业区、居住区，如商业步行街的道路绿化等。

4. 滨河式

道路的一面临水，常采用植物成行成列，岸边设置栏杆、座椅的形式，水面景观较好时，可布置相应的园林设施、建筑小品、亲水平台等。不仅具有较强的景观效果，而且满足了人们的亲水感和观景要求。

5. 田园式

道路两侧的植物都在视线以下，空间全面敞开。可直接与农田、菜园、果园、苗圃相连。多适用于城市公路、铁路、高速干道绿化。这种形式开朗、自然、富有乡土气息，可欣赏田园风光，在路上行车，视线较好。

6. 简易式

沿道路两侧种植一行乔木或灌木，适于宽度较窄的道路，类似于一板两带式。它是街道绿化布局中最简单、最原始的布局形式。

二、城市道路绿地专用语

道路红线：经城市规划行政主管部门依法确认的规划建筑用地与道路用地的边界线，常以红色线条表示，故称红线。

建筑红线：建筑物的外立面所不能超出的界线。建筑红线可与道路红线重合，一般在新城市中使建筑红线退于道路红线之后，以便腾出用地，改善或美化环境，取得良好的效果。

道路总宽度：也叫路幅宽度，即规划建筑红线（道路红线）之间的宽度。道路总宽度是道路用地范围，包括横断面各组成部分用地的总称。

道路绿地：道路及广场用地范围内的可进行绿化的用地。道路绿地可分为道路绿带、交通岛绿地、广场绿地和停车场绿地。

道路绿带：道路红线范围内的带状绿地，分为人行道绿化带、分车绿带、基础绿带和防护绿带。

分车绿带：车行道之间可以绿化的分隔带，其位于上下行车机动车道之间的为中间分车绿带；位于机动车道与非机动车道之间或同方向机动车道之间的为两侧分车绿带。分车绿带有组织交通、夜间行车遮光的作用。

行道树绿带：布设在人行道与车行道之间，以种植行道树为主的绿带。

路侧绿带：在道路侧方，布设在人行道边缘至道路红线之间的绿带。

交通岛：为控制车流行驶路线和保护行人安全而布设在交叉口范围内车辆行驶轨道通过的路面上的岛屿状构造物。起到引导行车方向渠化交通的作用。

交通岛绿地：可绿化的交通岛用地。交通岛绿地分为中心岛，设置在交叉路口中心引导行车；导向岛，路口上分隔进出行车方向；安全岛，设在宽阔街道中供行人避车处。

基础绿带：又称基础栽植，是紧靠建筑的一条较窄的绿带。它的宽度为2～5 m，可栽植绿篱，花灌木，分隔行人与建筑，减少外界对建筑内部的干扰，美化建筑环境。

园林景观路：在城市重点路段强调沿线绿化景观，体现城市风貌，有绿化特色的道路。广场、停车场绿地：广场、停车场用地范围内的绿化用地。

道路绿地率：道路红线范围内各种绿带宽度之和占总宽度的比例，按国家有关规定，该比例不应少于20%。

三、城市道路绿地规划

（一）城市道路绿地规划设计原则

1. 交通绿地要与城市道路的性质、功能相适应

在进行绿化设计中，不仅要考虑城市的布局、地形、气候、地质、水文等主要因素，还要注意不同城市路网、不同道路系统和不同交通环境下对于绿化的要求。

2. 交通绿地要发挥绿地的生态功能

交通绿地要发挥绿地的滞尘和净化空气的功能；吸收二氧化碳，释放氧气的功能；降低温度，增加空气湿度的功能；吸收有害气体，杀死有害生物的功能；隔音和降低噪声的功能；防风、防雪、防火的功能。

3. 交通绿地设计要符合人们的行为规律和视觉特性

道路空间是供人们生活、工作、休息、相互往来与货物流量的通道。因此，交通绿地设计应考虑到我国城市交通的构成情况和未来发展前景，根据不同道路的性质，现代交通条件下的人们行为规律与视觉特性，进行规划设计。

4. 交通绿地要与街景环境融合，形成优美的城市景观

交通绿地的设计除应符合美学的要求，遵循一定的艺术构图原则外，还应根据道路性质、街道建筑、风土民俗、自然景观、历史文物、气候环境等因素来进行综合考虑，从而使绿地与道路环境中的其他景观元素相协调，形成独具特色的优美城市景观。

5. 交通绿地要选择适宜的园林植物，形成丰富多彩，独具特色的景观

不同的城市有不同的道路绿地形式，不同的绿地形式选择不同的绿化树种。因此，在绿化设计中应根据不同的道路绿地形式、不同的道路级别以及不同道路的景观和功能要求进行灵活选择，形成丰富多彩，独具特色的交通绿地效果。

6. 交通绿地应充分考虑对交通、建筑、附属设施和地下管线的影响

道路绿地中的植物不应遮挡司机的视线，不应遮蔽交通管理标志。同时，交通绿地应遮挡汽车眩光。道路绿地中的行道树要有适当高的分枝点。道路绿地要对公共建筑、居住建筑、商业建筑等起到美化保护作用。道路绿地的设计应充分考虑地下管线、地下构筑物及地下沟道的布局。

7. 交通绿地的设计应充分考虑城市的土壤条件、气候特点、养护管理水平等因素

土壤、气候和养护管理水平是影响和决定植物生长的重要因素。因此，在进行绿化设计时，应充分进行考虑才能保证城市景观的长久性。

(二)街道绿化的基本处理手法

1. 变化与统一

街道四周均为几何形建筑物。因此，配置形式宜以整形为主，在整形中寻求变化。就街道树的配置来说，变化最好是分段，同一段内，体型大小、高矮、色彩上均不宜变化过多。至于街心广场，既要重点突出，又要注意整体效果，不要过于琐碎。因为街道和街心广场绿地面积均不大，主要是作为人们移动中观赏的对象，小面积上短时间内变化过多，会使人感到杂乱，而整齐规则，和谐一致，逐渐变化，则易与街景取得协调。

2. 色彩与层次

街道与街心花园、广场的绿化配置，要求达到气氛浓郁，效果动人，还应注意色彩与层次的配合。由于街道绿地面积不大，在有限的面积中要注意树木的高矮层次及色彩的变化。一般在配置时，高大稠密的居中，矮小整形的在侧，色彩变化强烈的尽量放在边缘部分。层层环绕，层次分明，色彩丰富，易于取得预期效果。在重点地区及结合节日布置的需要，适当布置一些花卉也极有必要。花卉的选择以枝干粗壮低矮，不易倒伏，花期较长为好。

3. 常绿与落叶

街道绿化不仅要注意夏季的庇荫，也要考虑冬季街景，即常绿与落叶树之间要有适当的组

合与搭配。一般可采取在落时乔木旁配置一些矮小耐阴的常绿灌木，或常绿树与落叶树间植，或分行栽植，以达到夏季能庇荫，冬季街头仍有一定绿色的效果。

四、街道绿带设计

（一）行道树绿带设计

行道树绿带是布设在人行道和车行道之间，以种植行道树为主，乔木、灌木、地被植物相结合，形成连续的绿带。其作用主要是为行人及非机动车庇荫。

1. 选择合适的行道树种

行道树树种选择的一般标准是：选择当地的乡土树种或引种后生长良好的树种。树冠冠幅大、枝叶密；抗性强，耐瘠薄土壤、耐寒耐旱；寿命长；深根性；病虫害少；耐修剪；落果少，没有飞絮；发芽早，落叶晚。速生树种胸径不小于 5 cm、慢生树种胸径不小于 8 m，通常以 12～15 cm 为宜。种植苗木干高：其分枝角度大的，不宜小于 3.5 m；分枝角度小的，也不能小于 2.5 m，否则影响交通。

2. 确定合理的株距及与周围相关物体的距离

行道树株距要根据所选植物成年冠幅大小来定，另外，交通或市容的需要也是考虑株距的重要因素。行道树株距不宜小于 4 m，通常为 5 m、6 m、8 m。树干中心至路缘石外侧距离不宜小于 0.75 m，这样有利于行道树的栽植和养护管理。树干中心与地下地上管线的距离应符合有关规范要求。

3. 确定适宜的种植方式

（1）树带式：即在人行道和车行道之间留出一条不加铺装的种植带的种植方式。但种植带在人行横道旁或人流比较集中的公共建筑前要留出铺装通道。宽度一般不小于 1.5 m。除种植一行乔木外，还可种植绿篱、草坪或地被。如宽度适宜则可植两行或多行乔木及绿篱。此种植方式一般适用于交通及人流不大的路段。在道路交叉口处视距三角形范围内，行道树绿带应采用通透式配置。

（2）树池式：在交通量大，行人较多且人行道又窄的路段采用树池形式种植行道树，即树池式。但树池营养面积较小，且不利于松土及施肥等苗木养护工作，不利于树木生长。

树池与树池之间宜采用透气性材料连接，利于渗水通气，改善土壤条件，保证树木生长，又利于人流、车流等通行。树池的形状有正方形、长方形和圆形等，直径以不小于 1.5 m 为宜。树池的边缘石可高出人行道 8～12 cm，可减少行人践踏，保持土壤疏松，但排水困难，易造成积水。也可与人行道等高或略低，可加大通行能力。

4. 处理好街道走向与绿化的关系

行道树的种植不仅要求对人、车辆起到遮阳的效果，且对临街建筑防止强烈的西晒也很重要。全年内要求遮阳时期长短，与城市所在地区的纬度和气候条件有密切关系。我国一般自四五月份至八九月份，约半年时间内要求有良好的遮阳效果，低纬度地区的城市更长些。一天内自上午 8:00—10:30，下午 1:30—4:30 是防止东西晒的主要时间。因此，在我国中、北部地区东西向的街道，在人行道的两侧种树，遮阳效果良好；在南方地区，无论是东西、南北向的街道的两侧均应种树。

5. 行道树绿带的设计还应考虑对路口、电线杆、公交车站的影响，保证安全所需的最小距离，考虑绿带宽度对减弱噪声、减尘及街景的影响，考虑园林艺术和建筑艺术的和谐统一。

(二)路侧绿带设计

路侧绿带是位于道路侧方,布设在人行道边缘至道路红线之间的绿带(图 6-5)。路侧绿带布设有三种情形:第一种是建筑线与道路红线重合,路侧绿带毗邻建筑布设;第二种是建筑退后红线留出人行道,路侧绿带位于两条人行道之间;第三种是建筑退后红线在道路红线外侧留出绿地,路侧绿带与道路红线外侧绿地结合布置。

路侧绿带应根据相邻用地性质、防护和景观要求进行设计,并应保持在路段内连续与完整的景观效果。

路侧绿带宽度大于 8 m 时,可设计成开放式绿地,方便行人进出、游憩,提高绿地的功能作用。开放式绿地中,绿化用地面积不得小于该段绿带总面积的 70%。

濒临江、河、湖、海等水体的路侧绿地,应结合水面与岸线地形设计成滨水绿带。滨水绿带的绿化应在道路和水面之间留出透景线。

(三)分车绿带设计

车行道之间用于绿化的分隔带,称为分车绿带。其位于上、下行机动车道之间的为中央分车绿带;位于机动车道与非机动车道之间或同方向机动车道之间的为两侧分车绿带(图 6-6)。

图 6-5 起美化空间作用的路侧绿带

图 6-6 东莞大道分车带绿带

分车绿带有保证车辆行驶安全;组织交通、分隔上下行车辆的作用。在分车带上经常设有各种杆线、公共汽车停车站,人行横道有时也横跨其上。分车绿带的宽度没有硬性规定,因道路而异。一般最小宽度不宜小于 1.5 m。当分车绿带宽度大于 2.5 m 时才能种植乔木。

一般来讲,分车带绿化以种植草皮与灌木为主,尤其是高速干道上的分车带更不应该种植乔木,以使司机不受树影、落叶等的影响,保持高速干道行驶车辆的安全。在一般干道的分车带可以种植 70 cm 以下的绿篱、灌木、花卉、草皮等。我国许多城市常在分车带上种植乔木,主要是因为我国大部分地区夏季比较炎热,考虑遮阳的作用。另外,我国的车辆目前行驶速度不是过快,树木对司机的视力影响不大,因此,分车带上大多种植了乔木。但严格地讲,这种形式是不合适的,随着交通事业的发展将有待慢慢实现规范化。

为了便于行人过街,分车绿带必须适当分段,一般以 75～100 m 为宜。分段尽量与人行横道、停车站、大型公共建筑出入口相结合。被人行横道或道路出入口断开的分车绿带,其端部应采用通透式配置,便于透视,以利行人、车辆安全。

公共交通车辆的中途停靠站,设在靠近快车道的分车绿带,车站的长度约 30 m。在这个范围内一般不能种灌木、花卉,可种植乔木,以便在夏季为等车乘客提供树荫。当分车绿带宽

5 m以上时,在不影响乘客候车的情况下,可以种植适当的草坪、花卉、绿篱和灌木,并设矮栏杆进行保护。

(四)人行道绿地的设计

从人行道边缘至建筑红线之间的绿地统称为人行道绿地。在街道绿地中,人行道绿地往往占很大比例,是街道绿地中的重要组成部分。一般宽2.5 m以上的绿地种一行乔木,宽度大于6 m时可种植两行乔木,宽度在10 m以上可采用多种方式种植。常用宽度为1.5～4.5 m,长度为40～100 m。靠近建筑物一边的绿地是道路与建筑内外空间的过渡地带,它可以将建筑与道路环境有机地联系在一起,称为基础绿地。基础绿地的主要作用是为了保护建筑内部的环境及人的活动不受外界干扰。当基础绿地的宽度不到4 m时,在绿地内不要种植高大乔木,否则会影响建筑内部的通风与采光,并且影响视线。

在现代交通条件下,行人对街景的观赏主要在人行道上,因此人行道上树木的间距、高度都会对行人产生影响。在一般情况下,树木的间距和高度,不应对行人或行驶中的车辆造成视线障碍。

为了减低路边建筑的噪声,在人行道绿地中按一定方式种植乔木与灌木便可起到作用。如种一行树冠浓密的行道树,街道上2～3层楼可降低噪声12 dB。如乔木下配合灌木,特别是多行并列栽植,就会收到一定的防尘与降噪效果。

人行道绿地是街道景观的重要组成部分,对街景的四季变化均有显著的影响,因而单纯作为行道树来处理是不够的,要作为街道整体设计的一部分,进行综合考虑,并与道路环境协调。人行道绿地是带状狭长的绿地,栽植形式可分为规则式、自然式以及规则与自然相结合的形式,其中规则式的种植形式目前最为常用。

(五)林荫道绿地设计

林荫道是指与道路平行并具有一定宽度的带状绿地,也可成为带状的街头休息绿地。林荫道利用植物与车行道隔开,在其内部不同地段辟出各种不同的休息场地,并有简单的园林设施,供行人和附近居民作短时间休息之用。目前在城市绿地不足的情况下,可起到小游园的作用。它扩大了群众活动场地,同时增加了城市绿地面积,对改善城市小气候、组织交通、丰富城市街景起着很大作用。

1. 林荫道类型

(1)设在街道中间的林荫道:即两边为上下行的车行道,中间有一定宽度的绿化带,这种类型较为常见。例如:北京正义路林荫道、上海肇家滨林荫道等。此类林荫道主要供行人和附近居民作暂时休息用,多在交通量不大的情况下采用,出入口不宜过多。

(2)设在街道一侧的林荫道:由于林荫道设立在道路的一侧,减少了行人与车行路的交叉。因此,在交通比较频繁的街道或者特殊地形情况下采用此种类型。例如:傍山、滨河或有起伏的地形时,利用街景将山、林、河、湖组织在内,创造安静的休息环境和优美的景观效果。例如上海外滩绿地、杭州西湖畔的公园绿地等。

(3)设在街道两侧的林荫道:设在街道两侧的林荫道与行人道相连,可以使附近居民不用穿过道路就可达到林荫道内,既安静,又使用方便。此类林荫道占地过大,目前使用较少。例如:北京埠外大街花园林荫道。

2. 林荫道设计原则

(1)设置游步路。林荫道宽8 m时至少有一条游步路,8 m以上时,设2条以上。

(2)车行道与林荫道绿带之间，要有浓密的绿篱与高大的乔木组成绿色屏障，立面上布置成外高内低的形式。

(3)林荫道中除布置游步小路外，还可设置小型的儿童游戏场、休息座椅、花坛、喷泉、阅报栏、花架等建筑小品。

(4)长 75～100 m 处分段设立出入口，各段布置应具有特色。但在特殊情况下，如大型建筑的入口外，也可设出入口，分段不宜过多，否则影响内部的安静。在出入口处，可设小型广场，广场面积不宜超过 25%。

(5)林荫道中的植物配置要丰富多彩，乔木应占地面积 30%～40%，灌木应占地面积 20%～25%，草坪占 10%～20%，花卉占 2%～5%。南方天气炎热，需要更多的蔽荫，故常绿树的占地面积可大些，在北方，则以落叶树占地面积较大为宜。

(6)林荫道的宽度在 8 m 以上时，可考虑采取自然式布置；8 m 以下时，多按规划式布置。

(六)街头小游园规划设计

街头小游园是指在城市干道旁供居民短时间休息、活动之用的小块绿地，又称街头休息绿地、街道小花园。在城市的旧城改造中，发展街头小游园是一个见缝插绿的好办法，常常可以用来补充城市绿地的不足，提高城市的绿地率及人均公共绿地面积等指标。

1. 街头小游园

主要内容街道小游园以植物种植为主，可用树丛、树群、花坛、草坪等组合布置，使乔灌木、常绿落叶互相配合，有层次、有变化，要选择适应城市环境能力强的树种。临街一侧最好种植绿篱、花灌木，起隔离作用；但须留出几条透视线，让路上行人看到绿地中的美景。另外绿化种植要与街道绿化衔接好，并与附近的建筑物密切配合，风格一致。

街道小游园要设立若干出入口，并在出入口规划集散广场，在园内设置游步道和铺装场地，以休息为主的街头绿地中的道路场地占总面积的 30%～40%，以活动为主的道路场地占总面积的 50%～60%，有条件的可设一些园林小品，如亭廊、花架、宣传廊、园灯、水池、喷泉、置石、座椅等，丰富景观，满足游人的需要。

2. 街道小游园布局形式

(1)规则式：它的特点是构成绿地的所有园林要素依照一定的几何图案进行布置。根据有无明显的对称轴，又将规则式小游园分为：规则对称式和规则不对称式两种。规则对称式有时显的主轴线，绿化、建筑小品、道路等园林要素成对称式或均衡式地布置在轴线两侧，视野开阔，给人以华丽、简洁、整齐、明快的感觉，符合现代人特别是一些年轻人的审美观。但规则对称式的缺点是不够活泼、自然，往往产生一览无余的感觉，缺乏神秘感。规则不对称式虽然绿化、建筑小品、道路、水体等要素都依照一定的几何图案进行布置，但整个绿地中无明显的主轴线。

(2)自然式：它的特点是无明显的轴线，地形富于变化；场地、水池的外廓线和道路曲线自由灵活；建筑物造型和布局不强调对称，善于与地形结合；并以自然界植物生态群落为蓝本，构成生动活泼的植物景观。自然式的布局能够充分地继承并运用我国传统的造园手法，得景随形，配景得体，并依照一定的景观序列展开，从而更好地再现自然精华。这种形式布局灵活，给人以自由活泼、富于自然气息的感觉。

(3)混合式：是规则式与自然式相结合的一种布局形式。它既有自然式的灵活布局，又有规则式的整齐明朗，既能运用规则式的造型与四周的建筑广场相协调，又能营造出一方展现自然景观的空间。混合式的布局手法比较适合于面积稍大的游园。在设计时应注意规则式与自然式过渡部分的处理。

3. 街道小游园种植设计

街道小游园绿地一般面积不大,应选择适合本地生长的树种,否则一些树木的死亡会影响整体效果。同时要考虑各树种的造景、遮阳、分隔空间及组织透视线等功能。种植形式可多样统一,要重点装饰出入口、场地周围及道路转折处。此外,街道小游园是街道绿化的延伸部分,与街道绿化密切相关,所以它的种植设计要求与街道上的种植设计有联系,不要截然分开,还要与周围建筑风格一致。为了减少街道上的噪声及尘土对游园环境的不良影响,最好在临街一侧密植绿篱、灌木,起分隔作用,但要留出几条透视线,以便让行人在街道上适当望到游园中的景色和从游园中借外景。

4. 街道小游园规划设计

街道小游园的设计内容包括确定出入口、组织空间、设计园路、场地、选择安放设施、进行种植设计。这些都要按照艺术原理及功能要求考虑。

当交通量较大,路旁又只有面积很小的空间时,可用常绿乔木为背景,在其前面配置花灌木,放置置石,设立雕塑或广告栏等小品,形成一个封闭式的装饰绿地,但一定要注意与周围环境的协调性。位于道路转弯出的绿地,应注意视线通透,不妨碍司机和行人的视线,选择低矮的灌木或地被植物。

当面积较宽广,两边除人行道之外还有一定土地空间时,则可栽植大乔木,布置适当座凳和铺装地面,供人们休息散步或做些轻微的体育活动。

当绿化地段较长,呈带状分布时,可将游园分成几段,多设几个出入口,以便游人出入。但不能与近旁建筑物出入口相互干扰。在小游园内设亭、廊等休息设施。散步小道可用鹅卵石或石块创造冰裂纹路面,在道旁可适当设置座椅供人们休息。

绿化要与街景相协调,树种选择应以长绿树种和花灌木为主,层次要丰富,要有四季景观的变化。为遮挡不佳的建筑立面和节约用地,其外围可多用藤本植物绿化,充分发挥垂直绿化的作用。

(七)滨河路绿地设计

滨河路是城市中一侧临河、湖沼、海岸等水体的道路。其侧面临水,空间开阔,自然条件优越,环境优美,是城镇居民游憩的好地方。如果加以绿化,可吸引大量游人,特别是夏日和傍晚,是纳凉胜地,其作用不亚于风景区和公园绿地。

滨河路绿地设计要根据其功能、地形、河岸线的变化而定。如驳岸是变化自然的长形地带,应采用自然式进行设计,布置游步道和树木,在铺装的地面上种植灌木或铺栽草皮,将顽石布置于岸边,更显自然;如岸线平直、码头规则对称,则可用规则对称的形式布局。不论采用哪一种形式,滨河绿带的设计都要注意开阔的水面赋予人们开朗、幽静、亲切的感觉。

滨河绿带往往和道路、水系平行,一侧是林立的城市建筑,一侧是开朗明净的水面。因此在与城市道路相邻的一侧应种植 1～2 行的乔木和常绿灌木作为屏障,以保证滨河绿带中游人的安静和安全。滨河绿地应以开敞的绿化系统为主,应保持 30 m 宽的绿化带,在开阔的草地上稀疏地种植乔木,点缀些修剪成形的常绿树和花灌木。当驳岸风景点较多时,沿水边就应设置较宽阔的绿化带,布置游步道、草地、花坛、座椅等园林设施。游步道应尽量靠近水边,在可以观看风景的地方设计小型广场或凸出岸边的平台,以供人们凭栏远眺或摄影,同时满足行人的亲水性。

滨河路的绿化除具有遮阳功能外，还具有防浪、固堤、护坡的作用。在驳岸斜坡上种植草皮，可以防止水土流失，也可起到美化作用。也常设置永久性的驳岸以防止堤岸坍塌。还可把砌筑的驳岸和花池结合起来，种植形式多样的花卉和灌木，增添驳岸景观。

(八)步行街绿地设计

步行街是指城市道路系统中确定为专供步行者使用，禁止或限制车辆通行的街道。步行街一般设在市、区中心商业、服务设施集中的地区，亦称商业步行街。如上海的南京路、大连的天津街、武汉的江汉路等。因此，步行街绿地设计不只是美化街道环境，而且是繁荣城市商业活动的重要手段。

1. 步行街设计

步行街周围要有便捷的客运交通，宜与附近的主要干道垂直布置，出入口应安排机动车、自行车停车场或多层停车库和公交车辆的靠站点。

步行街的路幅宽度主要取决于临街建筑物的层次、高度和绿化布置的要求。步行街断面布置要适应步行交通方便、舒适的需要，每侧步行带宽度、条数应适应行人穿越、停驻、进出商店的交通要求，大中城市的主要商业步行街宽度不小于 6 m，区级商业街和小城市不宜小于 4.5 m，车行道宽度以能适应消防车、救护车、清扫车等通行为度。步行街可配置小型广场。

步行街设计时要考虑空间的通透和疏通，有意削弱室内和室外、地上和地下的界面，引进自然环境和人工环境，结合互动扶梯、凉亭、绿化、建筑小品、水体等形成丰富多变、色彩斑斓的环境，使人们在观赏中购物，在购物中观赏。

为了增加步行街的街景趣味性，在地面处理上，往往用不同大小和不同色彩、形状的块料铺砌成具有装饰性花纹图案的地面。或用挡土墙、踏步、斜道、坡道等做一些高差变化。

利用原有的商业街改造的步行街，注意保留和发展传统风貌，尤其是那些百年老店，新建或改建其他建筑时，应注意和谐统一，切忌各自为政，破坏整体性。

2. 绿化设计

步行街绿化形式要灵活多样，统一协调，结合步行街的特点，以行道树为主，以花池为辅，适当点缀店铺前的基础绿化、角隅绿化、屋顶、平台绿化等形式，达到装点环境，方便行人的目的。行道树要有美观的树池，或布置围树座椅，花池边沿设计成方便行人坐憩的尺度。增加可移动的花钵、花车、花篮等花器，点缀时令花卉，常年花开不断。

步行街上的植物宜选择那些树冠丰满，树形优美，枝叶可赏性强的树种，如北方常用的槐树、银杏、五角枫、油松等，不能选择那些丛生、低矮的灌木，影响行人穿行。商业街面较窄，高楼林立，应注意耐阴植物的选择。

步行街绿化应尽量选用大规格苗木，一次成型见效。草坪种植也尽量选用草坪卷铺植方式，以缩短工期，利于商业经营。

步行街内主要以商业店铺为主，以装饰性强的地面硬化铺装为主，绿化小品为辅。环境设计以座椅、灯、喷泉、雕塑等小品为主，而绿化只是作为其中的点缀，占有很小的比重和很小的面积，多植大乔木以遮阳，要保持步行街空间视觉的通透，不遮挡商店的橱窗、广告等。

(九)交通岛设计

交通岛起到引导行车方向、规范交通的作用。交通岛绿地分为中心岛绿地、导向岛绿地和立体交叉绿地。通过在交通岛周边的合理种植,可以强化交通岛外缘的线形,有利于诱导驾驶员的行车视线,特别在雪天、雾天、雨天可弥补交通标线、标志的不足。沿交通岛内侧道路绕行的车辆,在其行车视距范围内,驾驶员视线穿过交通岛边缘。因此,交通岛边缘应采用通透视种植。当车辆从不同方向经过导向岛后,会发生顺行交织,此种情况下,导向岛绿化应选用地被植物、花坛或草坪,不遮挡驾驶员视线。

中心岛绿化是道路绿化的一种特殊形式。原则上只有观赏作用,不许游人进入装饰性绿地。中心岛外侧汇集了多处路口,尤其是在一些反射状道路的交叉口,可能汇集5个以上的路口。为了便于绕行车辆的驾驶员准确快速地识别各路口,中心岛上不宜过密种植乔木,在各路口之间保持行车视线通透。绿化以草坪、花卉为主,或选用几种不同质感、不同颜色的低矮的常绿树、花灌木和草坪组成模纹花坛。图案不要过于繁复、华丽,以免分散驾驶员的视线及行人驻足欣赏而影响交通,不利安全,也可布置一些修剪成形的小灌木丛,在中心种植一株或一丛观赏价值较高的乔木。若交叉口外围有高层建筑时,图案设计还要考虑俯视效果。

位于主干道交叉口的中心岛因位置居中,人流、车流量大,是城市的主要景点,可在其中建柱式雕塑、市标、组合灯柱、立体花坛、花台等成为构图中心。但其体量、高度等不能遮挡视线。

(十)立体交叉绿地设计

立体交叉是城市两条高等级的道路相交处,或高等级跨越低等级道路处,或快速道路的入口处。

1. 道路立体交叉的形式

道路立体交叉的形式有两种,即简单立体交叉和复杂立体交叉。简单式立体交叉的纵横两条道路在交叉点相互不通,这种立体交叉不能形成专门的绿化地段,其绿化与街道绿化相似。复杂式立体交叉的两个不同单面的车流可通过匝道连通;其形式有苜蓿叶式、半环道式等多种,以苜蓿叶式最为典型。

复杂的立体交叉一般由主、次干道和匝道组成,匝道供车辆左、右转弯,把车流导向主、次干道上。为了保证车辆行驶安全和保持规定的转弯半径,匝道与主、次干道之间,往往形成几块较大的、形状不一的空地,一般多作为绿化用地,称为绿岛。此外,从立体交叉的外围到建筑红线的整个地段,除根据城市规划安排市政设施外,都应该充分的绿化起来,这些绿地称为立体交叉外围绿地。绿岛和外围绿地构成了美丽而壮观的城市街景。

2. 立交桥头绿地设计要点

(1)绿化设计首先要满足交通功能的需要,使司机有足够的安全视距。例如出入口可以有作为指示标志的种植,使司机看清入口;在弯道外侧,最好种植成行的乔木,以便诱导司机的行车方向,同时使司机有一种安全的感觉。但在匝道和主次干道汇合的顺行交叉处,不宜种植遮挡视线的树木。

(2)绿地面积较大的绿岛上,宜种植较开阔的草坪。在草坪上点缀些具有较高观赏价值的常绿树或花灌木,也可种植一些宿根花卉,构成一幅幅舒朗而壮观的图画。切忌种植过高的绿篱和大量乔木而使立体交叉绿地产生阴暗郁闭的感觉。有的立体交叉口还利用立交桥下的空间,设一些小型的服务设施。如果绿岛面积较大,在不影响交通安全的前提下,可以按照街心花园或中心广场的形式进行布置,设置小品、雕塑、圆路、花坛、水池、坐椅等设施。

(3)立体交叉绿岛因处于不同高度的主、干道之间,常常形成较大的坡度,为解决绿岛水土流失现象,应设挡土墙减缓绿地的坡度,一般坡度以不超过5%为宜,较大的绿岛内还需考虑安装喷灌系统。在进行立体交叉绿化地段的设计时,要充分考虑周围的建筑物、道路、路灯、地下设施和地下各种管线的关系,做到地上、地下合理安排,才能取得较好的绿化效果。

(4)立体交叉外围绿化树种的选择和种植方式,要和道路伸展方向的绿化结合起来考虑。在立体交叉和建筑红线之间的空地,可根据附近建筑物的性质进行布置。并和周围的建筑物、道路、路灯、地下设施及地下各种管线密切配合,取得较好的绿化效果。

任务二 公路绿地设计

公路类型根据公路的性质和作用分为三类:国道、省道和县、乡道,但最近几年,高速公路已逐渐成为连接大、中、小城市的主要交通通道,因此公路绿地类型主要可分为一般公路绿地和高速公路绿地。

一、一般公路绿地规划设计

一般公路主要是指市郊、县、乡公路。公路是联系城镇乡村及风景区、旅游胜地等的交通网。

公路绿化与街道绿化有着共同之处,也有自己的特点:公路距居民区较远,常常穿过农田、山林,一般不具有城市内复杂的地上、地下管网和建筑物的影响,人为损伤也较少,便于绿化与管理。一般公路绿化设计的原则如下:

(1)应根据公路等级、路面宽度,决定绿化带宽度及树木种植位置。路面在 9 m 以下时,公路植树不宜在路肩山,要种在边沟以外,距外缘 0.5 m 处。路面在 9 m 以上时,可中在路肩上,距边沟内缘不小于 0.5 m 处,以免树木生长的底下部分破坏路基。

(2)在遇到桥梁、涵洞等构筑时,5 m 以内不得种树,以防影响桥涵。

(3)树种多样,富于变化。公路线很长则可间隔一定距离换一树种,以加强景色变化。乔灌木相结合,常绿树与落叶树相结合,适地适树,以乡土树种为主。

(4)应与农田防护林、护渠林、护堤林及郊区的卫生防护林相结合。要少占耕地,一林多用,除观赏树种外,还可选种经济林木。

二、高速公路绿地规划设计

高速公路是由中央分隔带、四个以上车道、立体交叉、完备的安全防护设施所组成的专供快速行驶的现代公路。高速公路绿地规划设计的目的在于通过绿化缓解高速公路施工、运营给沿线地区带来的各种影响,保护自然环境,改善生活环境,并通过绿化提高交通安全和舒适性。

(一)高速公路绿地规划与设计的基本原则

(1)高速公路绿化以“安全行驶、美化、环境保护”为宗旨,管理方便为原则,据此确定绿化栽植的形式与规模。

(2)高速公路景观应将高速公路沿线、桥梁、隧道、互通式立交、沿线设施等人工构筑物与高速公路通过地带的自然景观与人文景观相互融合构成景观。

(3)高速公路景观设计尽可能做到点、线、面兼顾,整体统一,使高速公路与沿线景观相协调。道路绿化与沿线的防护林、天然林相结合,注意绿化的整体性和节奏感。

(4)根据高速公路沿线区域环境特征或行政区划,将高速公路分为若干景观设计路段。各路段充分利用各种人工构筑物和绿化来补偿、改善高速公路沿线景观,并充分结合工程和自然景观,与不同路段的地域景观协调一致,形成其特有的风格。

(5)高速公路绿化应满足交通要求,保证行车安全,使司机视线畅通,通过绿化栽植以改善视觉环境,增进行车安全。方式有诱导栽植、过渡栽植、防眩栽植、遮蔽栽植、标示栽植、隔离栽植。

(6)高速公路绿化应乔、灌、草结合,注意植物的合理配植,力求全部绿地以绿色植被覆盖。

(7)高速公路的互通式立交区、服务区应作景观绿化设计。与当地城市绿化风格及建筑风格协调一致。在功能绿化设计的基础上综合考虑绿化美学要求,力求设计精致,有较高的艺术水平。

(8)高速公路绿化植物在满足绿化功能的同时,应具有较强的抗污染能力和净化空气的能力;苗期生长快,根系发达,稳定边坡能力强;易繁殖、移植和管理,抗病虫害能力强;具有良好的景观效果。

(二)高速公路绿地种植设计类型

(1)视线诱导种植:通过绿地种植来预示可预告线形的变化,以引导驾驶员安全操作,尽可能保证快速交通下的安全,这种诱导表现在平面上的曲线转弯方向、纵断面上的线形变化等。因此这种种植要有连续性才能反映线形变化,同时树木也应有适宜的高度和位置等要求才能起到提示作用。

(2)遮光种植:也称防眩种植。因车辆在夜间行驶常由对方灯光引起眩光,在高速道路上,由于对方车辆行驶速度高,这种眩光往往容易引起司机操纵上的困难,影响行车安全。因而采用遮光种植的间距、高度与司机视线高度和前大灯的照射角度有关。树高根据司机视线高决定,从小轿车的要求看,树高需在 150 cm 以上,大轿车需 200 cm 以上。但过高则影响视界。

(3)适应明暗的栽植:当汽车进入隧道时明暗急剧变化,眼睛瞬间不能适应,看不清前方。一般在隧道入口处栽植高大树木,以使侧方光线形成明暗的参差阴影,使亮度逐渐变化,以缩短适应时间。

(4)缓冲栽植:目前路边设有路栏与防护墙,但往往发生冲击时,车体与司机均受到很大的损伤,如采用有弹性的,具有一定强度的防护设施,同时种植又宽又厚的低树群时,可以起到缓冲的作用,避免车体和驾驶者受到较大的损伤。

(5)其他栽植:高速公路其他的种植方式有:为了防止危险而禁止出入穿越的种植;坡面防护的种植;遮挡路边不雅景观的背景种植;防噪声种植:为点缀路边风景的修景种植等。

(三)高速公路绿地规划设计

1. 高速公路沿线绿地规划设计

(1)分车带绿化:分车带宽度为 4.5 m 以上,其内可种植花灌木、草皮、绿篱和矮的整形常绿树,并通过不同标准段的树种替换,消除司机的视觉疲劳及旅客心理的单调感;较宽的隔离带还可以种植一些自然树丛,但不宜种成行乔木,以免影响高速行进中司机的视力。

(2)边坡绿化:高速公路要求有 3.5 m 以上的路肩,以供出故障的车停放。路肩上不宜栽种树木,可以在其外侧边坡上和安全地带上种植树木、花卉和绿篱,大的乔木距路面要有足够的距离，不使树影投射到车道上。

高速公路边坡较陡，绿化以固土护坡、防止雨水冲刷为主要目的，在护坡上种植草坪或耐瘠薄、耐旱、生长旺盛的灌木。

(3)防护带绿化：为了防止高速公路在穿越市区、学校、医院、疗养院、住宅区附近时产生噪声和废气等污染，在高速公路两侧要留出20～30 m的安全防护地带，种植防污染林带。高速公路在通过风大的道路沿线或多雪地带时，最好在道路两侧种植防风防护林带。防护林带种植草坪、宿根花卉、灌木和乔木，其林型由高到低，既起防护作用，又不妨碍行车视线。

(4)挖、填方区绿化设计：挖方区为道路横切丘陵及山脚，道路对原来地貌及植被破坏较大，有些地方由于施工需要，还形成了大面积的岩石及沙土裸露区，所以挖方区迅速恢复植被是绿化的重点。

岩石裸露区可以在石面上预设一些铁丝网，然后在边坡下种植一些攀缘植物沿坡向上爬，用垂直绿化起到固土护坡作用。砂土、石挖方区可用碎石、混凝土在坡上砌出有种植穴的护坡，在种植穴内清除石块后换土，种植草坪并点缀一些花卉。如护坡坡度缓，土质好，可种草来固土护坡，或在边坡上成片种植低矮花灌木来绿化护坡。

填方区所经地段多为农田、沼泽草原、丘陵及河湖溪流区，是平地上起路基、筑路面、挖边沟形成的高速公路。路基两侧的边坡可采用一般绿化处理，有杂草的可保留自然杂草，无杂草的可种草坪及花灌木来固土护坡。

(5)特殊路段的绿化设计：在小半径曲线顶部且平曲线左转弯的外侧，以行道树的方式栽植乔木或灌木，形成诱导栽植。弯道内侧绿化应以低矮花灌木为主，以保证司机视线通畅。在隧道洞口外两端光线明暗急剧变化段栽植高大乔木，起到平缓过渡的作用。

2. 服务管理区绿地规划设计

在高速公路上，一般每50 km左右设一服务管理区，供司机和乘客作短暂停留，满足车辆维修、加油的需要。服务管理区设计减速道、加速道、停车场、加油站、汽车修理及管理站、餐馆、宾馆、旅店、停车场及一些娱乐设施等。

根据服务区的规划结构形式，充分利用自然地形和现状条件，合理组织，统一规划，节省资金，早日形成绿化面貌。

以植物造园为主进行布局，适地适种，结合服务区的特点，利用植物的形状、色彩、质感、神韵创造各具特色的环境和景观。利用树木花草达到与外界隔离的效果，以减少干扰和不良影响，创造安静优美的环境。

在空间结构上，绿化应与建筑的风格、形式、色彩和功能等取得景观和功能上的协调。注重植物的季节变化和空间的层次性，形成立体景观。

◈小结

道路绿化是城市园林绿化系统的重要组成部分，它不仅联系城市中分散的“点”和“面”，共同构成城市绿网，更重要的是在满足道路的交通功能，保证交通安全的基础上改善城市景观，美化市容市貌，减轻环境污染，为城市居民创造良好的工作、生活环境。

道路绿化根据其功能要求的不同，各类道路绿地在设计原则上存在一定差异。公路绿化由于其沿线地下管线设施简单，人为影响较少，因此在设计时以美化道路，防风、防尘，并满足行人车辆的遮阳要求为基本原则。而街道绿化由于城市地下管网及架空线路的不断增加，在设计中首先要考虑到树木与管线及架空线路的关系。做到认真调查道路的周围环境和立地条件，为设计打下坚实的基础。

道路绿化包括行道树、分车带、中心环岛和林荫带等。为充分体现城市的美观大方，不同的道路或同一条道路的不同地段要各有特色。绿化规划在与周围环境协调的同时，各部分的布局和植物品种的选择应密切配合，做到景色的相对统一。

技能训练六　城市道路绿地设计

一、实训目的

通过实训了解城市道路用地规划的方法，掌握城市道路交叉口规划的方法，掌握城市道路绿地设计方法。

二、材料用具

城市道路绿地、皮尺、测量仪器、图纸、绘图工具、笔、记录本、参考书籍等。

三、方法步骤

1. 分组，踏勘某一城市道路绿地；
2. 分析该道路的基本情况；
3. 确定道路布局形式；
4. 确定交叉口的布局设计；
5. 对道路绿地进行设计；
6. 对交叉口绿地进行设计。

四、作业

1. 完成任务工单的填写；
2. 绘制设计图纸，包括平面图和效果图。

◈**典型案例**

——连云港——徐州高速公路

连徐高速公路在徐州境内 115 km，贯穿新沂、邳洲、铜山和市郊，沿线绿化基础较好。连徐高速公路的绿化除了满足交通功能的需要外，做到四季常绿、特色明显——统一中求变化、简捷、明快、节省投资。

一、规划设计原则

(1)道路绿化应能改善行车条件，满足道路交通多功能的要求，形成多种形式的格局，在统一中求变化，做到景观丰富多彩，达到美化路容的效果，形成绿色(安全)的通道。

(2)高速公路绿化规划设计应以植物生态等理论为依据，根据每个绿化单位本身的立地条件，选择适生树种和地被植物，重视适应能力强、观赏价值高、生长速度快的地方性树种。因地制宜地进行科学合理配置，通过多种绿化艺术协调、弥补和美化道路建设，降低声、光、气对环境的污染，借助沿线地方绿化，成为大环境生态的重要组成部分。

(3)高速公路绿化应充分考虑植物在不同生长发育阶段各种功能和外貌景观发生的变化，进行动态预测分析，合理选择与配置，科学确定栽植密度并控制高度，确保弯道内侧、交汇道口的行车视距要求，达到最佳景观效果。绿化应有利于保护公路及附属设施，并为后期的养护管理提供便利。

(4)中央分车带绿化应满足安全、美化的功能要求，并注意中央分车带景致的视觉效果。

(5)边坡绿化应能满足美化环境、稳固路堤的功能要求。

(6)互通立交范围的绿化设计应有鲜明特色。充分体现美化环境的效果。

(7)力求经济合理，美观实用，体现设计特色。所选植物应既能增强环境美化效果又适应地方土壤、气候条件。容易成活，便于培植和养护。

二、设计内容

(1)中央分车带绿化规划设计：中央分车带地块狭长成带状，植物生长条件差。绿化以防眩、防噪为主要目的，以丰富景观、提高行车安全为前提。土层厚度应达到 60 cm，绿化植物高度控制在 160 cm，选择耐热、耐干旱瘠薄、耐修剪、生长较慢的植物。

(2)互通区域绿化：绿化以满足行车功能、丰富景观、美化环境为主要目的。布局突出主题、简洁明快，大手笔、大色块、大绿量、大曲线，线形流畅美观，色彩艳丽，体量、高度适度，层次分明，透视效果好，与灯光、喷灌及其他设施协调，形成有气势的景观效果。其边沟外侧绿化与沿线绿化相统一，宜选用常绿、枝叶浓密、色彩丰富、观赏价值高的植物。

(3)护坡绿化：护坡绿化以护坡草种百幕大为主体进行绿化，其中点缀迎春花、黄杨球、小叶女贞等。

(4)边沟外绿化：以生态防护构成林网骨架为目的，兼顾美化功能。银杏间距 8 m 间植红叶李，护坡选用细叶结缕草。

(5)挡土墙绿化：应起到缓和视觉、美化环境、减少冲刷等功能，可选择抗性强、阳性的攀缘植物进行垂直绿化，适宜种类有迎春花、金银花、爬山虎、攀缘月季、木香等。

◆复习思考题

1. 城市道路系统的基础类型有哪些？各有何优缺点？
2. 城市道路绿地设计应遵循什么原则？
3. 试分析行道树带式设计所讲到的 4 种设计各有何特点？你对此有什么好的个性方案。
4. 街道小游园种植设计有几种形式？中国人的欣赏习惯为哪一种？你有何见解？

项目七　城市广场绿地设计

◈学习目标

了解城市广场的发展概况；掌握城市广场绿地规划设计的基本原则；能运用相关理论知识，结合实际，创造性地进行城市广场绿地设计。

任务一　确定城市广场设计原则

城市广场作为城市公共空间的重要组成部分，她不仅仅是一种空间形式，更代表着民主与交流的开始。古希腊集市广场发挥着集会、宗教等功能，广场的空间遵循着人的尺度，形成了城市广场的核心内涵，即广场是人们进行公共活动的相对广阔的空间场所。

从古希腊广场自然的人性空间—古罗马广场规则的大尺度空间—中世纪不规则型的自由空间—文艺复兴广场中讲究构图的完整空间—巴洛克广场动态的雕塑空间—古典主义广场的纪念型构图空间，到如今形成了多元化、多层次、多功能的城市广场空间，展示着广场的发展就像一首诗歌，起伏跌宕，逐渐融入人们的生活。

一、传统城市广场

中西方城市广场都具有集会、交通、宗教、市场的功能，但发展历程和空间形态有明显的区别，甚至可以说，形成了两种不同的体系，西方城市广场从功能、空间角度上看更加成熟，而我国城市广场多是以街道为活动轴线的某些局部膨胀的空间。

(一)欧洲传统城市广场

1. 古希腊广场

古希腊民主体制使得希腊人民乐于在公共空间中活动，不仅可以进行自由的物品交换，而且可以探讨哲学、政治、艺术，抒发自己的见解，形成了具有公共空间属性的空地，也就是我们所说的古希腊广场。此时的城市广场以建筑围合成自由的空间，广场无定形，虽然从整体形态上看有着长方形的基调，但实际上这种形态完全是城市生长过程中形成的，并非出自比例、秩序、空间的考虑，而是实际生活的需要，就像古风时期拉托广场中心的水池，是人们日常生活需求而存在的(图 7-1)。

古典时期的雅典背山面海，城市的中心是卫城，最早的居民点形成于卫城脚下，城市发展到西北角形成城市广场，最后形成整个城市。随着城市的发展，希腊化时期卫城和庙宇已经不再是城市的中心，而是转移到热闹的城市广场(图 7-2)。在整个希腊广场的发展过程中，以人的尺度为广场的设计依据，以人的视点为中心，开展各项交流、演出、通行、祭奠等活动，使得城市广场从一开始就体现了宜人性、民主性。

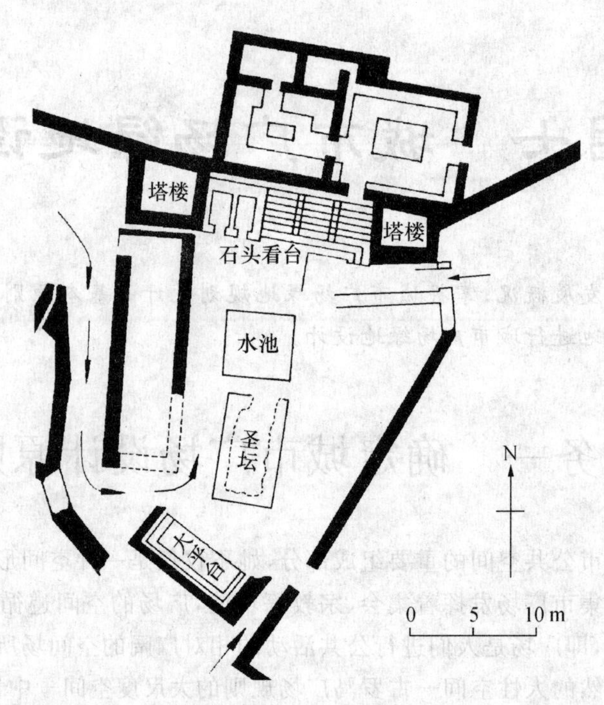

图 7-1 拉托广场

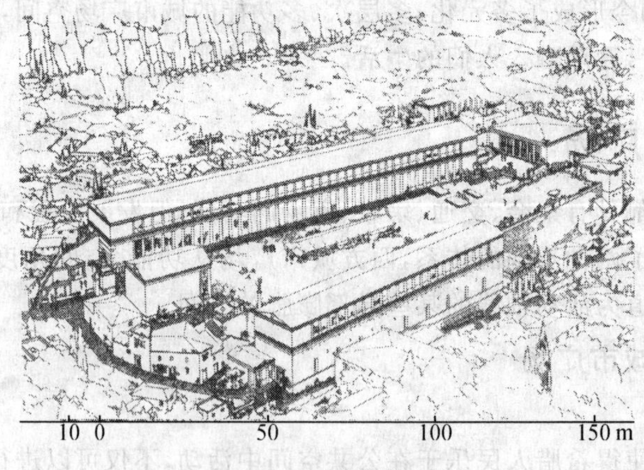

图 7-2 阿索斯广场

2. 古罗马广场

公元前 190 年,古罗马帝国战胜了古希腊,全盘接受希腊文化。古罗马帝国是中央集权统治下的国家,虽然古罗马的文化继承了希腊文化,却更加注重那些能够表达沉重、威严和权利的艺术,城市空间逐渐成为帝王们树立丰碑、表现权利的场所。此时的城市广场逐渐从古希腊广场自然、不规则形式演变成为规则形式,表现为中轴明确、布局对称、建筑围合、封闭的空间。其中,建筑的体量比之希腊的建筑要宏伟的多,而建筑自身各部分相互协调,忽略了人的尺度。这种以建筑围合成的广场空间多是以庙宇为中心。到了帝国时期,广场中央放置皇帝的雕像,中心发生一定的转移,增强了广场的纪念性。帝国时期,五个帝国广场是极具代表性的古罗马广场(图 7-3)。

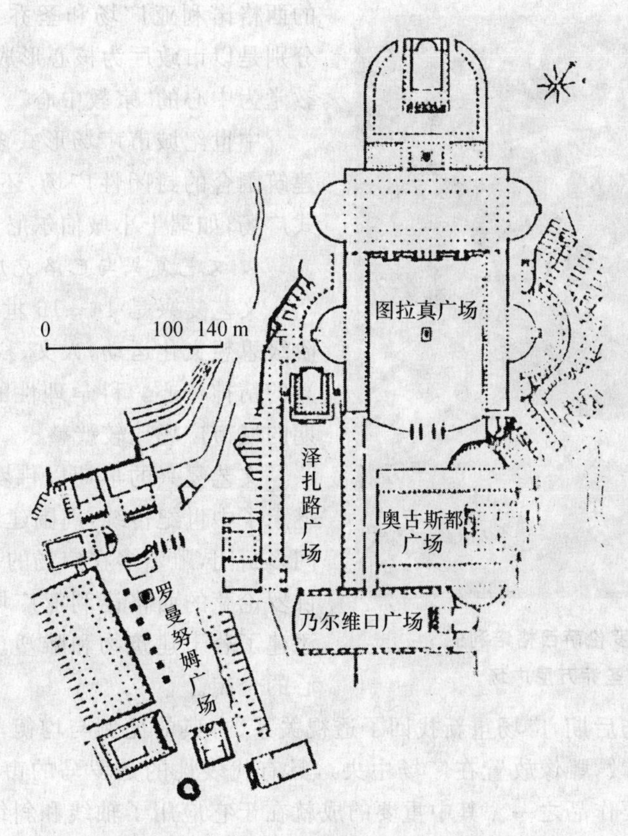

图 7-3　帝国广场群

3. 中世纪广场

"中世纪"是指西欧历史上从 5 世纪罗马帝国瓦解，到 14 世纪文艺复兴时代开始前这一段时期，历时大约 1 000 年。

中世纪城市一方面继承了古希腊城市和古罗马城市的文明，同时非农业的集居地如贸易点、港口、城堡、集市也成为中世纪城市生活的萌芽，商人活动的频繁逐渐成为推动城市发展的动力，形成城市新"贵族"。此时城市自治管理的最高机构是城市议会，以民主的方式进行选举和表决议事内容，在城市议会中起着主导作用的就是所谓的"城市新贵族"，市政厅则成为了城市居民作为城市公民自豪感的场所。

教会、贵族和市民阶层作为中世纪城市生活中三大支撑元素，使得几乎所有的中世纪广场空间都包含了广场、市政厅、教堂。广场的类型则是多种多样的，平面形式不规则(图 7-4)，建筑组群、纪念物布置、广场道路铺装等构图各具特色，入口广场景观多以塔控制；广场内重要建筑物的细部处理充分考虑了从广场内不同位置观看时的效果，具有良好的视觉空间和尺度的连续性。

随着城市生活的需要，城市中心一个广场往往无法满足需求，而出现了城市中心多个广场，如佛罗伦萨城市中心

图 7-4　圣基米利亚诺广场

图 7-5 佛罗伦萨西格诺利亚广场和圣乔万尼广场

的西格诺利亚广场和圣乔万尼广场(图 7-5),分别是以市政厅为核心形成了“政治中心”和以教堂为中心的“宗教中心”。

中世纪城市广场形式多样,不仅表现在以建筑围合的封闭性广场,还出现了线形的街道式广场,如瑞士小城伯尔尼。

4. 文艺复兴与巴洛克广场

文艺复兴是 14—16 世纪欧洲的新兴资产阶级思想文化运动,人文、科学和理性是文艺复兴的精神核心。科学理性的思维,使得这一时期的城市广场比较严整。

文艺复兴的早期以佛罗伦萨为中心,广场继承了中世纪传统,周围建筑布置比较自由,空间多封闭,雕塑多在广场的一侧,如中世纪建的佛罗伦萨的西格诺利亚广场,于文艺复兴时期添建了若干建筑物和雕塑,完成了广场与市中心的全貌。

文艺复兴盛期与后期,广场重新找回了透视关系、古典的比例与均衡,建筑形式采用古典主义柱廊式,空间开敞,雕像放置在广场中央。具有代表性的是罗马的市政广场(图 7-6),他是米开朗基罗的重要作品之一。其中重要的成就在于它应用了轴线和斜线对称设计,并且建筑三面围合,一面开敞,开敞方向的台阶还应用了逐渐扩大的透视效果,感受上缩短台阶的距离;两侧建筑不平行开展,创造了深远的效果;广场视觉中心是精美的骑士雕像。

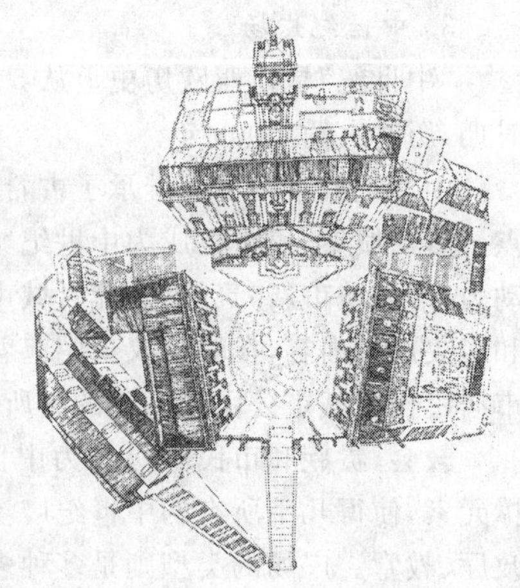

图 7-6 罗马市政广场

文艺复兴时期到了 17 世纪以后逐渐发展成为巴洛克时期。巴洛克风格善于运用矫揉造作的手法来产生特殊效果:如利用透视的幻觉与增加层次来夸大距离之深远或缩短;如运用光影变化、形体的不稳定组合来产生虚幻与动荡的气氛等。此外,堆砌装饰和喜用大面积的壁画与姿态做作的雕像来制造脱离现实的感觉等也是它的特点。巴洛克广场中最具有代表性的首推罗马圣彼得广场,它既是圣彼得大教堂前广场,也是天主教世界中心。广场气势恢宏、由长圆形伯利卡广场(长轴 194 m,短轴 125 m)和梯形列塔广场(长边 118 m,短边 52 m)两部分构成。以方尖碑为中心的广场,两侧都围以柱廊;长圆形广场地面图案八条放射形,斜线在横线上的投影上设置两个喷泉,与交点处的方尖碑共同构成严格的几何关系。梯形广场逐渐抬升,并被教堂前的多级台阶平台强化,烘托出大教堂的威严。

这个时期还有被称为欧洲最美丽客厅的威尼斯圣马可广场,放射状的罗马波波罗广场,都有着严谨的空间构成。

5. 古典主义广场

17—18 世纪是欧洲历史上最具代表性的君权专制时代，古典主义文化成了国王们的御用文化，体现着唯理主义哲学思想。古典主义的语言常用“沉稳、庄重、典雅、宁静、严谨、统一”等词汇，在艺术作品中追求抽象的对称和协调，寻求艺术作品纯粹几何结构和数学关系，强调轴线和主从关系；城市以中央广场为中心，以广场立面的中央穹顶统帅空间，建筑风格崇尚古典柱式。

以法国为代表的巴黎沃日广场，广场的造型具有数学般严密的规则，其平面为正方形，边长 140 m，面积 1.96 hm^2，周围三层半高的建筑界面连续，下层为弓形回廊，墙面用白色大理石与红色砖块相间，风格极其统一，色彩图案精巧柔和。南面的“国王楼”和北面的塔楼共同控制着广场空间。曾以路易十三的骑马戎装像雕像为中心，形成纪念性广场。同一时期的旺道姆广场也是纪念性广场，拥有更加沉稳、庄重的广场空间。

(二)中国传统城市广场

中国 5 000 年的封建社会制度造就了城市长久不变的格局。《周礼・考工记》中提到：“匠人营国，方九里。国中九经九纬，经涂九轨，环涂七轨，野涂五轨……前朝后市，左祖右社……”，这一规划原则影响到后世大多数都城的规划，从周代的王城开始到明清的北京城。中国古代的城市格局中有着明显的“线形网络结构”，并由外城墙、内城墙、宫城墙层层墙体分割、组织空间，从而达到封建帝王显示自己的权利和管理百姓的目的。因此，中国古代城市规划格局实际上根本不可能存在开阔的集会空间，也不会让市民拥有公开讨论政治场所，最终形成了类似广场的空间：以建筑围合的内向或建筑前的半开放的“庭院广场”和以街道为中心的外向的“街道集市广场”。

1. 庭院广场

中国传统的城市广场从形成时就缺乏欧洲广场的公共空间含义。但从形态上，建筑墙围合的庭院内部却形成了极具展示性的广场空间，是用以烘托主体建筑的附属形广场。这一类广场多位于皇家的宫殿、社稷坛、庙宇等建筑群的内外空间，如汉长安城南的礼制建筑(图 7-7)，由建筑围合成方形的广场空间，横轴和纵轴处设置道路，中心是主体建筑，方形广场明确地成为主体建筑的基地，起到烘托作用。另外中国传统居住形式中的四合院建筑围合的空间，也具有庭院广场的特点。到了明清时期，以统治阶级意识为中心的广场空间体系更为明确，如清代的天安门广场和天坛(图 7-8)。

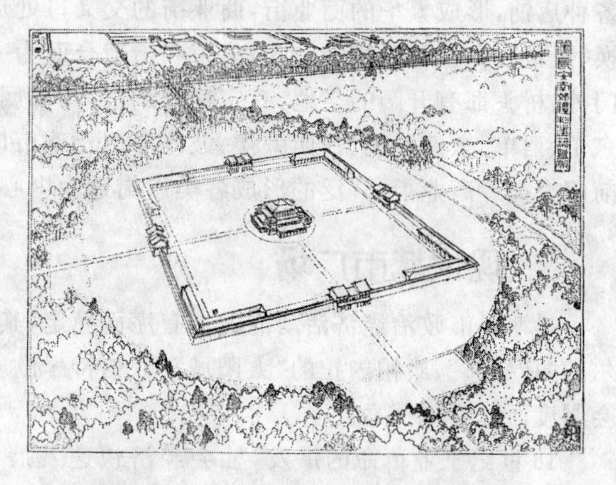

图 7-7　汉长安城南礼制建筑复原图

2. 街道集市广场

中国古代的城市广场并不成熟，常是城市街道的局部膨胀形成开阔的空间，或者在街道节点或尽端的城门前、渡口、桥口等形成开阔的空地。

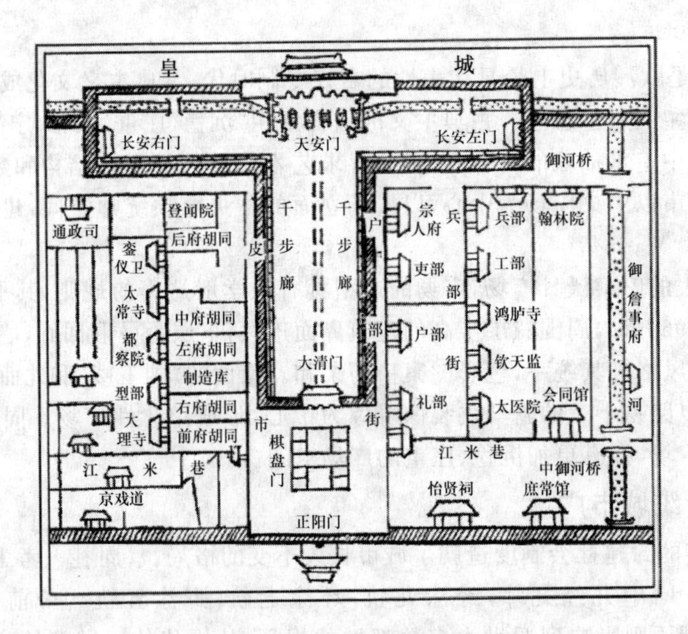

图 7-8 清代的天安门广场

比较欧洲传统城市广场和中国传统城市广场，两者有一点是一致的，广场都与商品交易的“市”、“市场”、“集市”有着密不可分的关系。中国古代城市为了便于管理都设有固定的集市场所，周代前有“日中为市”的临时集市，汉长安有九市，隋唐长安中有东西两市（900 m×900 m），市民必须到“市”进行商品的买卖和交换，形成了集中式的“集市广场”。当时的城市街道很宽阔，其中隋唐长安的朱雀大街宽达 150 m，丹凤大街更是宽达 180 m，形成宽阔的“街道式广场”，但街道两侧不允许设置商铺。直到宋代，城市道路宽度大为缩小，并开始在道路两侧设置各种店铺，形成繁华的商业街，商业街的交叉口处形成了城市的商业中心，为了交通和商品交换，经常在此设计开阔的空间，集市和街道合而为一，形成了典型的“街道集市广场”；另外在城门外、桥头都有开阔的空地，有定期的集市，均都属于“街道集市广场”。到了明清北京更是在东单、西单、东四牌楼、西四牌楼、鼓楼前门及珠市口等处形成了多处商业中心；在王府井大街、前门大街等商业街；广泛的形成各类以街道为中心的集市广场。

二、现代城市广场

早期城市政治经济活动的发展有序而稳定，其间不乏有新的城市规划思想，如托马斯·莫尔的“乌托邦”、康帕内拉的“太阳城”、欧伯特·欧文的“新协和村”等等，为建立和谐平等的社会制度而不断地探索。

18 世纪工业革命的爆发，社会经济快速发展，人口向城市大量集中，使得城市化进程加剧，城市结构也发生了巨大变革，带来了一系列的社会问题，主要表现在居住环境恶化、交通拥挤、工业污染严重等方面，并且由于污染而引发了疾病的蔓延。为了解决工业革命给城市带来的诸多问题，众多设计师不断探索，1898 年霍华德提出了“田园城市”、20 世纪初雷蒙·恩维尝试“卫星城镇”、沙里宁的“有机疏散城市”、赖特的“光亩城市”、勒·柯布西埃的“光明城”等规划理论，虽有不同的形态，但都具有以“绿”为主的特征，城市广场在城市规划中，逐渐趋向于被绿地所代替的公园体系。

1933年国际现代建筑协会在雅典开会，制定了《城市规划大纲》，又被称为《雅典宪章》，提出城市要与其周围影响地区作为一个整体来研究，指出城市规划的目的是解决居住、工作、游憩与交通四大城市功能的正常进行。其中“游憩”和“交通”作为现代城市主要功能越来越受到重视，从而出现了以解决休闲娱乐需求的“文化休闲广场”和解决机动车、自行车、人行交错的“交通广场”。同时，城市空间和现代建筑迅速蔓延，导致城市空间过于死板、一致。

20世纪60年代末期，人们发现地域特色与空间场所感逐渐消失，以罗伯特·文丘里为代表的后现代主义指责现代主义知识结构、空间和计划的产物；后现代主义打着历史、文脉、地方性的旗帜，指出建筑需要标志性和象征性，城市空间设计开始从注重功能转向注重生活和场所的意义，开始变得宽容和多元。

20世纪70年代初，石油危机、环境资源短缺等，让人们认识到仅从形式上进行城市规划已远远不够，必须以保护资源环境为中心进行新的城市规划模式探索。1972年，联合国在斯德哥尔摩通过《人类环境宣言》，提出“只有一个地球”的口号，掀起了“绿色革命”，将生态学、社会学原理与城市规划、园林绿化工作结合，带动了城市广场生态性、人本性、功能多样性的整体规划设计。1976年，人居大会首次在全球范围内提出“人居环境”。1978年，联合国与发展大会正式提出“可持续发展”。1978年12月，《马丘比宪章》针对《雅典宪章》的实施加以验证，继续把交通看为城市基本功能之一，同时指出改小汽车作为主要交通工具为公共客运系统为主发展，减少“能源危机”因素。20世纪90年代以“绿色”为主体的各种理论、书籍、文化、城市建设实例层出不穷，也带动了城市广场绿化的发展，丰富了广场的景观元素，逐渐出现了“广场公园”，如上海的延中绿地。

现代的城市广场在这一系列的发展过程中，逐渐从传统的单中心、重平面构图、重空间景观等，转向重生态、重历史、重场所、重人性等，呈现出公共活动全面、功能复合多样、空间层次立体、地方特色突出、历史文脉继承、文化内涵丰富。

三、城市广场的定义

中西方的广场随着历史的步伐不断前进，其内涵、功能、形式都在不断丰富。对于广场的定义，也就出现了多种说法。

美国学者 Paul Zucker 认为：广场是使社区成为社区的场所，而不仅仅是众多单个人的集聚。克莱尔在《人性场所》一书中定义：广场是一个为硬质铺装的、汽车不得进入的户外公共空间。人文景观学者 Jackson 指出：广场是当地社会秩序的显示，使人与人、市民与当权者之间关系的反映。日本芦原义信在《街道的美学》中则认为：广场是强调城市中由各类建筑围成的城市空间。

我国《城市规划原理》一书提出：城市广场通常是城市居民社会活动的中心。李泽民在《城市道路广场规划与设计》一书中把城市广场定义为：与城市道路相连接的社会公共用地部分。王柯在《城市广场设计》一书中认为：城市广场是为满足多种城市社会生活需要而建设的，以建筑、道路、山水、地形等围合，由多种软、硬质景观构成的，采用步行交通手段，具有一定的主题思想和规模的结点型城市户外公共活动空间。

上述学者分别从广场的社会学意义、政治含义、广场与建筑、道路的关系等方面定义，并都注重广场的公共属性。去掉繁琐晦涩的语言，斟酌其本质内涵定义：广场是指由建筑物、道路、山水、绿化等围合或限定形成的开阔的公共活动空间。

四、现代城市广场的类型

现代城市广场的发展呈现出多元化形式、多功能复合、多层次空间，以及注重地方特色、历史文脉的继承和发扬，塑造出多种多样的广场风格。

(一)按照广场性质分类

1. 市政广场

市政广场是提供广大市民集会、交流与公共信息发布的场所，多修建在市政府和城市行政中心所在地，属于城市核心，周围通常围绕各级政府行政机关、文化体育建筑及公共服务型建筑。广场平面形式规整，多呈几何中轴对称，标志性建筑位于轴线上，形成明显的主从关系。如大连的人民广场、沈阳的市政广场(图 7-9)。在市政广场，经常汇聚大量的人群，特别注意周边道路交通组织，形成车流、人流的独立系统，并且把握好人流动路线、视线、景观三者的关系。

2. 纪念广场

纪念广场是为了缅怀有历史意义的事件和人物，常在城市中修建主要用于纪念某些人物或某一事件的广场，并可用于城市庆典活动和纪念仪式场所。广场中心或侧面以纪念雕塑、纪念碑、纪念物或纪念性建筑作为标志物。广场平面构图严谨，具有纪念性的标志物往往放置在构图中心。如华盛顿越战纪念碑广场、天安门广场(图 7-10)。

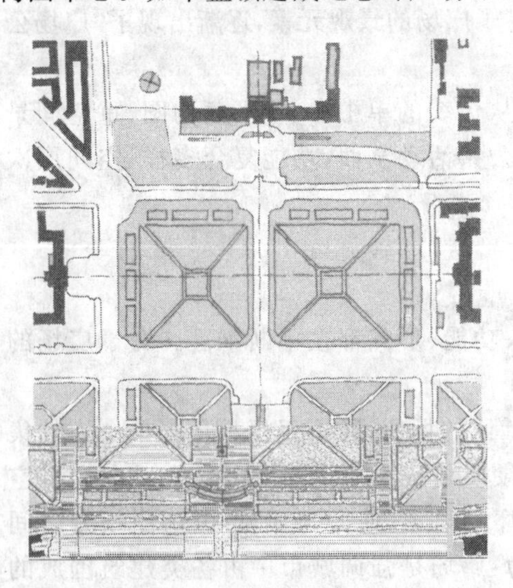

图 7-9　大连人民广场

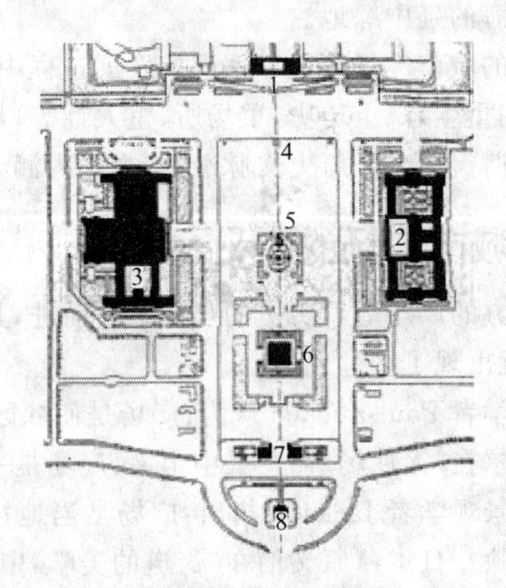

图 7-10　天安门广场

1. 天安门城楼　2. 革命烈士博物馆　3. 人民大会堂　4. 国旗　5. 纪念碑　6. 毛主席纪念堂　7. 前门　8. 箭楼

3. 交通广场

交通广场是起到交通、集散、联系、过渡及停车作用的场所，是城市交通系统的重要组成部分，常见于城市道路的交叉口处或交通转换口处。另外，在街道两侧设置的广场，由于其主要承担人流疏散、过渡的功能，也属于交通广场的一种。如北京站前广场、上海新客站主广场(图 7-11)。这种广场平面形式由周边道路围合而成，广场的铺装面积很大，要注意合理地组织车流、人流、货流，尽量避免交叉；景观处理上要体现地方的“标志性”特点，无论是在城市道路的交叉口还是在车站出口，都是城市印象的重要节点，应设置具有特色的构筑物。

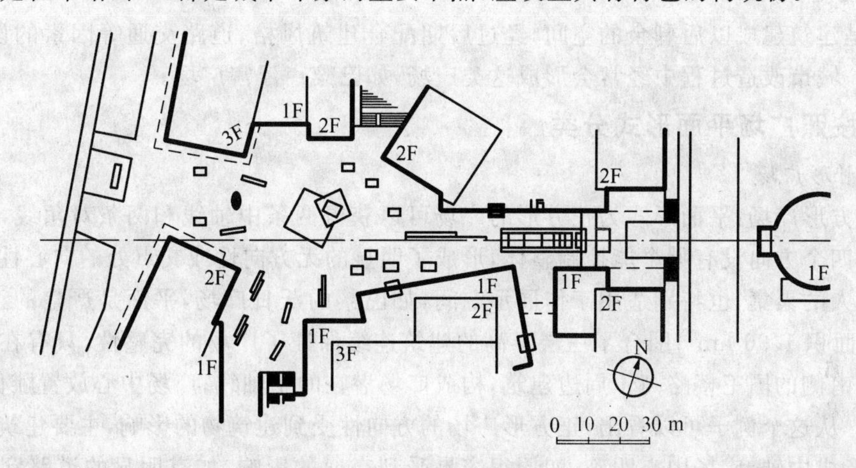

图 7-11　上海新客站主广场

4. 商业广场

商业广场是为人们进行购物、餐饮、休闲娱乐或者商业贸易活动往来而形成的集散广场，主要位于城市商业区，这里人群密集，为了疏散人流和满足建筑的要求而设置广场，以步行环境为主，内外建筑空间应相互渗透，商业活动区应相对集中。如南京的夫子庙广场、英国的考文垂市广场。商业广场中广场平面形式在建筑和道路的围合下灵活多样，有规则方正的、也有不规则多变的(图 7-12)。

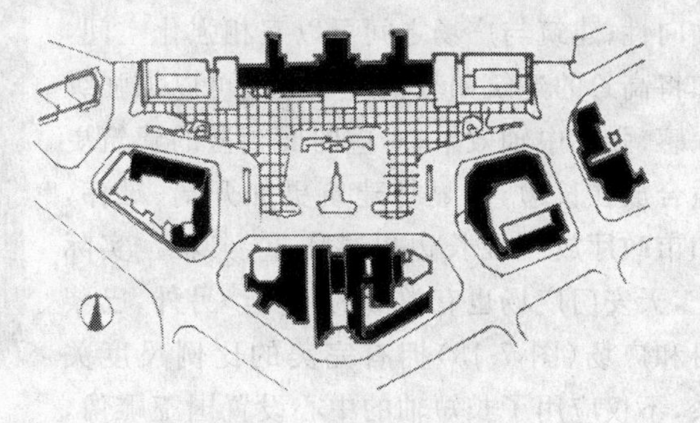

图 7-12　上海大拇指广场

5. 文化广场

文化广场可代表城市文化传统与风貌，体现城市特殊文化氛围，为市民提供良好的户外活动空间，多位于城市中心、区中心或特殊文化地区。如北京中关村科技广场、法国戴高乐广场。平面形式多样、空间灵活，地方特色突出。

6. 休闲娱乐广场

休闲娱乐广场是与市民日常生活密切相关的活动广场，提供近距离的休息、锻炼身体、娱乐等，一般设置在居住区或居住小区或街坊内。广场面积相对较小，内设有健身器材、儿童活动场地、老人休息座椅、花坛、树木等。

(二)按照广场发展形态分类

1. 有机型广场

广场发展过程是在与建筑、道路等空间要素相互渗透、融合逐渐形成外部空间，强调尊重事物的客观发展规律。比如中世纪圣基米利亚诺广场。

2. 内生型广场

广场引导建筑的生成，城市设计中城市轴线预先设定后，在城市轴线交点核心处先设计广场的形态，继而围绕广场设置建筑，再用建筑围和构成广场空间。在古罗马时期、文艺复兴时期和古典主义时期，这种形式的广场较多。如：罗马圣彼得广场。

3. 外生型广场

广场是建筑建成以后剩余的空间，经过后期配合建筑风格、道路交通等因素的设计，而形成的广场。城市改造过程中经常会形成这类广场，如巴黎卢浮宫广场。

(三)按照广场平面形式分类

1. 规则形广场

(1)正方形广场：平面形式为正方形的广场可以获得两条中轴线和两条对角线，形成四个方向，而这四个方向没有哪个能控制整体，形成了明显的无方向性或交点处的向心性。空间稳定、有利于人的聚集，也特别适用于作展示空间，如巴黎的沃日广场，平面是严整的正方形，边长 140 m，面积 1.96 hm^2；围合了三层半高的建筑连续保证了广场的完整性，只有在东南角开口；在广场南侧的国王楼略高于周边建筑，构成广场潜在的中轴线；广场中心放置雕像，具有明显的中心。从这个例子可以看出，正方形广场的方向性受到建筑物的影响，主要建筑所在的轴线往往会形成中轴，广场中心明确，四周很容易受到交通的影响，如有明显的道路穿过会破坏广场的完整性。

(2)矩形广场：平面形式为矩形的广场有两个长边和两个短边，沿长边会形成明显的轴向性；建筑与广场之间可以互相强化空间，如将高耸的建筑如教堂放置短边可以加强纵深感、强化中轴效果；对应的面阔型的建筑更适合放在长边，能显得建筑更加开阔、雄伟，如市政厅放置在长边更显庄重、典雅。实际上，天安门广场也有类似的特征。另外，巴黎协和广场(图 7-13)拥有完美的比例尺度关系，不仅应用了长短轴的中心设置国王雕像，并引出两个次中心，同时强化长轴方向的主导地位。矩形广场在设计时虽然轴向明显，但不能因为扩大轴向感而无限的增大长轴，当长短轴之比过大时，会形成狭长的空间，从而削弱广场稳定性，形成街道。

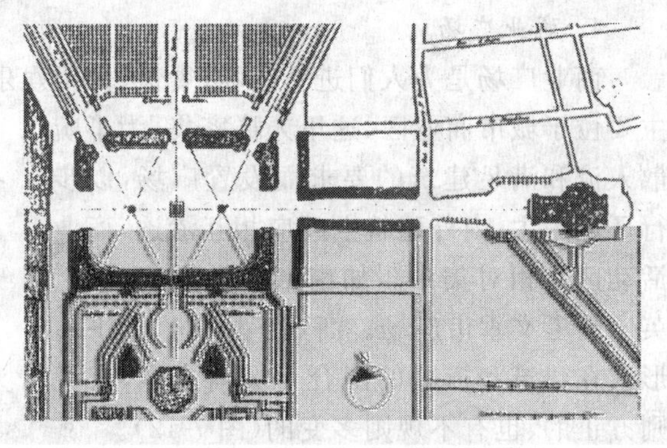

图 7-13 巴黎协和广场

(3)圆形和椭圆形广场：平面是圆形的广场拥有绝对的中心，方向永远指向中心目标，中央适合设置纪念物，能突出主体。它标志着封闭、完美、内向和稳定，非常适合人们的聚集。尤其是广场空间由建筑围合的广场，如中世纪意大利小城卢卡的集市广场(图 7-14)，此种广场被建筑围合紧密时，也会产生某种声学混乱；当圆形广场以道路包围时，就会完全变成交通孤岛，缺乏整体性，如巴黎星形广场。

(4)三角形广场：平面是三角形的广场有三条中轴汇聚于一点，也有较强的向心性，但由于三个角比较锋利，视线朝向一个角，透视效果都会改变，拥有较强的动势。在历史上三角形的广场很少，其中巴黎的多菲尔广场则显得严密和完整(图 7-15)。

(5)梯形广场：平面是梯形的广场拥有两条平行边和两条斜边，与平行边垂直的方向形成明显的中轴，如果主体建筑放在平行边中较短的一边、入口在较长的一边，会有欢迎之势、显得建筑更加雄伟；反之，建筑在长边、入口在短边，会从视觉上缩短入口与建筑的距离；这在很多文艺复兴时期的意大利有很多实例，如罗马市政广场、罗马圣彼得广场中西侧的列塔广场。

图 7-14　意大利卢卡集市广场

图 7-15　巴黎的多菲尔广场

2. 不规则广场

由于在城市发展过程中，受到生活、宗教等各种因素的影响，造成城市广场具有不同形态，有很多广场平面形式自由，如佛罗伦萨西格诺利亚、锡耶纳坎坡广场等。

(四)按照广场剖面形式分类

传统的广场在剖面上的地形变化较小，主要是为了满足集聚、展示、庆典等活动的需要，但随着现代生活中越来越尊重人的尺度、心理、场所感等因素，利用剖面的上升下降分割出多种空间，继而满足各类人群的不同需求，已经成为这个时代的特征。

根据广场剖面的形式分为：平面式广场，即广场基底面平整，竖向高差无变化或少变化，呈水平状态的广场；立体式广场，即广场基底变化较大，既有水平的广场面、又可利用周围低层建筑顶部或中部设置上升广场、还可向下形成安静的下沉广场，如西单文化广场(图 7-16)。

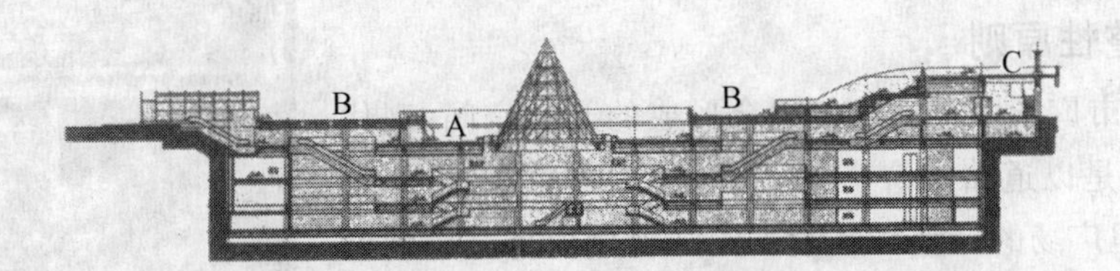

图 7-16　北京西单文化广场

A. 地下一层　B. 一层　C. 二层

西单文化广场基本是一个正方形，由方、圆两种几何要素构成广场，南北向中轴贯穿了圆形地下商场入口、下沉广场、中心圆锥形标志性建筑、叠水、二层平台、中友百货；东西向还有一条较弱的轴线，也跨越了一层平面、下沉广场、中心圆锥形标志性建筑、弧形坡道画廊、台阶、二层平台；广场以正方形的绿块为基底，充满了现代感，广场整体形态、层次丰富；但是四边由道路围合，建筑与广场的联系只在广场北的二层平台以天桥的形式连接了中友百货二层，广场的围合性弱；道路的全面围合也使得西单广场的功能被削弱，人们在广场上的停留有限，除了交通外，休闲、娱乐性差，多数人只会把它作为一种景观标志和必须穿越广场而已。

(五)广场类型复合性

广场的多种分类情况，让人真正认识到广场发展的多样化，甚至如果再从广场的构成要素分类，还可分为建筑广场、雕塑广场、滨水广场、绿化广场等。但无论用何种分类都无法准确的定义某一个广场，如天安门广场即可定义为市政广场也可列为纪念广场、西单文化广场即可定义为文化广场也可列为商业广场、巴黎星形广场即可为交通广场也可为文化广场等。

五、现代城市广场设计的基本原则

(一)系统性原则

城市广场是城市公共空间的重要组成部分，他与公园、道路等共同城市中的开敞空间，并被称之为城市的“客厅”，客观地反映了一个城市的精神面貌。因此城市广场的规划设计必须要考虑到整个城市的政治、经济、历史文化、空间形态等，系统地进行设计。例如上海在城市设计中，将人民广场建设为市政广场，静安寺广场为休闲娱乐性广场，淮海广场和大拇指广场为商业广场等，根据不同地区、不同文化设计主体功能不同的广场，系统地构建城市广场，满足市民的多种需求。

城市设计过程中的广场建设，经常作为城市的标志性空间，然而这种标志性不是孤立存在的，必然要与城市的原有历史文化、空间结构相融合，起到强化城市印象、构成城市系统景观的作用。巴黎的德方斯新区规划中成功的应用系统原则，在中央行广场上建设德方斯大拱门，是一个边长 106 m、高 110 m 的巨型中空立方体，体型是星形广场上凯旋门的 20 倍，两者从形态上形成了“传统”与“现代”的对话。城市道路形成明显的轴线，由西向东分别贯穿标志性建筑：德方斯广场大拱门—凯旋门—卢浮宫，对应构成一系列的广场空间：商业休闲广场—交通广场—市政广场，与南面的埃菲尔铁塔呼应，规划系统完整有序。

(二)完整性原则

传统的城市广场多是由建筑围合形成的开敞空间，现代城市广场则多是以道路围合广场，共同构成开敞空间，使得通透性增加，但广场的完整性逐渐丧失。现代广场完整性的表达主要包括功能的完整性、空间的完整性和环境的完整性。

西安的大雁塔广场的规划设计中功能的完整性和环境的完整性都有较好的表现。大雁塔广场是一个集纪念、商业、市民休闲、公园游赏、文化传播等多种功能为一体的综合型广场。广场设计尊重原有环境，整体以盛唐文化、佛教文化、丝路文化为主轴设计，以慈恩寺(大雁塔)为中心，建筑风格统一，以唐风建筑为主体，透过建筑元素与形式的解析，及现代构造技术与材料的结合，将唐风建筑转化成具现代质感与文化特质的样式。大雁塔广场整体由北广场、慈恩寺(大雁塔)、南广场三部分组成，北广场为该广场的主体，东西宽 218 m，南北长 346 m，建设有亚洲最大的音乐喷泉(图7-17)。

图 7-17 大雁塔广场平面

1. 北广场 2. 慈恩寺(大雁塔)
3. 南广场

大雁塔北广场营造由水体和绿化组成的宏伟而又宁静的空间，前设有山门、佛经列柱及万佛灯柱，向南在大雁塔前面配备能够倒映出大雁塔宏伟身姿的宽阔水面，东西两侧配置古文物街及人行走廊，以形成围合式广场，构成较完整的空间效果。广场由北向南逐步抬阶而上有9个不同高度平台的空间序列，在每一平台的水体底部绘制以佛教文化为题材的内容，表现佛教的特色；东西分为三等份，中央为主景水道，两侧分置唐诗园林区、莲花池区、禅区、禅修林树区等造景设计。南广场位于慈恩寺南侧，是主要以休闲娱乐和文化表演为主的一个文化广场。

(三)生态原则

生态学是探讨生命系统(包括人类)与环境相互作用规律的科学。生态城市是以现代生态学的科学理论为指导，以生态系统的科学调控为手段建立起来的人类聚集地。城市生态学强调城市区域内的生态平衡和生态循环，建设生态城市是通过人类活动，在城市自然生态系统基础上改造和营建结构完善、功能明确的城市生态系统。城市开放空间是城市地域内人与环境协调共处的空间，是改善城市结构和功能的空间调节器，也是城市建设体现生态思想、促使城市可持续状态的重要空间载体。应用城市生态学原理在开放空间的重要组成——城市广场的建设，主要是针对广场环境中人类的活动与自然环境中的光、温、风、水、绿的相互协调，以及与社会环境中当地的历史文化、传统风俗之间的互相尊重。

城市广场作为城市开敞空间的重要组成部分，有助于空气流动、舒缓城市节奏等作用，尤其在绿地率逐渐增多的很多现代广场中，其生态效果逐渐增强。但仅仅是绿地率的提高不能等同于其广场生态环境就好，要建设有良好生态效应的广场应充分考虑到自然和社会因素，全面创造宜人的大环境和小环境。

1. 广场自然环境生态原则

不同地域、不同气候环境的广场对人们的体验有显著的差别，广场的设计就要随之应用不同的手法。分析人体室外环境舒适性的自然气候要素主要包括光照、温度、风、湿度、热辐射等，城市广场中活动的人们往往趋向于光照充足却不炙热、温度适宜不高温不寒冷、风速小而平稳忌大风、水分充足却湿度适中的环境。其中，光照与风是起到决定性作用的两个因素。

彼得·波赛尔曼在旧金山所作的一项舒适度与气候条件的研究表明，在大多数时间，户外活动的人都要有直接的阳光照射并避开风吹才感觉舒适。除了最热的暑天，在所有其他的日子里，风大或阴处的公园和广场实际上都无人光顾，而那些阳光充沛又能避风的地方则大受欢迎。伊娃·利伯曼开展了一项使用者对八个开放空间反应的研究，发现使用者在选择地点时，最关心的是能照到阳光(25%)，工作场所(19%)、美学和舒适(13%)、社会影响(11%)等。广场空间中遮挡阳光的主要问题是建筑物，旧金山的广场调查中47%的城市广场空间在秋季的午间时分处于建筑的阴影中。1984年，旧金山市选举并通过了一项法律，禁止新建那些在公共开放空间“日出后一小时至日落前一小时投下大片新的阴影”的建筑物，保证公共空间环境阳光充足，促进更多的户外活动；为广场内植物的生长也提供良好的环境。

人们户外活动受“风”的影响是不容忽视的，过大的风速会使人不愿停留，尤其在广场的开阔空间中会夸大这种感受。数据表明：

风速<1.78 m/s(4英里/h)，行人没有明显感觉；1.78～3.57 m/s(4～8英里/h)，脸上感到有风吹过；3.75～5.81 m/s(8～13英里/h)，风吹动头发、撩起衣服、展开旗帜；5.81～8.49 m/s(13～19英里/h)，风扬起灰尘、干土和纸张，吹乱头发；8.49～11.62 m/s，身体能够感觉到风的力度；11.62～15.20 m/s，撑伞困难、头发被吹直、行人无法走稳。

由上述风速调查，在旧金山市 1984 年的设计中提出：主要供步行的区域内舒适的风速是 4.90 m/s(11 英里/h)，公共休息区域是 3.12 m/s(7 英里/h)。同时，当广场遇到高层建筑时，又会发生反折风进一步降低环境的舒适性。例如城市盛行风的方向与街道走向一致，则会由于“狭管效应”风速加大。

图 7-18　北京东方广场

北京东方广场是建筑围合下的休闲交通广场。该广场极端的反映了光照的缺乏和风的强硬，基本没有阳光进入(图 7-18)；虽然拥有大量的上班族、适宜休息的花坛座椅等设施，但基本上全天没有人在广场上休息。

自然环境中除上述“阳光”和“风”对广场环境有很大的影响外，“温度”也是起到重要作用；人们经常根据温度的差异，将北方的广场称为寒地城市广场，是指因冬季漫长、气候严酷而给城市生活带来不利影响的城市，常指寒温带和中温带的广场，即最热月的平均气温在摄氏 10℃以上，最冷月的平均气温在摄氏 0℃以下的地区。寒地型城市人们的户外活动多为半年，有的甚至还要低于半年，所以要比温暖地区的广场要求更多的阳光和避风，瑞典的一项研究表明，同样在避风和有充足日照的条件下，人的舒适温度底限是 11℃，而在阴影下则是 20℃。

各种适宜的自然环境给广场带来了活动的条件，“绿地”作为广场的要素因自然条件中光照、温度、风、湿度等条件配合，植物的生长将更加茂盛，净化环境、调节温度、创造良好的小气候等作用发挥的更为突出。克莱尔·库珀·马库斯在《人性场所中》定义广场是一个主要为硬质铺装的、汽车不能进入的户外公共空间，绿化区面积不能超过硬质铺装面积，否则该空间应称之为公园。绿地面积成为了广场与公园区分标准，虽然此种定义模糊、并具有一定的局限性，但却客观地反映了绿地在开放空间中重要的作用。广场的本质在于它的公共性、开敞性，不能用绿地面积与铺装面积的大小来决定，反而从现代广场的很多例子发现，绿地面积提高却并没有削弱广场的活动，反而有助于人们的停留、休息，如设计手法中“树阵广场”，既提高了绿地率、创造了适宜的环境，又满足了集会、休闲的功能，中关村广场设计中就应用了“银杏”形成广场空间(图 7-19)。

图 7-19　中关村广场

2. 广场社会环境生态原则

广场建设过程中的社会环境主要是指本地区的民俗文化、居民的人文素养和精神面貌状态等，对社会起到良好的、积极的引导作用。城市广场上举办的各种展览、民俗庆典表演等有助于本地社会环境生态的建立，如北京天门广场的国庆摆花以每年的重大事件为主体设计的花坛，不仅吸引了大量的游客，也让市民感受欣欣向荣的新气象，增强民族自豪感。

(四)尺度适配原则

城市广场的尺度在发展中起伏变化，西方古希腊的广场注重尊重人的尺度，广场规模较小；到了古罗马广场为了体现君权加大了广场的规模，注重构图；中世纪的广场形式自由，规模小、形式多样；文艺复兴时期、古典主义时期，专制色彩浓重、广场严格平面形式、注重透视，规模区域宏大。现代的广场形式更加丰富多彩，在城市中出现了小规模、广分布的现象，提供了更广泛的市民需求；与此同时，在我国也出现了很多以“人民广场”为题，具有强烈政治展示功能的、超大规模的、不符合人的尺度的广场，出现了大量空旷无人的广场，夏季的炎热和冬季的寒冷在这原本开放的空间被夸大。对比国内外广场的规模可以看出，西欧各国家的广场面积多在5公顷以下，而我国大多数广场面积要超过10 hm^2，空间感被削弱，人的活动显得无力。根据历史进程中城市广场的规模，有些学者认为广场用地一般都在5公顷以下，规模适当，尺度宜人。

以城市的角度看广场，广场的功能、形式、数量、规模等要有一个综合的定位。其中广场的规模，要与其服务的人群数量相对应，很多学者应用城市人口来确定广场规模，常用的标准为：城市广场用地的总规模，按城市人口人均0.07～0.62 m^2 进行控制；单个广场的用地规模，按市级2～15 hm^2，区级1.5～10 hm^2 控制。

从理论上讲，单个广场的规模和尺度应结合围合广场的建筑物尺度、形体、功能以及结合人的尺度来考虑。广场过大有排斥感、广场过小有压抑感，尺度要适中。据专家研究，人的视觉所能看清的最大距离为1 200 m，广场空间的控制性尺度不宜超过这一数值，避免空旷感，最好是小于建筑高度的两倍；最小尺度不宜小于周边建筑物的高度，避免压抑感；随着距离的缩小，相距130 m，能辨认对方身体姿态；相距25 m，能认清对方是谁；两人相距12 m，能看清对方面部表情；两个人处于1～2 m的距离，可以产生亲切地感觉。《城市设计学—理论框架应用纲要》一书指出，除绿化休闲广场外，城市广场最佳视点距离应小于300 m(可理解为广场规模控制在9公顷)，可以产生均衡，空间感较好；绿化休闲广场可控制在600 m以内，广场愈开阔愈好。而适宜的广场规模，克里斯托弗・亚历山大认为，为使活动保持集中，广场尺度要小些。他认为一个大约14 m×18 m的广场，可以使公众生活的正常节奏保持稳定。

从广场内部空间的设计来看，可以有主空间、亚空间的分类。日本芦原义信提出外部空间设计中采用20～25 m的模数，他认为：“关于外部空间，实际走走看就清楚，每20～25 m，或是又重复节奏，或是材质的变化，或是地面高差有变化，那么即使在大空间也会打破其单调……”。很多调查也表明20 m左右是一个舒适的人性尺度。那么，规模超大不符合需求的广场，通过小尺度的改造也会获得宜人的效果。

(五)人本原则

城市文明的发展使得人们越来越尊重环境、生命等客观事物，以及尊重他人和自我尊重。“以人为本”的设计原则是人类探索生命价值的集中表现。以人为主体，感受一个聚居地是否适宜，主要是指公共空间和当时的城市机理是否与其居民的行为习惯相符，即是否与市民在行为空间和行为轨迹中的活动和形式相符，即应用行为心理学为依据，进行广场设计实践。

根据著名心理学家亚伯拉罕・马斯洛关于人的需求层次的解释，把人在广场上的行为归纳为四个层次的需求：

1. 生理需求

即最基本的需求，要求广场舒适、方便。首先，人在空间中向往自然的需求，是无法改变的。城市中密集的人口，使得人们的心理渴望更多的蓝天、绿树，甚至自然界中的各种动物，所以现代广场设计已不再固守传统的完全大量的硬质空间，而出现了大量的“公园式广场”。其次，广场中设置舒适、多样、大量的座椅是非常重要的，研究表明，一个广场的利用率与广场座椅的数量多少成正比。

图 7-20 座椅中间设计不锈钢靠背

2. 安全需求

要求广场能为自身的“个体领域”提供防卫的心理保证，防止外界对身体、精神等的潜在威胁，使人的行为不受周围的影响而保证个人行动的自由，这也是人们在选择座椅时常会选择后背有所依靠的地方(图 7-20)。其心理的安全需求主要表现为“个人空间”、“领域性”、“私密性”。

3. 交往需求

交往需求是人作为社会中一员的基本需求，也是社会生活的组成部分。每个人都有与他人交往的愿望，如在困难时希望能在与人交往中得到帮助，在孤独、悲痛时希望能与人在交往中得到安慰与分担，在快乐时希望能在交往中与人分享。笔者曾对大学二年级学生进行测试，A 是靠近树池的座椅，B 是阳光下普通的座椅，C 是无道路通过的台阶，D 是较宽的水池壁，大一班的学生 67％选择 B，21％选择 A，8％选择 C，4％选择 D；大二班的学生 56％选择 C，22％选择 A，17％选择 B，5％选择 D；两个班的反差集中在 B 和 C，B 是传统的选择，拥有座椅合理的尺度，不难让人理解；通过了解发现二班的学生个性化较强、具有一定的叛逆性、不喜欢被安排在传统的空间位置，同时该班学生喜欢群体活动，在 C 可以包容朋友们聊天休息；D 的选择则多为高个的学生，可以舒展双腿(图 7-21)。本调查让很多学生理解到，每个人的选择都有可能不同，不能想当然，一定要认真地调查研究，深刻地认识到公共空间需要多种设施，从而满足不同的需求。人们的社会属性决定了交往需求的必要性。

图 7-21 广场上不同的休息设施

4. 实现自我价值的需求

人们在公共场合中，总希望能引人注目，引起他人的重视与尊重，甚至产生想表现自己的即时创造欲望，这是人的一种高级精神要求。

城市广场中存在“人看人”和“边界效应”现象。所谓“人看人”是指广场中流动的人群，成为一种景观，纳入休闲者的广场活动内容；边界效应”则是由心理学家德克·德·琼治提出来的，指出森林、海滩、树丛、林中空地等的边缘都是人们喜爱逗留的区域，开敞的旷野或滩涂则无人光顾，边界线越是曲折变化多，作用就越是明显。

(六)多样性原则

现代广场的发展趋向于多元化，展现出一种全方位的多样性。在设计中经常会涉及的有空间层次、植物造景、审美标准三方面的多样性。

广场分类中从剖面的形势，将其分为平面型和立体型(上升型和下沉型)广场，从而将规模较大的广场进行分割，创建宜人的尺度和多层次的景观。北京西单广场的三层广场空间、重庆人民广场下沉剧场、上海静安寺希腊式露天剧场等都应用了立体式设计。

广场立体空间的多样性也促进了植物造景的多样化。早期广场设计中多是不应用植物元素的，以集聚为中心功能的广场硬质空间占据了所有的空间。随着人们对生态环境的重视、对自然的需求本性、对景观丰富度的提升等情况，植物在广场中的应用日趋广泛。从植物类型上，设计应用包括草坪、花境、灌木丛、疏林草地、密林等；从配置形式上，设计有散点式、行列式、密集式等；丰富的植物创造了广场中多样的小空间，能充分的满足人们休闲的需求。

另外，广场的多元化还表现在人们审美标准的多样性和多变性。北京大学叶朗先生在现代美学体系中，将审美形态分为崇高、优美、荒诞、悲剧、滑稽等几个类型。所谓“崇高”，美学家康德对“崇高”进行了深入的研究认为崇高对象的特征是无形式，即对象形式无规律无限制，具体表现为体积和数量无限大(数量的崇高)，以及力量的无比强大(力的崇高)；在广场的表达中可以看出，市政广场多为这一类型，如天安门广场、罗马圣彼得广场。所谓“优美”，古希腊的毕达哥拉斯学派认为图形中最美的是球形和圆形，中世纪意大利的托马斯·阿奎则认为优美的形象需要具有完整、和谐、鲜明三要素，法国作家雨果说美是一种和谐完整的形式，姚鼎将中国式的分为阳刚之美和阴柔之美两种风格；综合各国文化对优美的共同理解，发现完整与和谐是优美的基本表现，如威尼斯圣马可广场以其悠远的海上意境、变幻的复合空间、精美的广场建筑群和标志性钟塔，被后人誉为欧洲中世纪最美的城市客厅。所谓“荒诞”，现代城市广场中有一些广场为了刺激视觉、引起注意或有特殊的纪念意义，而建成的怪异的、离奇的空间。

(七)文化原则

世界各国经过几千年历史的发展与变革，都形成了有异于别国的文化，甚至在同一国家也会在不同地域有不同的风俗传统。城市广场的建设是立足于本地文化的、体现地区特色、服务于本地居民的空间，广场的设计就应易于市民接受，并可以引起共鸣、为此自豪或感到舒适、有归属感。

南阳卧龙文化广场是国家一级文物保护单位，广场设计采用“三国地图”，南阳位于“核心”，设立一华表立柱，其上摹刻“前出师表”，还利用河流黄河和长江做成“曲水流觞”、入海口处的“音乐喷泉”、南阳西峡恐龙蛋昭示“龙的故乡”——“诸葛亮为卧龙”——取“卧虎藏龙”之意，充分体现本地深厚的文化底蕴。另外，西安的大雁塔广场采用唐文化；广东新会市冈州广场营造的是侨乡建筑文化。

(八)特色性原则

城市广场的地方特色既包括自然特色也包括其社会特色。自然特色是指不同的自然环境形成设计的基底，如寒地广场的“冰雪”特色、滨水城市的“水”特色或各地区的“地方性植物”特色等，都将塑造城市广场独特的景观，如济南泉城广场以齐鲁文化为背景，体现的是“山、泉、湖、河”的泉城特色。社会特色主要是指地方社会特色，即人文特性和历史特性，具体设计应用时可包括地域性特色和时代性特色。法国卢浮宫广场鲜明的历史与现代对比协调特色，令人震惊，位于 2.57 hm^2 的拿破仑庭院中，长 227 m、宽 113 m。卢浮宫的建设先后经历近六百年，跨越了中世纪到近现代的漫长路程，成为由不同建筑风格组成的艺术精品。1983 年法国总统密特朗委派贝聿名进行卢浮宫的改扩建设计，他在广场中间设计了金字塔形、透明玻璃的构筑物，实体上形成了与传统建筑的极大反差，但从精神角度来看，即尊重了历史文化，有充分表达了新建筑的时代特征。从与城市融合的角度设计，卢浮宫广场向西自然融合了一个U形的广场，沿轴线有节奏的出现玻璃金字塔、交通转盘、小凯旋门，形成了城市的轴线(图7-22)。

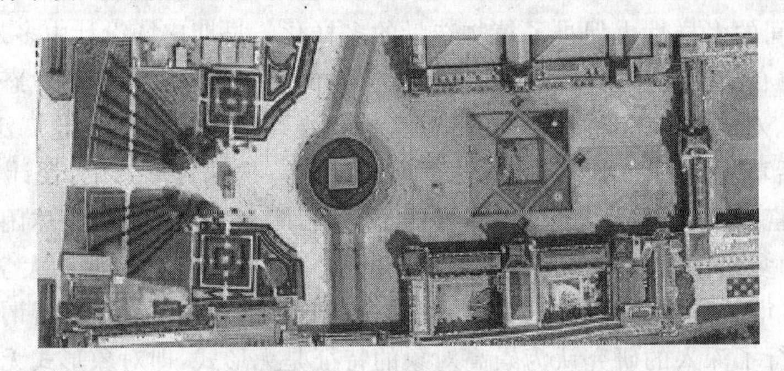

图7-22 巴黎卢浮宫广场

任务二 城市广场空间设计

城市广场空间设计是其总体设计的核心内容。功能主义认为城市广场的存在是为了满足城市生活需要而形成的具有展示功能、集散功能、交通功能、休闲功能的空间；从美学角度，城市广场作为"城市的客厅"一定要有相当的审美标准；从生态学角度，城市广场肩负着开放空间促进空气流通、增加绿色生态等任务；从人类行为角度，要满足城市居民的多种行为需求、各类空间需求等等；多重需求使得城市广场的品质较能定论，通过很多学者对人类活动和一系列的广场研究空间提出共同的标准：良好的空间围合性和方向性能够让人获得良好的感受。

一、广场的规模

在尺度适配原则中已详尽地描述了广场规模尺度的标准，可以总结为：

(1)城市广场用地的总规模，按城市人口人均0.07～0.62 m^2 进行控制；单个广场的用地规模，按市级2～15 hm^2，区级1.5～10 hm^2 控制。

(2)广场最大距离1 200 m。

(3)最佳视点距离应小于300 m，得出休闲广场广场规模控制在9 hm^2。

(4)最小尺度不宜小于周边建筑物的高度，避免压抑感；随着距离的缩小，相距130 m，能辨认对方身体姿态；相距25 m，能认清对方是谁；两人相距12 m，能看清对方面部表情；两个人处于1～2 m的距离，可以产生亲切地感觉。

(5)居住区周边广场14 m×18 m，可以使公众生活的正常节奏保持稳定。

(6)广场内部空间20 m左右要有所变化，保证空间丰富、多样、有趣等。

二、广场的空间形态

城市广场从空间形态上根据基面(广场底面)的变化，分为平面广场、立体广场，立体广场常有上升广场、下沉广场两种表达，从而获得不同的空间感受。平面广场舒展、开阔，有扩大空间的效果；上升广场空间太高、视野开阔、利于形成纪念空间；下沉广场空间围合性好，形成独立、安逸、休闲的场所。

从广场的平面形式有规则、不规则两种。正方形、矩形、圆形、椭圆形、梯形、三角形广场都属于规则型广场。不规则的形式则多种多样,常因周边建筑、道路等要素已确定遗留下的不规则空间。

规则型广场空间比较容易形成稳定的构图、明确的平面归属感,人们容易了解掌控,但会觉得单调乏味,如苏州工业区世纪广场有规则的方形和椭圆图形组成(图 7-23)。

图 7-23 苏州工业区世纪广场

不规则型广场的空间灵活性较大,可由多种图形共同组成广场群,常给人以不同的感受,比较容易引起人们的兴趣,如北海市北部湾广场(图 7-24);过于夸张的形式变化也会引起焦躁不安的情绪。

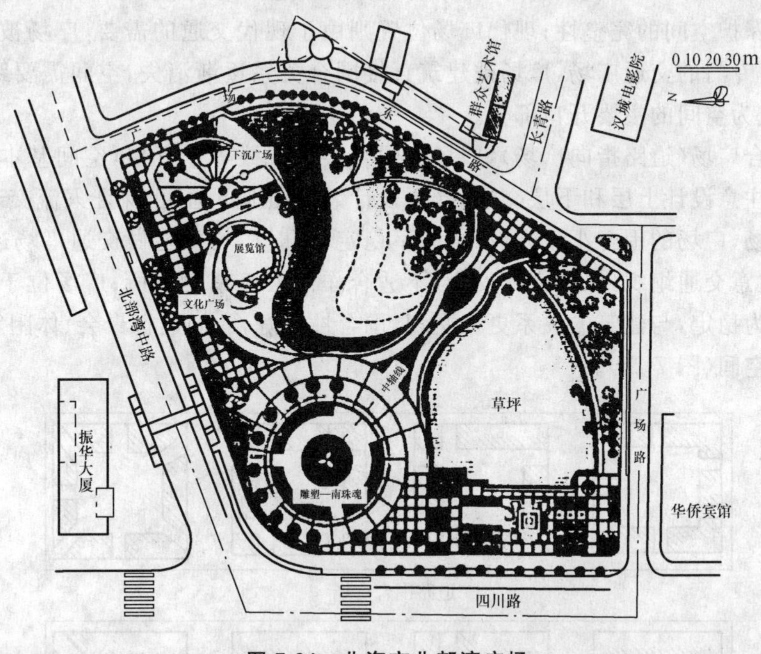

图 7-24 北海市北部湾广场

无论是规则还是不规则,在现代城市广场中还出现了“直线”与“曲线”形态的表达,研究表明由直线构成的规则型广场缺乏亲人的感受,曲线的变化更容易另以休闲为主的人群接受,给人一种自由随意、轻松愉快的感受。

从广场的立面形式上来看,组合则是多种多样的空间,多数的立体广场既包含上升广场,又包括下沉广场。从表面平面广场的基础上,还可以附加中心下沉广场、周边下沉广场、中心上升广场、周边上升广场和复合型立体广场。如北京西单文化广场则属于复合型立体广场,包括中心下沉广场、平面广场、周边上升广场三大部分。

三、广场的空间围合与开口

良好的空间围合可提高空间的品质,在广场空间的营造中利用道路、建筑和植物等都能够构成围合空间。与广场空间的围合相对应的是开口，广场的开口越少则围合性越好，反之则会缺少良好的围合（图 7-25）。

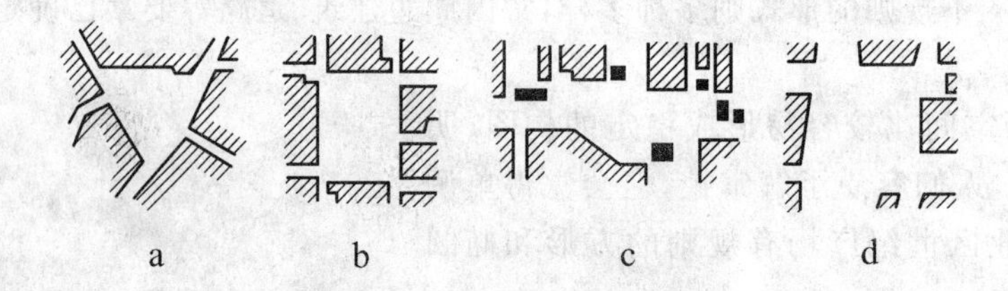

图 7-25　广场的围合与开口

a. 围合>开口　b. 围合>开口　c. 围合＝开口　d. 围合<开口

（一）广场与道路

传统的城市广场是以建筑围合为主，少有道路直接包围广场、穿过，就算有道路通过，也常以骑楼式建筑保护空间的完整性；现代广场位置则由于现代交通的需要，广场被道路分割、围合，甚至出现了专门的交通广场，广场被建筑直接围合关系逐渐消失，空间需要跨越道路被建筑围合，道路成为空间的主要开口部分。

当道路围合广场（道路指向广场），广场的围合会大于或等于开口，空间基本稳定，此种情况广场一定要注意设计上层和下层交通，既要设计天桥和地下通道，保证人流交通顺畅、舒适；当道路穿越广场，广场的围合小于开口，空间不稳定，此时广场只能做交通广场或暂时的停留空间，更应该注意交通组织，保证人流安全，不适合作为人流聚集场所；广场位于道路一侧，此时广场空间最为稳定，与建筑的关系更稳密切，围合性较好，人们进行聚会、休闲等活动能获得舒适无干扰得空间（图 7-26）。

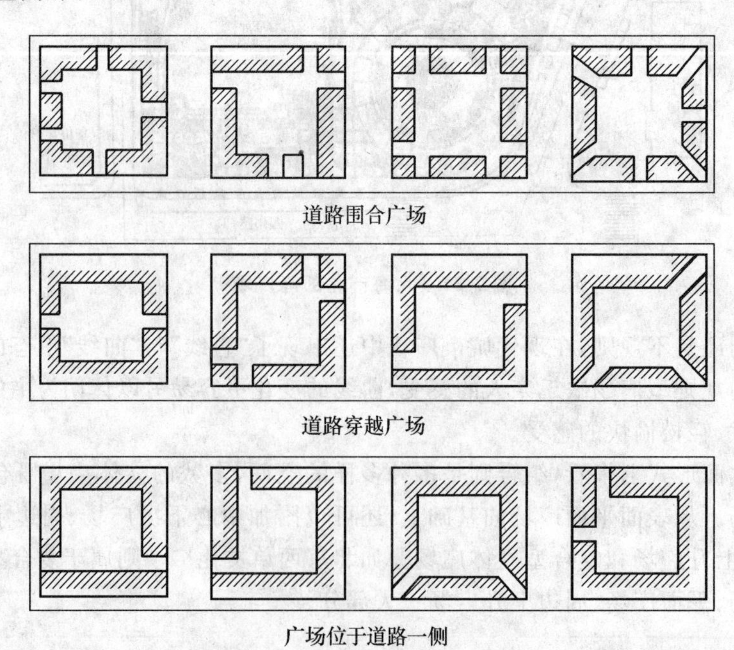

图 7-26　广场与道路的关系

(二)广场与建筑

广场的空间构成最主要的要素就是建筑。建筑所在的位置、建筑的高度、建筑到广场中心的距离等都要仔细考虑，才能够获得围合性、方向性好，空间品质优秀的广场。

建筑所在的位置可以成为广场的主体，控制广场；可以形成广场主体雕塑的背景，强化主题；可以居中帮助空间创建方向性；可以围合形成空间基底；可以介入成为主体，分割空间；可以纵深强化轴线，引人探究；可以在建筑前加长廊退隐，形成黑白灰明确的三层空间；建筑创造的空间形式丰富多样、特色各异。

建筑的高度和观赏的距离还可以用观赏角度来表达，研究表明：建筑的高度与广场的空间关系密切，当建筑实体的高度(H)：观赏距离(D)在(1：2)～(1：3)之间时，视点的垂直角度为18°～27°是最好的观赏实体角度，高于或低于这个范围人们的感受就变得复杂多样了(表7-1)。

表7-1　广场空间尺度表

H：D	垂直视角	视觉实体	广场空间	建筑观赏	人的感受
<1：1	<45°	清晰的细节观赏	空间封闭	无法观看建筑全貌	有压抑的感觉
1：1	45°	看清实体细部	全封闭广场最小宽度	观看建筑单体的极限角	有内聚、安定、不压抑的感觉
1：2	27°	看清实体整体	空间封闭的界线，广场的最大宽度	完整地观赏周围建筑	有内聚、向心，无排斥、离散感
1：3	18°	看清实体的整体和背景	最小的封闭空间	观看群体全貌的基本视角	有空间排斥、离散的感觉
1：4	14°	实体的整体和背景等分景观，无主次关系	无封闭感，空间开放	观看建筑轮廓	有空间排斥、离散、空旷的感觉
1：6	9°	背景天空为主要景观	空间非常开放	观看建筑轮廓，建筑渺小	有明显的空间排斥、离散、空旷，有无法穿越、疲劳之感

(三)广场与绿化

城市广场的设计中，植物也是塑造空间的重要元素。现代城市广场边界由于道路带来的干扰，完全可以用植物来缓解、阻挡。

从宏观角度来研究绿化植物所形成的空间可以分为两种：其一，植物周边围合，形成基本完整的广场空间；其二，植物局部围合，形成良好的亲人空间。

从微观的角度来看，我们所指的具有围合作用的植物多是应用了乔木、灌木，很少用单纯的草坪或花坛；不同植物的组合则可以达到更好的效果，乔木草坪形成的疏林草地围合，既可以消除交通噪声，又有良好的通透性；乔灌草组合，则可以完全隔断与外界的联系，空间安静、私密。如中关村文化广场、苏州金鸡湖广场中用灌木围合小尺度围合空间，利于人们不同的休

图 7-27　金鸡湖广场林荫道

闲需求，既可以观赏周围景观，又可以不受干扰（图 7-27）。

四、广场的空间方向性

广场空间如果缺乏围合性，就应该增强其方向性，使广场空间有归属感。广场的方向性主要是指广场所具有的向心性和轴向性。具体的设计手法有两种：其一，应用正方形、圆形、椭圆形、三角形等具有明显向心性的广场平面形式，或者应用矩形、梯形等具有轴向性的广场平面形式；其二，应用具有意义的标志物，即应用建筑、雕塑小品、铺装、水体等要素以体量、色彩、造型等形成空间的三维中心，从而主导方向；在复合型广场中，每个亚空间都有可能有自己的三维中心。

标志物所形成的三维中心位置是多样的，主要可以分为：

(1)中心标志物：位于广场的中心，可应用建筑、雕塑小品、水体等要素，也可将各要素组合成一体，有庄严、肃穆之感；如以商业楼为中心的榕城广场（图 7-28）。

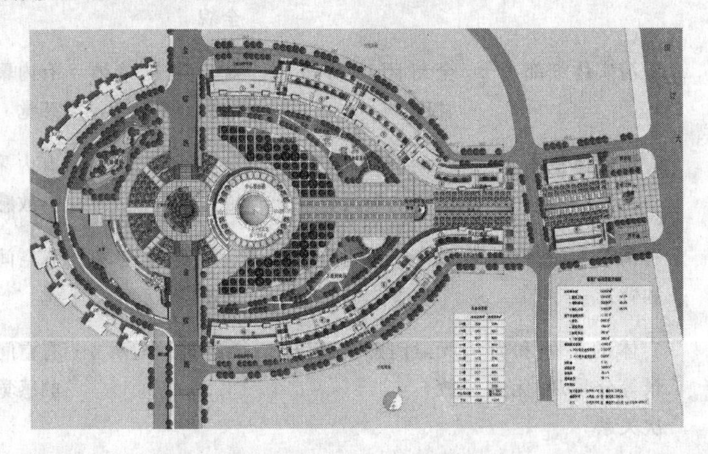

图 7-28　榕城广场平面图

(2)中轴标志物：位于广场轴线上，可应用建筑、雕塑小品、水体等要素，也可将各要素组合形成序列，引导轴线，强化中轴；如江阴市政广场的亚空间中心雕塑与水体的结合设计（图 7-29）。

图 7-29　江阴市政广场平面图

(3)偏心标志物：偏离广场中心，可应用建筑、雕塑小品、水体、灯、标示牌等要素，形式活泼多样；如剑桥屋顶广场上白色建筑小品的设计，使空间形成轻松舒适的休闲环境（图 7-30）。

(4)底面标志物：在广场平面上应用各种铺装图案强化向心性，或应用标志图案强调主题；如日本筑波科学城中心广场应用椭圆图形配

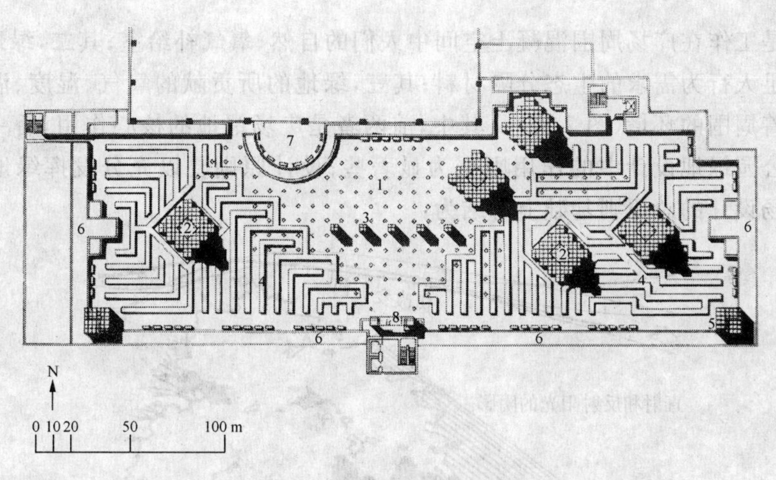

图 7-30　剑桥屋顶广场平面

1. 紫色沙石铺地　2. 大框架　3. 小框柱　4. 图案花坛　5. 方形花棚架
6. 防护宽种植坛　7. 露天咖啡平台　8. 入口框门

合下沉广场形成广场的三维中心、北京东升大厦前广场地面铺装标志、大连百年纪念广场地雕（图 7-31）。

图 7-31　大连百年纪念广场地雕

任务三　城市广场绿地设计

城市广场发展从早期开阔的空地，到包括建筑物、道路、山水、绿地等要素组成的开阔的公共活动空间，广场的内涵在不断地丰富。其中，绿地要素是在城市生态环境的逐渐恶化过程中，被城市建设者作为解救城市环境的关键而备受重视的。城市广场中绿地所占比例增加的趋势明显，形成了很多公园式广场（绿地率占广场面积的 50％以上），使得广场绿地规划设计和公园绿地规划设计的相通之处越来越多，然而由于其特定的功能和服务项目，广场绿地规划设计还有着自身的设计要求。

一、城市广场绿地设计原则

城市广场绿地设计需要明确绿地在广场中所发挥的重要作用，首先，绿地发挥着生活必需品的作用，它是工作在广场周围混凝土空间中人们的自然、氧气补给室；其二，绿地是帮助划分广场空间、满足人行为需求的生态分隔材料；其三，绿地的所贡献的氧气、湿度、温度等生态元素，帮助改善着周围的环境(图 7-32)。其中，前两者是广场绿地的核心作用，后一者则是起辅助作用，它在公园绿地设计中的作用则更为显著些；设计原则要以充分发挥绿地的作用为目标，在城市广场设计的总原则基础上总结为：

图 7-32　植物对环境的影响

1. 和谐统一原则

广场绿地布局应与城市广场总体布局统一，成为广场的有机组成。

2. 优势配合原则

绿地的功能与广场内各功能区相配合，加强该区功能的发挥。如在设计有微地形的场地上种植不同的植物类型，高度空间感受不同，阴坡、阳坡适合不同的植物生长，可增加植物的多样性；在休闲活动区，尤其是在设置有坐椅等休息设施的地方，选用以落叶乔木为主，冬季的阳光、夏季的遮阳有助于户外活动的开展。

3. 多元空间原则

不同的绿地组合形式可以帮助组成不同的空间，较典型的是：广场周围种植乔灌草复合结构，可以帮助更好的隔离广场周围的喧嚣，创造安静、围合的空间；周围种植疏林草地则可以部分的阻挡噪声，在乔木树干部空间虚隔周围环境等。

4. 特色突出原则

在城市绿地中植物的选择应多为乡土树种，提炼出抗性、耐性强，树姿优美，色彩艳丽的树种，应用于城市建设中；广场绿地树种的选择也应有此原则，但广场多位于城市的中心区或区中心等焦点地区，要求有更强的展示性，除了乡土树种的应用外还要注意多种姿态优美的园林树种的配合应用。

5. 生态发挥原则

城市广场是城市公共空间的重要组成，除了作为城市的客厅外，还承担着帮助空气流通，创造良好小气候的功能。

6. 保护优先原则

对于广场原址上的树木尽量保留，尤其是大树、古树，它们将成为广场空间的重要组成，表达着自然、人文、历史的尊重。

二、城市广场绿地种植设计形式

城市广场绿地的植物搭配多种多样，种植形势综合为规则式和自然式。

规则是主要是指将植物整行、整列或按照几何图形均匀种植在土地或是花坛、花盆中，可以是同一树种，也可以应用多种植物进行种植，如广场中常用的树阵广场植物配置。

自然式主要包括两种种植情况，其一将植物按照自然生态形式进行模拟自然种植，其二，以景观美学为标准，进行树木造境的配置。

通常在广场的绿地规划设计中，规则式和自然式的设计形式经常配合应用，常用的设计手法：

(1)以自然式的种植包围广场、以规则式的种植配合广场中心、道路边缘等。

(2)以规则式的植物种植配合草坪包围广场，以自然式种植加以点缀。

(3)单独应用规则式或自然式植物种植。

三、城市广场树种选择原则

城市广场中绿色植物的生命力给广场增添了无限生机，也成为广场设计、养护中重要的环节，植物的生长要注意场所的土壤、光照、温度、空气等自然条件，植物的选择与环境的配合非常重要。

广场环境中，土壤常被碾压造成了结构破坏或者土壤中掺杂了很多的建筑垃圾；空气中掺杂了烟尘、汽车尾气等有害气体，其中包括二氧化硫、一氧化碳、氟化氢、氯气、氮、氧化物、光化学气体、烟尘、粉尘等，植物要有较强抗性和较好的吸附能力；光照条件在高大建筑的围合下不利于植物的生长……，考虑到诸多的不利条件，植物选择是要应用生长健壮、无病虫害并抗病害、无机械损伤，冠幅大、枝叶密、耐旱、耐瘠薄、耐修剪、具有深根性、少落果、飞毛，发芽早、落叶晚、寿命长的植物；同时设计时还要注意一些有害的植物。

◈小结

回顾城市广场设计的历史，每一个过程、案例都给人以新的启示和内涵，不同的地域、不同的国家、不同的民族、不同的城市，都拥有着耐人寻味的历史文化和广场形式，如何更好地参考本土的资源、曾经的成就，创造新的广场空间，是设计者们不停的追求。

技能训练七　城市广场绿地设计

一、实训目的

通过实训了解城市广场绿地与周围环境的关系，了解城市广场绿地的重要意义，掌握城市广场绿地设计的原则、设计形式和方法等。

二、材料用具

城市广场绿地、皮尺、测量仪器、图纸、绘图工具、笔、记录本、参考书籍等。

三、方法步骤

1. 分组，踏勘某一城市广场绿地；
2. 分析该广场的基本情况及周边环境；
3. 确定城市广场绿地的设计理念；
4. 进行绿地设计；
5. 绘图及书写设计说明。

四、作业

1. 完成任务工单的填写；
2. 绘制设计图纸，包括平面图和效果图、文字说明等。

◈**典型案例**

——锡山“e时代”广场

一、现状概况

无锡是古代吴文化的发源地，历史悠久，人文荟萃。锡山“e时代”广场位于无锡市东郊，南临太湖，北近长江，是锡山区行政中心和居住区的过渡地段。广场处于东亭路、学前东路、华夏路及北侧规划道路四条城市主要道路之间，是集商业、娱乐、休闲为一体的综合性空间场所。

二、设计理念

将商业环境与休闲景观结合起来，发挥场地自身优势，创造一个商业活动与景观融合互动的现代购物环境，让当地市民充分体验于景观中购物的生活乐趣。

三、景观体验

商业步行街环抱着的广场，景观层次丰富，不同的绿色空间形式在“e时代”广场上交织、穿插，构成一个商业化的现代开放空间。

（一）景观大道

景观大道是组成场地景观主轴线的重要部分，也是步行商业街的引导入口，方形的棕榈树阵和线形的大乔木相互映衬，在抽象构图的绿色空间下，分别雕刻着二胡、琵琶、三弦和古筝四大名乐的四块铜雕版和谐地融入周围环境，与以琵琶湖畔的无锡文化名人阿炳为主题的壁雕遥相呼应，使绿荫下弥漫着浓郁的人文气氛和历史气息；在平面上，景观大道以现代的绿点、绿线、绿面形成具有韵律感的绿色序列；在空间上，大乔木、草坡、灌木划分出或虚或实的绿色空间，形成层次丰富的绿色体系。平面和立面的有效结合创造出舒畅的绿色景观大道，在颇有气势，同时亦令人感受到细部空间的亲切可爱。

（二）中心广场

“e时代”广场及雕塑体，是整个场地的视觉焦点，玻璃点驳接与钢结构构成的现代雕塑矗立在水中央，周围绿树掩映，泉声回荡，是场地的向心力所在；“e时代”雕塑是场地的标志，彰显了场地的时代性。

(三)滨水休闲的儿童活动区

充分展现了场地的舒适性。植物、木栈道、水构成了一个内容丰富的休闲空间,在这里,人们可以游走于水杉簇拥的木栈道上,或跳入水中嬉戏,或憩于树影婆娑的亲水长木凳上,尽情挥洒笑声。在喧嚣繁华的都市,这一隅是人性回归的场所,所有的压力都可以在这里得到释放。

(四)老人活动区

以卵石铺地的长廊,提供老年人足底按摩的区域,并在长廊前设计开阔的活动场地,便于集会活动。

(五)生态广场

道路形成飘动的绸带放置在绿色的草坪上,将其分配成适合人体尺度的部分,并在草坪上点缀乔木,提供多种空间。生态广场主要是为人们提供了可以用于活动的草坪、遮阳的疏林草地,扩大了休闲空间的面积。

(六)步行商业街

步行商业街面积有46 100 m^2,总长约350 m,建筑层数以二层为主,局部三至四层,共设五个入口,商业街以入口为中心,向两边展开,与广场上的景观在空间上、功能上相互交融。人们在广场上休闲漫步,不经意即走入商业街,为商业街带来源源不断的人气,购物的人们走累了,在树荫下喝杯茶,在草坪上聊聊天,享受浓浓的绿荫、清新的空气,享受惬意的景观购物生活。

自然景观还通过一条阳光内庭渗入室内,贯穿商业街,8 m宽的阳光景庭采用半透明的白色膜结构,造型现代;内庭中布置了小广场、儿童玩乐场所、下沉式休息岛、水景花园等,室内景观的室外化,使在室内购物的人群也能感受到自然气息。整个步行商业街以切角的形式设于场地的西南面,最大限度地争取了沿街立面,并且保持了广场的完整性,与广场呈围合之势,成为广场的标志性界面。

自然景观与商业环境的结合,是城市开放空间随时代变迁呈现出的丰富形式之一;同时,作为一种城市建设类型,它既是一种公共艺术形态,也是城市构成的重要元素。在日益走向开放、多元、现代的今天,城市开放空间应该散发更多的人性化气息,用进步的场地物质环境积极推进社会意识的进步,通过场地的人性化设计,实现场地功能性、取得文化与公民性的回归。

◉复习思考题

1. 城市广场的类型有哪些?
2. 城市广场空间类型有哪些?
3. 城市广场绿地性质是什么?
4. 城市广场设计的原则有哪些?
5. 城市广场绿的布局有何要求?如何进行设计?

项目八 居住区绿地设计

◆学习目标

了解居住区绿地的作用和分类和设计原则；结合居住区绿地规划设计实训，掌握居住区绿地规划设计的一般方法，能进行初步的规划设计。

居住区绿地规划设计指结合居住区范围内的功能布局、建筑环境和用地条件，在居住区绿地中进行以绿化为主的环境设计过程。

居住区绿地是居住区环境的主要组成部分，一般指在居住小区或居住区范围内，住宅建筑、公建设施和道路用地以外绿化布局、园林建筑和园林小品，为居民提供游憩活动场地的用地。居住区绿化是改善生态环境、生活质量和服务居民日常生活的基础措施之一。通过绿化与建筑物的配合，使居住区的室外开放空间富于变化，形成居住区赏心悦目、富有特色的景观环境。

居住区绿地包括居住区或居住小区用地范围内的公共绿地、住宅旁绿地、公共服务设施所属绿地和居住区道路绿地等。

任务一 确定居住区绿地设计原则

居住区绿地对城市和居住区的生态环境、景观风貌，对居住区的社区文化，居民的生理、心理都有着重要作用。人们日益重视居住区环境质量的提高和以绿化为主的环境建设，认识到优美的园林绿化是居住区最基本的环境要素。但由于种种原因，在某些居住区的绿化设计和建设施工中存在一些问题，有待进一步探讨和改进。

一、居住区绿地的作用

1996年在土耳其历史文化名城伊斯坦布尔召开的第二届联合国人类居住区会议，探讨了两个具有跨世纪意义的世界性重要主题，即人人有适当住房和城市化世界中的可持续人类居住区发展，使世界各国对人居环境的问题更加重视，并进一步认识到，人人有适当住房，已经不是简单地解决住的问题，而必须满足居民行为、心理需求，创造舒适、方便、清净、安全、优美的人居环境。

居住区绿地的作用具体体现在以下几个方面：

1. 营造绿色空间

居住区中较高的绿地标准以及对屋顶、阳台、墙体、架空层等闲置或零星空间的绿化应用，为居民接近自然的绿化环境创造了条件。同时，绿化所用的植物材料本身就具有多种功能，它能改善居住区内的小环境，净化空气，减缓西晒，对居民的生活和身心健康都起着很大的促进作用。

2. 塑造景观空间

进入21世纪，人们对居住区绿化环境的要求或称社区生态环境已不仅仅是多栽几排树、多植几片草等单纯量方面的增加，而且在质的方面也提出了更高的要求，做到“因园定性，因园定位，因园定象”，使居住者产生家园的归属感。绿化环境所塑造的景观空间具有共生、共存、共荣、共乐、共雅等基本特征，给人以美的享受，它不仅有利于城市整体景观空间的创造，而且大大提高了居民的生活质量和生活品位。另外，良好的绿化环境景观空间还有助于保持住宅的长远效益，增加房地产开发企业的经济回报，提高市场竞争力。

3. 创造交往空间

社会交往是人的心理需求的重要组成部分，是人类的精神需求。通过社会交往，使人的身心得到健康发展，这对于今天处于信息时代的人们而言，显得尤为重要。居住区绿地是居民社会交往的重要场所，通过各种绿化空间以及公共设施的塑造，为居民的社会交往创造了便利条件。同时，居住区绿地所提供的设施和场所，还能满足居民休闲时间的室外体育、娱乐、游憩活动的需要，得到运动就在家门口的生活享受。

二、居住区绿地设计原则

(一)生态原则

由于居住区以硬质景观为主，故在居住区绿地设计中应注意绿化与人工景观相协调，坚持植物造景为设计根本，合理设计植物群落，努力提高绿化覆盖率，突出生态效益。

(二)特色原则

不同地域、不同城市，其气候、地理、居民生活习惯、历史文化背景等均有不同的特点，因此，设计时应对居住区所在地区进行深入调研。只有具有地区文化特性的绿化环境才具有特色，才更有生命力。

(三)美观原则

绿化环境是创造优美的人居环境的重要组成部分，只有具有艺术感染力和景观特色的园林绿化环境，才能给人以美的享受，才是舒适、优美的生活环境。

居住区绿地设计应讲求完美的园林艺术构图，平立结合，尤其是要突出立体绿化景观，乔木、灌木、地被、草坪等合理组合，突出层次，以满足人在其间的赏景要求。但某些居住区绿化设计存在一些误区。如片面追求平面效果，如时装草坪、硬质铺地等。

(四)实用原则

设计时应从大处着眼，细部着手，认真研究居民的日常行为需求，从总体到单体，贯彻以人为本的理念，力求方便实用，提高绿地使用率，避免出现可望而不可亲的绿化景观。同时还应为人们回归自然创造条件，将绿地由封闭管理变为开放管理。如在草坪上散步、坐卧或嬉戏，实现与自然共呼吸的愿望。

(五)经济原则

居住区绿化设计应充分利用自然现状条件，既要考虑一次性建设工程造价，又要降低养护管理费用，还要考虑物业管理的高效率和使用的方便性。例如大面积铺草的绿化工程建设成本相对较低，但其后期的养护管理成本则较高。

(六)协调原则

居住区绿化设计应与整个居住区的建筑布局风格协调一致,切忌罗马柱满天飞,苏州园四处建。如建筑为行列式布局,住宅的朝向、间距、排列较好,日照通风条件亦较好,但是路旁山墙景观单调、呆板,绿地布局则可结合地形的变化,采用高低错落、前后参差的形式,借以打破其建筑布局单调、呆板的缺陷;又如建筑为周边式布局,其中都有较大的空间,则可创造公共绿地,形成该区的绿地中心;再如住宅为高层塔式建筑,日照和四周的视线较好,外围绿地面积较大,则可用自然式园林的布局手法。

(七)合理原则

居住区绿化设计应有合理的绿地布局,充分发挥园林绿地的综合功能,让居民充分享受绿地。如居住区规模大或离城市公园绿地的较远,则可集中较大面积的公共绿地,再与各群的小块公共绿地、宅旁绿地、单位附属绿地的相结合,形成合理的绿地布局系统;如居住区面积的小或者说离城市公园绿地、山林较近,则在居住区结合建筑组群,分散布局一些小块绿地。

三、居住区绿地的组成

按照功能和所处的环境,居住区绿地分为居住区公共绿地、居住区公建设施专用绿地、居住区道路绿地及居住区宅旁宅间绿地和庭园绿地(图 8-1)。

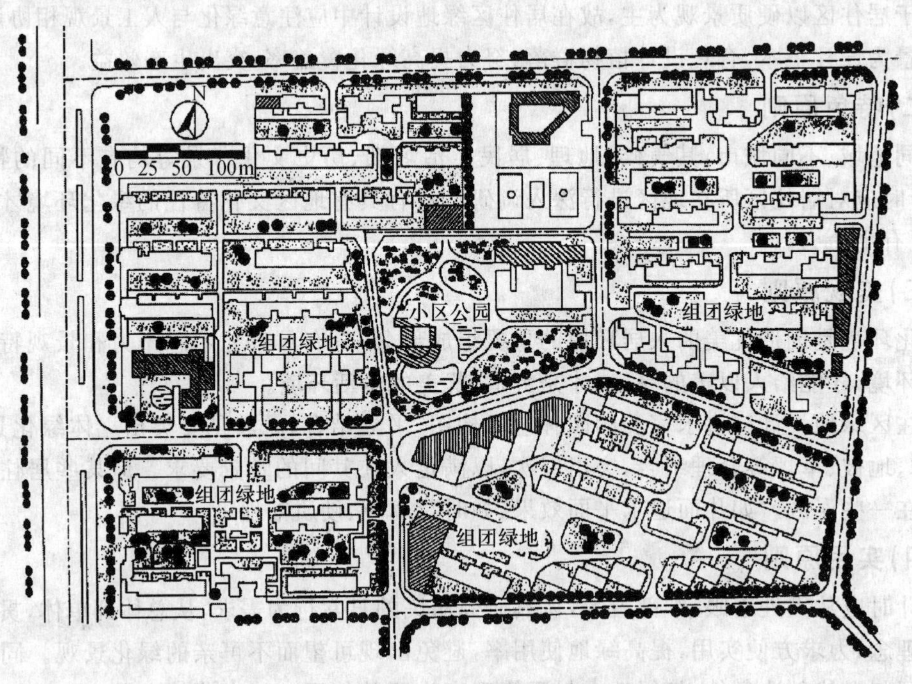

图 8-1 某小区居住区绿地布局形式和组成

(一)居住区公共绿地

指居住区内居民公共使用的绿地,这类绿地常与居住区或居住小区的公共活动中心和商业服务中心结合布局。公共绿地的功能主要是给居民提供日常户外游憩活动空间,让居民开展包括儿童游戏、健身锻炼、散步游览和文化娱乐等活动。在规划建设中,结合环境条件和功能要求，布置园林水体、园林建筑、园林小品、铺地广场和照明灯具等，以园林植物景观为主体，创造居住区自然优美的园林环境。公共绿地还能起到防灾避灾的作用。

1. 居住区公园

居住区公园是为全居住区服务的居住区公共绿地，规划用地面积较大，一般在 1 hm^2 以上，相当于城市小型公园。公园内的设施比较丰富，有体育活动场地、各年龄组休息活动设施、画廊、阅览室、茶室等。公园常与居住区服务中心结合布置，以方便居民活动和更有效地美化居住区形象。居住区公园一般服务半径为 80～100 m，居民步行到居住区公园的时间不多于 10 min 左右的路程。

2. 居住小区公园

居住小区公园又称居住小区中心游园，亦包括小区级儿童公园，一般通称居住小区公园。居住小区公园就近服务居住小区内的居民，设置一定的健身活动设施和社交游憩场地，一般面积 4 000 m^2 以上，在居住小区中位置适中，服务半径为 400～500 m。

3. 组团绿地

组团绿地又称居住生活单元组团绿地，包括组团儿童游戏场，是最接近居民的居住区公共绿地，它结合住宅组团布局，以住宅组团内的居民为服务对象。在规划设计中，特别要设置老年人和儿童休息活动场所，一般面积 1 000～2 000 m^2，离住宅人口最大步行距离在 100 m 左右。

居住区内除上述三种公共绿地外，根据居住区所处的自然地形条件和规划布局，还在居住区服务中心、河滨地带及人流比较集中的地段布局街心花园、河滨绿地、集散绿阴广场等不同形式的居住区公共绿地。

根据居住区规划结构形式和所处的周围环境，将居住区上述几类公共绿地进行三级或二级布局，形成居住区的公共绿地体系。二级布局体系有居住区公园—居住小区公园，居住区公园—组团绿地；三级布局体系有居住区公园—居住小区公园—组团绿地。各类居住区公共绿地的特征见表 8-1。

表 8-1　各类居住区公共绿地特征一览表

分级	住宅组团级	小区级	居住区级
类型	组团绿地	小区公园	居住区公园
使用对象	住宅组团居民特别是儿童和老人	居住小区居民	居住区居民和部分一般市民
设施内容	简易儿童游戏设施、坐凳椅、树木、草地、花卉、铺地	儿童游戏设施、老年人活动休息场地设施，园林小品建筑和铺地，小型水体水景、地形变化、树木草地花卉、出入口	少年儿童活动场、休息活动场所和服务建筑、园林建筑小品、地形水体水景、树木草地花卉、专用出入口和管理建筑
用地（m^2）	大于 1 000 m^2	大于 4 000 m^2	大于 10 000 m^2
居民步行到达距离（min）	2～4	5～8	8～15
内部布局要求	灵活布置	有一定的功能区域划分	有明确的功能和景观区域划分

(二)公共服务设施所属绿地

指居住区内各类公共建筑和公用设施的环境绿地，如居住区俱乐部、影剧院、少年宫、医院、中小学、幼儿园等用地的环境绿地。其绿化布置要满足公共建筑和公用设施的环境要求，并考虑与周围环境的关系。

(三)道路绿地

居住区主要道路(居住区主干道)两侧或中央的道路绿化带用地。一般居住区内道路路幅较小，道路红线范围内不单独设绿化带，道路的绿化结合在道路两侧的居住区其他绿地中，如居住区宅旁绿地、组团绿地。

(四)宅旁绿地和居住庭园绿地

居住建筑四周的绿地。

四、居住区绿地的定额指标

居住区绿地的定额指标，指国家有关条文规范中规定的在居住区规划布局和建设中必须达到的绿地面积的最低标准。通常有居住区绿地率、绿化覆盖率、平均每人公共绿地、平均每人非公共绿地等定额(表 8-2)。

表 8-2　主要居住区绿地定额指标

指标类型	内　容	计算公式
居住区人均公共绿地指标 (m^2/人)	包括居住区公园、小游园、组团绿地、广场花坛等，按居住区内每居民所占的面积计算	居住区人均公共绿地面积(m^2/人) 居住区公共绿地面积(m^2/人) 居住区总人口(人)
居住区人均非公共绿地指标(m^2/人)	包括宅旁绿地、公共建筑所属绿地、河边绿地，以及设在居住区内的苗圃、花圃、果园等非日常生活使用的绿地。按每人所占的面积表示	居住区人均非公共绿地面积＝(m^2/人) 居住区各种绿地总面积(m^2)－公共绿地面积(m^2) 居住区总人口(人)
居住区绿地率(%)	指居住区用地中的绿地占居住区总面积的百分比	$绿地率=\frac{居住区内绿地面积}{居住区总用地面积}\times 100\%$

影响居住区绿地定额指标的因素有如下几方面:形成居住区必需的户外开放空间，使居住建筑的室内外空间环境能满足人们生理和心理方面对空间及环境卫生的要求和所必需的住宅建筑间绿地空间量;达到有效地改善居住区的小气候环境，满足居民日常户外活动要求，形成居住区优美的绿化景观。

根据城市气候生态方面的研究，占城市建成区用地约 50%的城市居住生活用地中，居住区绿地的规划面积应占居住区总用地的 30%以上，使居民人均有 5～8 m^2 的居住区绿地，居住区内的绿化覆盖率达到 50%以上时，居住区小气候才能得到全面有效的改善，而与郊区自然乡村气候环境相接近，从而形成舒畅自然的居住区室外空间环境。

欧美国家经济发达，人口密度低，居住区的人均居住区绿地指标较高。据 20 世纪 60 年代统计，一般建成区中居住区居民人均绿地达 22～28 m^2，在高密度市区可降低到人均 10～

16 m^2，在英国人均 18～34 m^2，澳大利亚人均 20 m^2，居住区绿地面积达到或超过居住区用地的 50%，并且在居住区内有规划建设较完善的公共绿地系统。我国由于人口密度高，土地资源紧缺，城市居住区人均用地指标（包括居住区人均绿地指标）比较低。根据我国实际情况，在有效地改善居住生活环境和满足居民居住生活必需的空间环境要求的原则下，国家制定了适于我国国情的居住区绿地定额指标。

1993 年我国制定的国家标准《城市居住区规划设计规范》（GB 50180—93）及其他相关行业标准中，规定新建居住区绿地率不应低于 30%，旧居住区改造不宜低于 25%，低层住宅区（2～3 层为主）的绿地率为 30%～40%，多层住宅区（4～7 层）的绿地率为 40%～50%，高层住宅区（以 8 层以上为主）的绿地率为 60%。

关于居住区公共绿地的具体指标有：居住区公共绿地面积应占居住区总用地面积的 7.5%～15%，居住小区公共绿地应占居住小区用地的 5%～2%，组团公共绿地应占组团用地的 3%～8%，并要求至少一边与相应级别的道路相邻。人均指标中，根据居住人口规模，组团公共绿地不少于 0.5 m^2/人，小区公共绿地（含组团绿地）不少于 1 m^2/人，居住区公共绿地（含小区公共绿地与组团绿地）不少于 1.5 m^2/人。不同类型的公共绿地，居住区公园不小于 1.0 hm^2，居住小区公园不小于 0.4 hm^2，组团公共绿地不小于 0.4 hm^2，旧居住区改造可视具体情况降低，但不应低于相应指标的 50%。在这些公共绿地中，绿化用地面积（含水面）不宜小于 70%，其他块状、带状公共绿地应同时满足宽度不小于 8 m，面积不小于 400 m^2。

近年，我国正在开展“绿色生态住宅小区建设”活动，在“绿色生态住宅小区”中，要求绿地率达到 35%以上，公共绿地中绿化用地面积不应小于 70%，并要求大力发展居住区建筑环境垂直绿化。

我国以往新建或改建的居住区对绿化用地考虑不够，很多居住区的绿地标准是偏低的，有待今后进一步提高。

联合国 1969 年出版的有关城市绿地规划报告中提出的居住区绿地标准较为合理（表 8-3）。

表 8-3 国外居住区绿地定额

项目	服务半径（m）	绿地面积（hm^2）	平均每人绿地面积（hm^2）
住宅组公园	300	1	4
小区公园	800	6～10	8
居住区公园	1 600	30～60	6

任务二 居住区绿地设计

通过对居住区的规划设计及现状图文资料的收集、现场踏勘和与业主的交流等，全面深入地把握居住区及其绿地的基本情况，了解居住区周围的城市环境和社会文化特点，取得绿地规划设计必需的平面图纸和其他基础资料，是居住区绿地规划设计必需的前期基础工作。全面细致的基础工作，是使规划设计成果符合规划用地环境的实际情况、提高设计成果质量和实际施工的可操作性和减少设计修改的基本条件。

收集和分析的内容包括居住区规划和部分土建工程图文资料，居住区内自然环境和绿化基础，居住区周围环境等。

一、居住区绿地设计基础工作

(一)居住区规划和部分工程图文资料

居住区绿地规划设计必须全面把握居住区布局形式和开放空间系统的格局，了解居住区要求的景观风貌特色；具体如住宅建筑的类型、组成及其布局，居住区公共建筑的布局，居住区所有建筑的造型、色彩和风格，居住区道路系统布局等。要求收集居住区总体规划的文本、图纸和部分有关的土建和现状情况的图文资料，进行实地调查。在居住区绿地的详细规划和施工设计时，要依据居住区总平面图(包括高程地形设计)、工程管线综合图、给排水总平面布置等图纸，还包括部分建筑物底层(有时包括 2～3 层)的平面图，以便根据绿地中管线、构筑物具体位置，根据居住区道路路灯布置、建筑物门厅、窗、排风孔等的具体位置，结合有关规范进行具体的种植设计，以统一协调绿化(特别是乔木定植点)与建筑物、地下管线、构筑物、路灯等的位置关系。

(二)居住区绿地的立地条件和绿化基础

居住区绿地的立地条件具体指：由周围建筑物所围合的绿地空间的朝向及建筑物与绿地间的空间尺度关系，绿地现状地形高差，土壤类型与理化性状及其在居住区施工中受建筑垃圾污染的情况，地下水位以及在北方寒冷地区冬季冻土层情况等。绿化设计中，既要根据立地条件选择适应性强、而观赏价值和景观效果一般的园林植物，也应适当改良立地条件，配植对环境条件要求较高、观赏价值较高的园林植物。要确保绿化布置的生态合理性，在达到全面绿化的基础上，绿化布置重点和一般相结合，控制合理的投资和取得较好的景观与生态效益。

居住区绿化中植物材料的选择和布局，还应考虑当地气候生态环境。在园林植物材料的种类方面，应选择对当地气候生态环境适应的乡土园林植物和已经长期在园林绿化中应用且效果良好的引种驯化树种。在南方湿热气候地区，园林植物的布置应有利于夏季通风和遮阳，在北方冬季干冷地区应尽量采用常绿树阻挡北风，形成避风向阳朝南的绿地小气候环境。对由于居住区建筑布局和体量不同等因素而形成的建筑物周围的微风效应、大风天气的风的狭管效应，在绿化布置中亦应进行充分考虑，通过绿化布置引导微风环流改善住宅建筑通风条件，阻断或减弱建筑环境中冬季风的狭管效应。

对于保留的自然地形地貌和绿化基础，在取得现状地形图、水文土壤地质资料的基础上，必须经过实地踏勘；尤其要对现有绿化基础进行深入调查，在现状图纸上标明可保留利用的树木或植被群落，以便在规划设计时统筹考虑。

(三)居住区周围的环境

居住区周围的绿地必须与居住区的建筑布局和开放空间系统密切配合，共同处理居住区与周围环境的关系，来降低和隔离居住区周围不利环境的影响，充分利用居住区周围有利的环境景观和生态因素。

对居住区有不利影响的城市环境，如城市主干道、铁路、工厂、航运河道和高架高压线等，居住区规划中往往通过在居住建筑和上述城市环境之间设置绿化隔离带，来减弱或隔离噪声、污染物以及不同环境之间相互干扰的不利影响。在具体绿化规划设计时，必须根据隔离带的用地条件和隔离功能，来选择树种和确定种植布局形式，以充分发挥环境隔离绿带的功能。

居住区周围可利用的景观生态因素包括：与城市居住区相毗邻的城市公共绿地或风景林地；在建成区边缘居住区附近的近郊水体、山林、农田和近郊风景名胜区等。在居住区规划和居住区绿地设计中，应使居住区内开放空间系统和周围这些有利的景观生态因素有机联系，更有效地改善居住区内的景观生态环境，形成居住区景观风貌特色。

二、居住区公共绿地规划布局

居住区公共绿地是居民日常休息、观赏、锻炼和社交的就近便捷的户外活动场所，规划布局必须以满足这些功能为依据。居住区公共绿地主要有居住区公园、居住小区公园和住宅组团绿地三类，它们在用地规模、服务功能和布局方面都有不同的特点，因而在规划布局时，应区别对待。

(一)居住区公园

居住区公园是为整个居住区居民服务的居住区公共绿地，布局在居住人口规模达30 000～50 000 人的居住区中，面积在 10 000 m^2 上。它在用地性质上属于城市园林绿地系统中的公共绿地部分，在用地规模、布局形式和景观构成上与城市公园无明显的区别。

居住区公园在选址与用地范围的确定上，往往利用居住区规划用地中可以利用且具保留或保护的自然地形地貌基础或有人文历史价值的区域。公园内设施和内容比较丰富齐全，有功能区或景区的划分，除以绿化为主外，常以小型园林水体、地形地貌的变化来构成较丰富的园林空间和景观。居住区公园应规划一定的游览服务建筑，同时布置适量的活动场地并配套相应的活动设施，点缀景观建筑和园林小品。由于居住区公园相对于一般城市公园而言，规划用地面积较小，因此布局较为紧凑，各功能区或景区间的联系紧密，游览路线的景观变化节奏比较快。

一般居住区公园规划布局应达到以下几方面的要求：①满足功能要求，划分不同功能区域。根据居民各种活动的要求布置休息、文化娱乐、体育锻炼、儿童游戏及人际交往等活动场地和设施。②满足园林审美和游览要求，以景取胜，充分利用地形、水体、植物及园林建筑，营造园林景观，创造园林意境。园林空间的组织与园路的布局应结合园林景观和活动场地的布局，兼顾游览交通和展示园景两方面的功能。③形成优美自然的绿化景观和优良的生态环境，居住区公园应保持合理的绿化用地比例，发挥园林植物群落在形成公园景观和公园良好生态环境中的主导作用(图 8-4)。

图 8-4 一般居住区公园规划中的功能分区及内部设施和园林要素

功能分区	设施和园林要素
安静休息浏览区	休息场地、树阴式广场、花坛、游步道，园椅园凳和花架廊等园林小品，亭、廊、榭、茶室等园林建筑，草坪、树木、花卉等组成的植物景观，自然式水体景观
游乐活动区	文娱活动室、喷泉水景广场、景观文化广场和室外游戏场，小型水上活动场，露天舞池(露天电影场)，绿化布置、公厕
运动健身区	运动场及设施、休息设施、绿化布置
老人儿童游憩游戏区	儿童乐园及游戏器具，老人聚会活动园林服务建筑和场地，画廊，公厕，绿化布置
公园管理处	公园大门(出入口)、管理建筑、花圃、仓库、绿化布置

居住区公园的规划设计手法主要参照城市综合性公园的规划设计手法，但应充分考虑居住区公园的功能特点。居住区公园的游人主要是本居住区居民，居民游园时间大多集中在早晚，特别在夏季，游人量较多。在规划布局中，应多考虑晚间游园活动所需的场地和设施，多配植夜香植物，基础设施配套要满足节假日社区游园活动的功能要求，如注意公园晚间亮化、彩化照明配电。

（二）居住小区公园

居住小区公园，又称居住小区级公园或居住小区小游园，是为居住小区居民就近服务的居住区公共绿地，在用地性质上属于城市园林绿地系统中的公共绿地。居住小区公园一般要求面积在 4 000 m^2 以上，布局在居住人口 10 000 人左右的居住小区中心地带。有的居住小区公园布局在居住小区临城市主要街道的一侧，这种临街的居住区公共绿地对美化街景起重要作用，又方便居民、行人进入公园休息，并使居住区建筑与城市街道间有适当的过渡，减少城市街道对居住区的不利影响。有的居住小区公园近邻历史古迹、园林胜景保护区，能有效地保护城市中的名胜古迹，减少居住区建筑环境对它们在景观、保护等方面的不利影响。有的居住小区公园布局在与近郊自然山水环境直接联系的建成区边缘地带居住区外围，使居住区的开放空间系统与近郊有利的自然生态景观条件紧密联系。

居住小区公园是居住区中最重要的公共绿地，相对于居住区公园而言，利用率较高，能更有效地为居民服务。因而，在居住区或居住小区总体规划中，为使小区居民就近方便到达，一般把居住小区公园布局在居住小区较适中的位置，并尽可能与小区公共活动中心和商业服务中心结合起来布置，使居民的游憩活动和日常生活自然结合。基于上述环境特点、用地规模和功能要求，居住小区公园规划布局应注意以下几个方面的问题：

①居住小区公园内部布局形式可灵活多样，但必须协调好公园与其周围居住小区环境间的相互关系，包括公园出入口与居住小区道路的合理连接，公园与居住区活动中心、商业服务中心以及文化活动广场之间的相对独立和互相联系，绿化景观与小区其他开放空间绿化景观的联系协调等。②居住小区公园用地规模较小，但为居民服务的效率较高。在规划布局时，要以绿化为主，形成小区公园优美的园林绿化景观和良好的生态环境，也要尽量满足居民日常活动对铺装场地的要求，规划中可适当增设树阴式活动广场。③适当布置园林建筑小品，丰富绿地景观，增加游憩趣味，既起点景作用，又为居民提供停留休息观赏的地方。被居住区建筑所包围的小区公园用地范围较小，因此园林建筑小品的布置和造型设计应特别注意与居住小区公园用地的尺度和居住小区建筑相协调，一般来说，其造型应轻巧而不笨拙，体量宜小而不宜大，用材应精细而不粗糙。

居住小区公园是与其周边居住小区环境紧密联系的自由开放式的居住区公共绿地，无明确的功能分区，内部安排的园林设施和园林建筑比居住区公园简单。一般有游憩锻炼活动场、结合养护管理用房的公共厕所、儿童游戏场及简单的设施，并布置花坛、水池、花架、廊、亭、榭等园林小品和小型园林建筑及园路铺地、园凳、园椅、趣味景墙、入口标志墙、宣传廊等（图 8-2）。

居住小区公园内平面布局形式不拘一格，但总的来说，应采用简洁明了、内部空间开敞明亮的格局。由于处在现代居住区环境中和具有为居民日常服务的功能要求，不宜完全按中国传统园林的布局形式和造景艺术手法来进行规划布局和设计。

对于用地规模较小的居住小区公园，可采用规则正式的平面布局而容易取得较理想的效

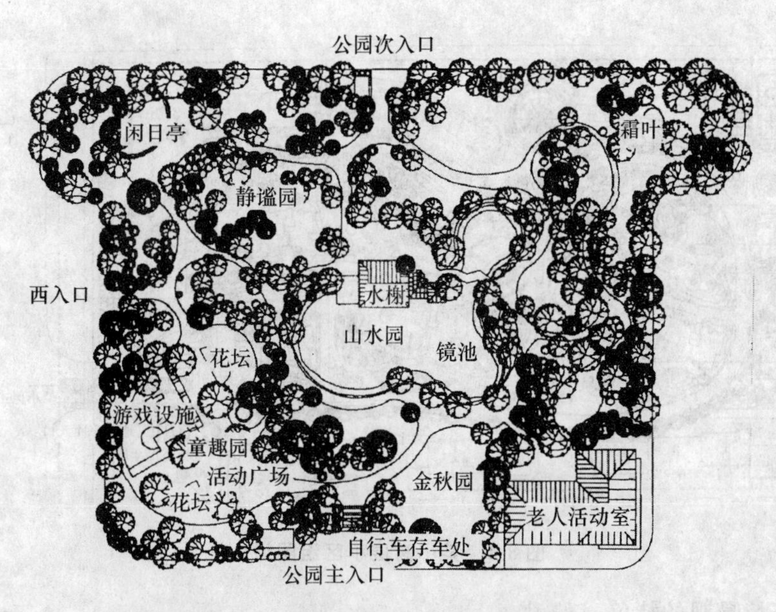

图 8-2　自然式居住小区公园江春公园

果，用变化有致的几何图形平面来构成平面布局，结合地形竖向变化，形成既简洁明快，又活泼多变的小区公园的园林环境(图 8-3)。

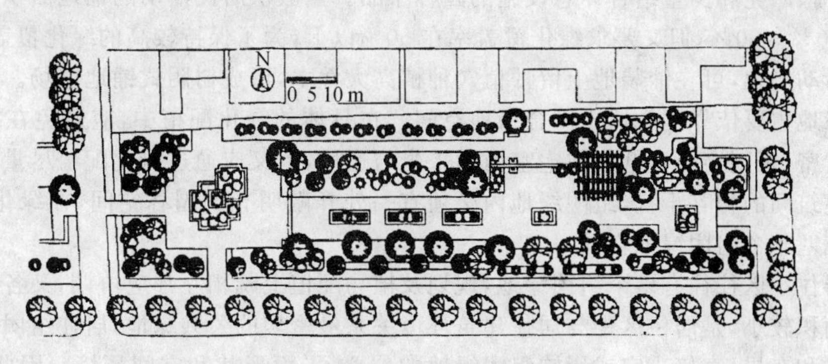

图 8-3　规则式居住小区公园设计

注：布局利用植物材料和建筑小品构建大小各异的一个空间在纵轴线上形成空间形象化，主题雕塑位小于广场中心；绿化布置规则式和自然式相结合，在两边布置较密中间较稀疏。位于居住小区临城市街道一侧，兼有供居民休息和美化街景的作用。

(三)居住区组团绿地

组团绿地是直接联系住宅的公共绿地，结合居住建筑组团布置，服务对象是组团内居民，特别是就近为组团内老人和儿童提供户外活动的场所，服务半径小，使用效率高，形成居住建筑组群的共享空间。有的居住小区内不布局小区公园，而以分布在各居住组团内的组团绿地作为居住小区的主要公共绿地。一般组团绿地面积在 1 000 m^2 以上，服务居民约 2 000 人以上(图 8-4)。

根据住宅建筑组群的布局形式，以空间上相互联系的面积较大的二组团绿地构成居住小区的公共绿地。组团绿地内采用自然式布局，浅滩、溪流贯穿绿地中部，喷泉、水池为主景，形

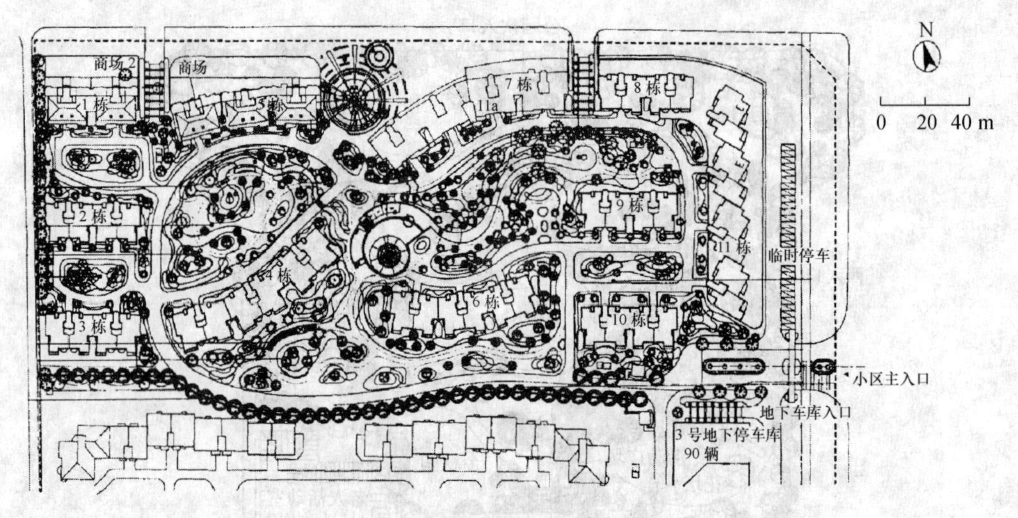

图 8-4 某小高层小区组团绿地

成小区户外环境景观的特色。

组团绿地的规划布局中，出入口、园路和活动场地要与组团绿地周围的居住区道路布局相协调。绿地内要有一定的铺装地面，满足居民邻里交往和户外活动要求，并布置幼儿游戏场地，设置园椅、园凳和少量结合休息设施的园林小品。一般供居民活动的铺地面积可占组团绿地面积的 50%～60%，但又要求绿化覆盖率在 50%以上，为了保持较高的绿化覆盖率，又有充足的铺装活动场地，可在铺装地上留种植穴种植高大乔木，形成树阴式铺地广场。

组团绿地主要依靠园林树木围合绿地空间。在具体的绿化配植中，应避免在靠近住宅建筑处种树过密，否则会影响低层住宅室内的采光与通风，但又应通过绿化配植尽量减少活动场地与住宅建筑间的相互干扰，组团绿地内必须有一处开敞明亮的园林空间，在绿化布置中，应避免乔木充塞整个组团绿地空间。

一个居住小区往往有多个组团绿地，规划及植物配植上既相互呼应协调，又各有特色。组团绿地的面积较小，是居住区中与居住建筑环境关系最密切的公共绿地，居住组团中建筑组群的组合形式和布局，直接决定或影响组团绿地的位置、平面形状和空间环境。因此，在组团绿地的规划布局中，必须强调其与组团建筑环境的密切配合，对不同的建筑空间环境和平面形状的组团绿地采用相适应的布局形式，正确协调组团绿地的功能、景观与组团建筑之间的相互关系。常见的组团绿地形式及其相应的布局方法有以下几种类型：庭院式组团绿地、山墙间组团绿地、景物设地、结合公共建筑社区中心的组团绿地、独立式组团绿地、临街组团绿地(图8-5)。

1. 庭院式组团绿地

组团绿地位于建筑组群围合成的庭院式的组团中间，平面多呈规则几何形，绿地的一边或两边与组团道路相邻，这种形式的组团绿地不易受行人、车辆的影响，环境安静，由于被住宅建筑围合，空间有较强的庭院感。可采用规划式或自然式的布局形式，不设专门出入口和管理房，一般在冬季有充足日照的绿地南部靠近组团道路一侧布置活动场地，形成绿地中一处开敞向阳的园林空间，活动场地中布置花坛、艺术小品、小水景等，在绿地西北部布置树丛，安排园椅等安静休息设施。

2. 林阴道式组团绿地

在组团的建筑组群布局时，结合组团道路或居住小区主干道，扩大某一处住宅建筑间距，

绿地的位置	基本图式	绿地的位置	基本图式
庭院式组团绿地		独立式组团绿地	
山墙间组团绿地		临街组团绿地	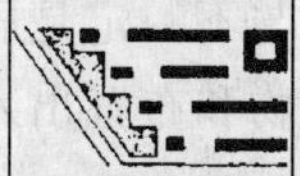
林阴道式组团绿地		结合公共建筑、社区中心的组团绿地	

图 8-5 居住区组团绿地的周围环境及其类型

形成沿居住小区主干道(或组团道路)较狭长的组团绿地。这种组团绿地的平面形状改变了行列式布局的多层住宅间的室外空间狭长单调的格局,又较为节约用地。

内部布局上大多采用规则式,沿组团绿地平面的长轴构成一定的景观序列,根据绿地长度和宽度布置数个各有特点、风格协调的活动场地,活动场地中配备花架、廊、花坛、宣传廊等。构成组团绿地空间范围的乔木树丛的配植,可以结合组团绿地周边的居住区道路绿化和住宅建筑前后的宅旁或宅间绿地的绿化布置,在形成组团绿地空间的同时,适当减少组团绿地范围内高大乔木的配植数量,有利于形成开敞的组团绿地空间序列。

3. 山墙间组团绿地

点式或行列式住宅布局区中,扩大部分东西相对或错位的住宅建筑间距离,在建筑山墙之间布局组团绿地,组团绿地至少有一侧毗邻居住小区主干道或组团道路。这种绿地的布局形式有效地改变了行列式布局的住宅建筑群山墙间仅有道路空间所形成的狭长的胡同状的空间格局,而且组团绿地又与宅旁宅间绿地互相渗透,扩大了组团绿地的空间范围。

这种组团绿地的空间环境的组织可结合其周围的道路绿化和宅旁宅间绿地的绿化布置,利用乔木树丛疏导夏季气流,阻挡冬季北来寒风。具体布局方法是:如在建筑物山墙边有一定宽度的宅旁绿地中或组团绿地接近山墙处配植乔木树丛;前后两幢建筑间的宅间绿地接近组团绿地处和与此宅间绿地相对应的组团绿地区域,绿化以低矮开敞为主;组团绿地西北、东北角布置常绿乔木树丛等。组团绿地处在住宅建筑的山墙之间,绿地内活动场地的布置受住宅建筑影响较小,可灵活布局。

周环境较为复杂,空间较为开敞,绿地与公共建筑、社区中心的专用绿地相互渗透,无明确界线。布局上一般使活动场地与社区中心紧密联系。

4. 临街组团绿地

组团绿地位于临街或居住区主干道一侧,或位于居住区主次干道交汇处一角。处在这种位置的组团绿地,对于丰富街道或居住区主干道景观、减少住宅建筑受街道交通影响均十分有利,而且在提供组团居民户外休息活动场地的同时,亦能让行人方便进入绿地休息。

在布局中要与周围环境相协调,一般采用规则式布局,与组团道路和街道(居住区主干道)均构成交通联系。绿地中临街一侧,常布置模纹花坛,突出其美化街景的作用;靠近住宅建筑的一侧,应加强绿化屏障,减少街道交通对住宅环境的不利影响,并形成绿地朝向街道的绿化景观立面。在封闭式管理的居住区中,组团绿地与道路之间被铁栅、围墙隔开,但组团绿地仍具有美化街景的作用(图 8-6)。

5. 独立式组团绿地

由于居住区规划用地形状的限制,组团绿地布局在不便布置住宅建筑的角隅空地,以更经济地利用土地。由于偏在一角,部分组团住宅建筑离组团绿地的距离较远。内部布局形式灵活,注重恰当地处理绿地与不一定是居住区建筑的周围环境的关系,在朝向居民进入绿地的部位,可设立醒目的标志景物和布置出入口(图 8-7)。

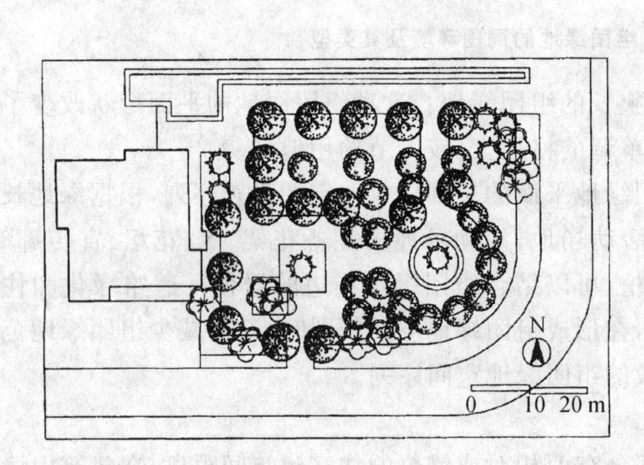

图 8-6 临街组团绿地

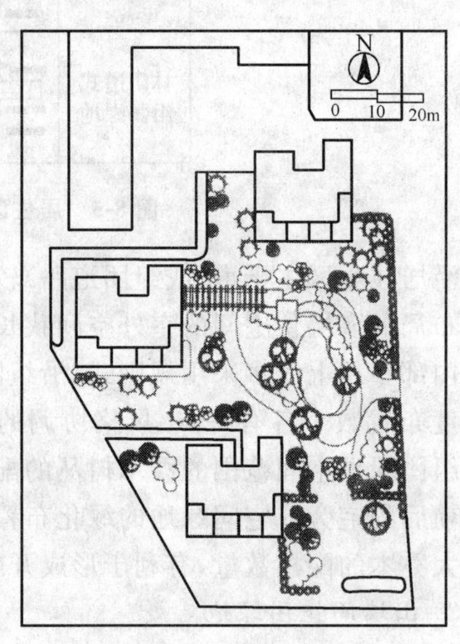

图 8-7 角隅式组团绿地

三、居住区公共建筑和公共服务设施专用绿地

居住区内公共建筑、服务设施的院落和场地,如学校、幼儿园、托儿所、社区中心、商场、居住区(或居住小区)出入口周围的绿地,除了按所属建筑、设施的功能要求和环境特点进行绿化布置外,还应与居住区整体环境的绿化相联系,通过绿化来协调居住区中不同功能的建筑、区域之间的景观及空间关系。

在主入口和中心地带等开放空间系统的重要部位,往往布局有标志性的喷泉或环境艺术小品的景观集散广场。景观集散广场、商场建筑周围和社区中心的绿地,要发挥绿化在组织开放空间环境方面的作用,绿化布置应具有较突出的装饰美化效果,以体现现代居住区的环境风貌。近年来,常采用缀花草坪、铺地广场边的装饰花钵和模纹花坛,园林花木的布置宜简洁明快,多为规则式布局,植物材料以草坪、常绿灌木带和树形端庄的乔木为主。

居住区内学校、幼儿园以及社区中心、商场周围如有充足的绿地,这些公共建筑的周边绿化应以常绿乔木为主,通过绿化划分居住区中的不同功能区域,减少相互干扰,同时增强绿地生态功能。居住区内的小区公园、组团绿地等公共绿地与社区中心、服务商场、集散广场结合布局时,公共绿地与这些功能中心在空间上一般应相互分隔,使绿化作为功能中心的优美背景,但两者之间又应有方便的交通联系(图 8-8)。

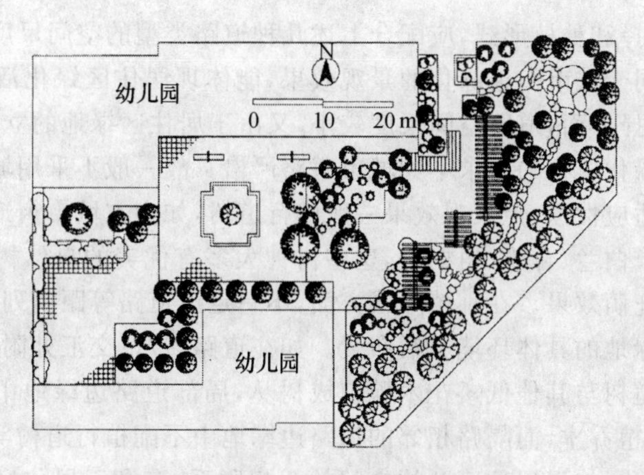

图 8-8　幼儿园室外活动场地及绿地

四、居住区道路绿化

居住区内一般由居住区主干道、居住小区干道、组团道路和宅间道路等四级道路构成交通网络，联系住宅建筑、居住区各功能区、居住区出入口至城市街道，是居民日常生活和散步休息的必经通道。在城市各种用地类型中，居住用地是路网密度最高的用地，居住区内的道路面积一般占居住用地总面积的 8%～15%，道路空间又是居住区开放空间系统的重要部分，在构成居住区空间景观、生态环境方面具有十分重要的作用。

作为道路空间景观的重要组成成分，道路绿化自然发挥多方面不可缺少的重要作用。道路绿化结合道路网络，将居住区各处各类绿地连成一个整体，增加居住区绿化覆盖率，发挥改善道路小气候、减少交通噪声、保护路面和组织交通等方面的作用。

居住区道路网络中，主干道路幅较宽，可以规划布置沿道路的行道树绿带、分车绿带及小型交通岛，居住小区干道有时设行道树绿带，组团、宅间道路一般不规划道路绿带。因此，大部分居住区道路绿化都必须结合在道路两侧的其他居住区绿地中，或者说道路两侧的其他居住区绿地同时又起居住区道路绿化带的作用。这样，居住区道路两侧一定范围内的其他绿地类型的绿化布置，必须与居住区道路绿化相结合，甚至首先根据道路绿化的要求确定绿化布局的形式。

居住区主干道或居住小区干道是联系各小区或组团与城市街道的主要道路，兼有人行和车辆交通的功能，其道路和绿化带的空间、尺度与城市一般街道相似，绿化带的布置可采取城市一般道路的绿化布局形式。其中行人交通是居住区干道的主要功能，行道树的布置尤其要注意遮阳和不影交通安全，特别在道路交叉口及转弯处应根据安全视距进行绿化布置。组团道路、宅前道路和部分居住小区干道，以人行交通为主，路宽和道路空间尺度较小，道路环境与城市街道差异较大，一般不设专用道路绿化带，道路绿化结合在道路两侧的立地条件优于城市道路绿带的其他居住区绿地中。

在居住小区干道、组团道路两侧以及宅前道路靠近建筑一侧的绿地中进行绿化布置时，常采用绿篱、花灌木来强调道路空间，减少交通对居住区主干道绿化宅建筑和绿地环境的影响。一般居住小区干道和组团道路两侧均配植行道树，宅前道路两侧可配植行道树或仅在一侧配行道树。

行道树树种的选择和种植形式，应配合上述几种道路类型的空间尺度，在形成适当的遮阳效果的同时，具有不同于城市街道绿化的景观效果，能体现居住区绿化活泼多样、富于生活气息的特点。在树种选择方面，道路空间尺度较小，又由于居住区绿地的立地条件优于城市道路绿带的立地条件，对绿化植物的要求不如城市道路严格。故一般不采用城市街道中树形高大、树冠开张、生长势和适应性强，但景观效果一般的行道树，如南方城市街道的主要行道树香樟、悬铃木、榕树、广玉兰、白兰、合欢、梧桐等，这些树种大多有优美的自然树形，有春花秋色的季相，又有较好的夏季庇荫效果。在种植形式方面，不一定沿道路等距离列植和强调全面的道路遮阳，而是根据道路绿地的具体环境灵活布置。如在道路转弯、交汇处附近的绿地和宅前道路边的绿地中，可将行道树与其他低矮花木配植成树丛，局部道路边绿地中不配植行道树；在建筑物东西向山墙边丛植乔木，而隔路相邻的道路边绿地中不配植行道树等，以形成居住区内道路空间活泼有序的变化，加强居住区开放空间的互相联系，有利于居住区环境的通风，形成连续开敞的开放空间格局等。

此外，绿化还应注意道路走向，东西向的道路边配植行道树，应注意乔木对绿地和居住建筑日照、采光和地面遮阳的影响，南北向的干道两侧，南方一般以常绿树为主。

五、居住区宅间宅旁绿地和庭园绿地绿化

宅旁绿地和庭园绿地是居住区绿化的基础，占居住区总绿地面积的50%左右，包括住宅建筑四周的绿地(宅旁绿地)、前后两幢住宅建筑之间的绿地(宅间绿地)和别墅住宅的庭院绿地、多层低层住宅的底层单元小庭园等。这些绿地与居民日常生活和住宅建筑的室内外环境密切相关，绿地空间的主要功能是为住宅建筑提供充足日照、采光、通风、安宁、卫生和私密性等基本环境要求所必需的室外空间。宅间宅旁绿地一般不作为居民的游憩绿地，在绿地中不布置硬质园林景观，而完全以园林植物进行布置，当宅间绿地较宽时(20 m以上)，可布置一些简单的园林设施，如园路、坐凳、小铺地等，作为居民十分方便的安静休息用地。别墅庭院绿地及多层低层住宅的底层单元小庭园，是仅供居住家庭使用的私人室外空间。

(一)宅间宅旁绿地和家园绿地绿化布置的原则

(1)宅间宅旁绿地贴近住宅建筑，其绿地平面形状、尺度及空间环境与其近旁的住宅建筑的类型、平面布置、间距、层数和组合及宅前道路布置直接相关，绿化设计必须考虑这些因素。

(2)居住区中，往往是由数幢或数十幢相同或相似形式的住宅建筑组合，构成一个或几个有一定风格特色的居住组团，再由形式相同相似或不同的居住组团构成居住小区或居住区的住宅建筑群，因而存在相同或相似的宅间宅旁绿地的平面形状、尺寸和空间环境，在具体的绿化设计中应体现住宅标准化与环境多样化的统一，在数处相同的绿地环境中，绿化布局要求风格协调，基本形式统一又各有特点。

(3)绿化布置要注意绿地的空间尺度，避免由于乔木种植过多或选择树种的树形过于高大，而使绿地空间显得拥挤、狭窄及过于荫蔽。乔木的体量、数量、布局要与绿地的尺度、建筑间距和层数相适应，乔木和大灌木的栽植不能影响住宅建筑的日照通风采光，特别是在南向阳台、窗前不要栽乔木，尤其是常绿乔木。

(4)住宅周围地下管线和构筑物较多，树木栽植点需与它们有一定的安全距离，具体应按有关规范进行。

(5)住宅周围常因建筑物的遮挡形成面积不一的庇荫区，因此要重视耐阴树木、地被的选

择和配植，形成和保持整体良好的绿化效果。

住宅建筑的类型对建筑布局起重要影响，不同类型的住宅建筑和相应的布局形式决定了其周边绿地的空间环境特点，也大致形成了对绿化的空间形式、景观效果、实用功能等方面的基本要求和可能利用的条件。在绿化设计时，具体对待每一种住宅建筑类型和布局形式所属宅间宅旁绿地，创造合理而多样的配植形式，形成居住区丰富的绿化景观。

在宅旁绿地的绿化设计中，还应注意与建筑物关系密切部位的细部处理。如建筑物入口处两侧绿地，一般以对植灌木球或绿篱的形式来强调入口，不要栽种有尖刺的园林植物，如凤尾兰、枸骨球等，以免刺伤行人；墙基可铺植树冠低矮紧凑的常绿灌木，墙角栽植常绿大灌木丛，这样可以改变建筑物生硬的轮廓，调和建筑物与绿地在景观质地色彩上的差异，使两者自然过渡。防止西晒也是绿化的目的，可采取两种方法，一是对东西山墙进行垂直绿化，可以有效地降低墙体温度和室内气温，也美化装饰了墙面，南方常见的垂直绿化材料如地锦、凌霄、常春藤等，一是在西墙外侧栽高大乔木，其绿化空间景观的作用在前文已述及。此外，对景观不雅，有碍卫生安全的构筑物要有安全设施，如垃圾收集站、室外配电站、变压器等，要用常绿灌木围护，在南方采用如珊瑚树、椤木、火棘等，北方采用侧柏、桧柏等。

(二)绿化布置方法

1. 周边式布置的住宅群宅间宅旁绿地

周边式布置的住宅群体，一般有多层周边式布置住宅群和低层周边式布置住宅群两类。多层周边式住宅群，大多围合中心公共绿地，一般为组团公共绿地；低层周边式住宅群大多围合庭园中的小游园或住宅群公共空间。建筑物近旁的绿地绿化布置根据其面积大小和宽度进行，以衬托中心绿地或小游园为基本格局。绿地较宽时，可在靠近道路一侧布置行道树或庭阴树乔木，绿地较窄时，则布置常绿绿篱带、树球和地被。

2. 多层、低层行列式住宅群的宅旁宅间绿地

这类住宅群体的布局形式中，建筑物一般沿东西向排列，宅间道路在住宅建筑北侧靠近住宅建筑布置，这样，形成宅间和宅旁两种立地环境有较明显差异的绿地。

住宅建筑北侧与宅间道路间的宅旁绿地一般较窄，被住宅北面的单元入口分段，光照条件较差；绿地中地下管线和雨水井、检查井等管线和构筑物较多；绿化不能影响建筑物北窗、门的通风采光。绿化材料常采用浅根性、较耐阴的常绿灌木和地被植物，布置成较为规则的形式。

宅间道路以北至其北部的行列式住宅建筑之间，如是宽达 10 多米的宅间绿地(又称幢间绿地)，绿地集中成片，立地条件较好。一般在宅间道路北侧布置落叶乔木作行道树，绿地中要以常绿地被(或草坪)为主，适当布置以落叶乔木为骨干的树丛、灌木球和多年生花卉，形成开敞而简洁的绿地空间。具体配植形式可灵活多样，形成每一处宅间绿地风格基本统一又各有特色的绿化景观效果。宅间绿地一般不布置居民活动场地，地面以覆盖常绿地被为主，可减少日常养护管理要求，也较符合绿化配植中的生态要求。

宅间绿地中北面接近住宅南窗、阳台前的部位，不应布置常绿乔木(高大乔木至少离建筑 5～7 m 定植)，常自然式布置常绿大灌木，既不影响住宅通风采光，又可保持住宅内及庭院空间的私密性(图 8-9)。

3. 多层点式及高层塔式住宅群的宅间宅旁绿地

高层塔式住宅四旁绿地面积较大，宜成片种植地被、草坪和布置乔灌木树丛，形成与住宅建筑体量相协调的尺度较大、疏密有致、开敞明快又具有高层阳台上俯视景观的绿化效果。在

每幢高层住宅边的较大绿地中，可布置面积不大的室外停留空间。多层点式住宅四旁绿地的平面形状和高层塔式大致相似，但面积尺度较小，绿化布置时，一般结合住宅道路的行道树布置乔木，在建筑物角隅和路口布置灌木丛或树球，其余地面铺植草坪或地被。

4. 独立式别墅庭院绿地

高档住宅区中，住宅建筑以独立式别墅(2～3 层)为主，每户均安排有围绕别墅建筑的庭院。这类独立庭院的绿化，要求在一定别墅组群或区域内有相对统一的外貌，与住宅区的道路绿化、公共绿地的景观布置相协调。内部可根据户主的不同要求，在不影响各别墅庭园的绿化外部景观协调的前提下，灵活布置，形成各具情趣的庭园绿化(图 8-10)。有的低层、多层住宅建筑，也常用花墙分隔围合，形成底层独立庭院。在同一幢建筑独户庭院外的绿地，应有统一的规划布局，但在院内应由住户自主为主进行各具特色的绿化美化。

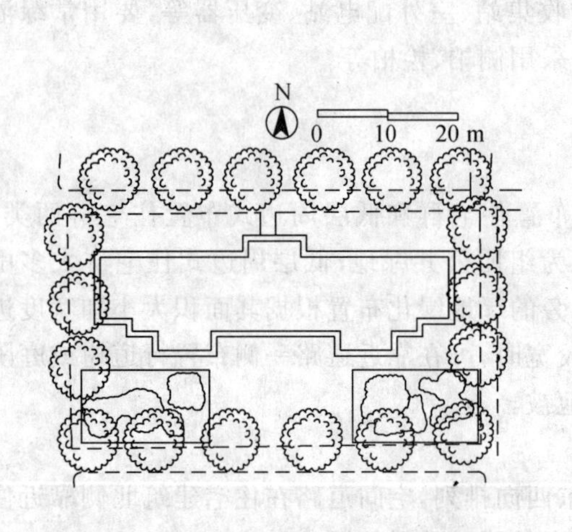

图 8-9 多层行列式住宅群的宅旁宅间绿地

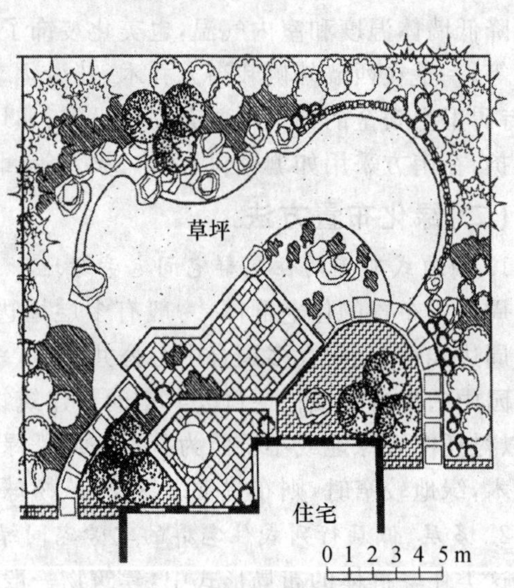

图 8-10 以石景为主的庭园

六、郊野高档住宅社区的环境绿化设计

(一)郊野高档住宅社区的特点

近年来，在具有良好社会经济环境的大中城市的近郊，房地产发展商已建成或正在规划建设不少以独立别墅为主的郊野高档住宅社区。如杭州的九溪玫瑰园、白云深处生态住宅社区等。

依托经济发达城市所具有的高档商品住宅的市场需求和规划用地与城市之间便捷的交通联系，充分发挥城市建成区中各类居住区所不具备的充足的用地条件、良好的生态环境和乡村田园自然山水风景的优势，在规划建设和营销中，往往着意策划具有人文意蕴或生态风景内涵的品牌。

郊野高档住宅社区需要高起点、高标准地进行全面的规划设计，不但要考虑内外交通便捷安全、设施齐全、物业管理及社区服务配套，而且要融人文生态景观、历史文脉、可持续发展等新的社区规划建设的理论和方法，将建筑形态、山水景观园林环境和社区文化结合起来，形成居住游憩相结合的景观生态住宅社区。

在总体规划布局中，这类社区控制较低的容积率和较高的绿地率，一般容积率在 0.4～0.6 之间，不包括用地范围内保护的山林水体所占地的绿地率高达 40%以上，居住区人口密度较低，一般控制在每公顷 40～60 人。在布局方法上，不是像建成区内的居住区规划，把绿地布局在居住区的建筑环境中，而是把住宅建筑有机地融入规划用地的山水环境中，保持和形成社区山明水秀、鸟语花香的景观和生态环境特色。不能在用地范围内全面铺开建设项目，而应根据山林绿化和地形基础，保留局部山林绿地，留出优美的水滨绿地空间，保持规划用地较完整的自然地形轮廓。建筑布局有疏密、有紧凑，建筑体量及庭院面积大小相间，既适应市场中不同业主的要求，又能丰富社区空间景观。建筑造型风格要与自然环境相结合，形成建筑物与山水环境互相依存、相互促进的关系。

(二)郊野高档住宅社区的园林绿地规划设计

郊野高档住宅社区，往往要求兼具居住以及健身度假和休闲娱乐等功能，社区内绿地的用地规模和山水园林环境为实现上述功能提供了良好的基础。基于上述要求和有利的基础，社区山水景观园林环境的设计，是在社区总体规划的基础上，结合一般居住区绿地规划设计、旅游度假区规划设计和城市公园规划设计的原理和方法进行的。

1. 规划目标

充分利用和合理改造用地范围内的山水地形地貌和绿化基础，优化社区整体生态环境，形成一个居民在自然山水生态景观环境中，进行丰富多样的日常健身休闲和娱乐社交活动的场所。通过绿化调和统一建筑物与自然环境在景观生态上的关系，修补因房屋道路建设等对自然山林和地形地貌的破坏。总之，绿地规划设计要充分体现可持续发展，充实生态文化、历史文化内涵，形成社区可居可游的综合功能。

2. 布局

常常把社区主干道作为展示社区内山水园林景观、联系规划景点(或景区)的游览路线。在住宅建筑的山林绿地、湖塘水体边，综合考虑具体地形条件、绿化基础和建设可行性、交通因素等，布置不同的山水风景景点和具有休闲、健身、娱乐功能的园林景点。如沿主干道相继展现茂密的森林、幽深的竹林、宁静明秀的湖塘、潺潺流水的叠泉小溪和开阔绚丽的草地等，形成诸如湖光烟柳、竹林闻蝉、斜阳叠翠、三春草绿、清溪踏歌等具有自然山林野趣和乡村田园风情的富于诗情画意的景观，让居民开展春采花遂燕、夏沐风观荷、秋闻茶赏桂、冬踏雪寻梅等游赏休闲活动。

3. 住宅建筑群或社区公共功能中心

根据建筑功能和形式风格、布局方式以及组团内建筑间绿地不同的绿化美化景观效果，将其规划为社区景观布局中的景点(或景区)，赋予诸如碧海云天、白云深处、江湖梦远、香溪福邸等组团(组群)名称。

4. 规划设计手法

(1)保护自然山林，进行林相改造，完善群落结构，提高其生态保育功能，丰富四季季相，形成社区最主要的自然生态景观。在树林中开辟游步道和大小不一的林间草地、疏林草地，适当布置园林小品和风景(点景)建筑，供居民进行晨练、登高、散步和森林浴等活动。

(2)湖泊水塘及滨水地带是社区中既宁静又活泼的空间环境，岸边多筑自然式驳岸，由缓坡草地过渡到自然山林或配植的树丛。岸边或水中，常建临水茶室，安排垂钓、游船、游泳等水上休闲活动内容设施，配以曲桥汀步，又营造与溪流相呼应的喷泉、瀑布和叠水等动态水景。

开阔草坪一般布置在向阳开敞的社区公共活动中心(或社区会馆)附近的缓坡地上,是社区中最为居民喜爱的户外活动自然空间。在居民可方便到达的局部地段,充分利用地形条件,可规划精致的古典山水园林。此外,在园林绿地中,还应注意布置儿童游乐场和老人乐园等一般居住区必须配套的公共园林活动场所。

(3)住宅建筑群的环境绿化应注意把握以下原则:绿化不是掩盖建筑物,而是通过植物配植,使建筑物与山水园林环境更加协调融洽,形成社区中人与自然协调共生的生态文化景观和理念。具体绿化布置时,由于有良好的山林绿化大环境,又以低层别墅建筑群为主,故要注意形成建筑物周围开敞明朗的空间环境,使建筑物与山水环境及绿化景观互为映衬,同时适当地形成每一幢别墅或建筑组群之间的空间分隔,减少居民生活的互相干扰。布局形式上以自然式为主,使各建筑组群的绿化景观特色与每一建筑组群的风格和所属的景点意境相配合。

(4)在社区内主干道两侧,结合各不同景点和建筑组群的绿化布置,疏密相间,既可形成一定的道路绿化的遮阳效果,又需开辟透景线,展示各处山水风景、园林景观和绿化掩映中的建筑物。

(5)应通过绿化弥补或修复由于各项建设对自然地形的破坏,如通过垂直绿化掩盖施工开挖后不自然的陡坎和构筑的挡土墙等。

(6)在绿化材料的选择方面,由于地处郊野的自然生态环境中,没有城市大气污染、城市热岛和其他城市不利的生态环境的限制,可选用不少当地山野生长的观赏价值较高的乡土植物和对环境条件较敏感而观赏价值较高的园林植物,有利于形成更加自然秀美的社区山水风景和绿化景观。

◈小结

居住区规划设计和建设,包括居住区的绿化,经过数十年的实践和探索,我们至少在理论和研究层面上基本统一在以下的理念中:居住区要创造舒适的人居环境,人居环境要可持续发展;在规划设计中,从居住区的空间、环境、文化、效益等四个方面着手,以新颖多样的居住区建筑形式和布局、人性化的居住区环境和优美的园林绿化景观来创造人、住宅与自然环境、社会环境协调共生的居住区。如近些年来时尚的花园式、园林式住宅和绿色生态住宅区等各种有特色的居住区,都是上述规划建设理念的体现。

对于居住区绿地的规划设计和建设,要求在普遍绿化的基础上,充实艺术文化内涵和生态园林的科学内容,使鳞次栉比的居住区建筑掩映于山水花园中,把居民的日常生活与园林游赏结合起来,使居住区绿地与建筑艺术、园林艺术、生态环境和社区文化有机联系。

技能训练八　居住小区绿地设计

一、实训目的

通过实训了解居住小区居民对绿地的心理需求,掌握居住小区绿化的设计原则和设计方法,能结合实际进行不同类型的居住小区绿地设计。

二、材料用具

居住小区绿地、皮尺、测量仪器、图纸、绘图工具、笔、记录本、参考书籍等。

三、方法步骤

1. 分组，踏勘某一居住小区绿地；
2. 分析该居住小区的居住人群特点；
3. 调研该居住小区的居住人群对绿地的心理需求；
4. 分析小区的基本情况及周边环境；
5. 确定该居住小区绿地的设计理念；
6. 进行绿地设计；
7. 绘图及书写设计说明。

四、作业

1. 完成任务工单的填写；
2. 绘制设计图纸，包括平面图和效果图、文字说明等。

◈**典型案例**

——居住小区园林绿化

一、居住小区园林绿化常见问题

1. 园林景观设计的问题　小区的投资者没有就小区的立地条件展开调查分析，在进行景观设计的时候，对植物的选用没有结合植物本身的生长规律和环境需求，而盲目地引入树种，或者照搬其他城市地区的园林景观风格，是小区的景观设计缺乏地方的特色，园林的设计和小区的风格不匹配，景观效果和生态功能性差。

2. 植物的应用问题　一是树种色彩单一，通常局限于普通乔木、常绿矮灌木和草坪，而观赏花、观赏果和彩叶的植物比较少，在与建筑布局搭配上单调呆板。二是盲目引入外地名贵树种，而忽略了自然环境对树种适应性的影响，难以保证树种的成活率，从而增加了树种养护的难度和成本。三是植物的配置模式没有结合地方文化的特色，配置方式大同小异，缺乏地域的差异性，使得植物脱离自然条件和生态规律的正常生长轨道。四是植物栽种的位置不正确，譬如乔木距离建筑物太近，影响了底层住宅的通风和采光，另外乔灌木根系与地下管线不合理的栽种距离，影响了管线的正常使用。

3. 建筑小品的搭配问题　建筑小品不属于绿化的内容，但小品与园林的搭配，可以对园林的绿化效果起到画龙点睛的作用，但目前建筑小品与园林绿化独立分开设计的习惯，造成了建筑小品风格与园林绿化效果的格格不入，甚至挤占了园林的空间，影响景观环境效果和植物的正常生长。

二、居住小区园林绿化发展的建议

1. 园林景观设计的建议　园林景观是衡量小区居住环境好坏的重要标准，也是开发商房地产营销过程中的主要卖点之一，因此在进行园林景观设计的时候，要综合考虑小区住户对园林景观的需求程度，采用“人性化”的设计方法，更多地关注环境和文化：

(1)突出小区的主题思想，在主题确定下来之后，围绕主题营造小区园林氛围，并从实际出发，因地制宜地布局景观环境，为小区景观绿化的持续性和循环性提供基本实现条件。

(2)强调园林景观资源的共享性，一方面是利用现有的自然环境，进行环境资源的利用和改造，尽量让大部分住户都能享有景观资源；另一方面是丰富景观的形式，营造形态各异和内容丰富的景观环境，使得小区园林的环境不至于千篇一律。

(3)强调景观的人文性，小区的园林环境不具有独立性，而是与整个小区相结合的重要组成部分，在进行园林景观环境设计的时候，要将园林特色和周边环境的风格有机结合起来，譬如某江南风格的小区，其建筑风格是错落和灰色主色调，则园林的设计要与风格含义和建筑的色调相融合。

(4)强调景观环境的艺术性，园林小区的发展呈多元化的趋势，景观的设计风格，有欧美风格的雕像和柱廊，也有中国古典园林的小桥和流水，与此同时，景观设计还要强调实用性，舒适、自然和亲近。

2. 园林植物应用的建议　园林植物的应用要与园林的风格搭配，并要保证其正常的生长和存活率，具体的应用措施如下：

(1)根据当地的气候特点，选择适宜的树种，笔者建议尽量因地制宜选用当地的树种和已经被证明适应当地自然环境的外来树种，并根据景观设计的需求和小区园林的局部环境，不同的树种选择不同的栽种地点，以便尊重植物的环境生长需求。

(2)如果有引入外来树种的必要性，要与花农、林农交流接触，了解外来树种的生长特性，确定是否适合应用到园林绿化当中。

(3)合理布置植物群落的层次结构，增加植物的栽种数量。一般情况下，植物群落结构过于简单，其生态效益往往达不到预期的效果。因此在配置植物的时候，要注重植物的合理搭配，合理提高绿色植物的数量。距离居民住宅较近的地方，栽种的植物不宜过高和过密，以免影响住宅的采光和通风，笔者建议在楼房的前后多栽种矮丛的灌木、树藤和地被植物，因为这些植物适应性强，观赏效果好。而小区道路两旁要多栽种高大的树木，提高道路的荫蔽效果和小区园林的舒适度。

(4)植物的配置也要讲究体型、树木、色彩和线条等的均衡感，按照3株一丛和5株一簇的规律栽种，处理好“主、次、配”的关系，譬如某小区配置成丛的灌木和体型较小的乔木，要进行对照配置，以将量和面积折射成重量的感觉，避免给人杂乱无章的感觉。

(5)植物栽种之后，小区的物业要根据生长规律和养护条件，加大养护管理的力度，确保植物的良好生长。

3. 建筑小品的搭配建议　建筑小品不具备绿化的功能，但其搭配的功能，能够使得绿化空间更具艺术性、适应性，起到烘托绿化氛围的效果，因此居住小区园林绿化工程中，建筑小品也属于不可或缺的部分：

(1)花架的应用，在小区园林中，花架是常见的建筑小品之一，花架的作用是给予攀爬类植物生长的空间，譬如紫藤、葡萄、爬山虎、金银花，而花架的伸张性强，可以使得根系较远的攀爬类植物的藤叶相互交叉，起到浑然一体的效果。

(2)水景的应用，水景在园林绿化体系中，溪、池、湖、假山等是搭配载体之一，除了土体地面的植物栽种，水生植物也是园林绿化体系的重要组成部分，浮萍、荷花等是常见的水体植物，栽种的时候要根据水系生态的特征，合理搭配水体植物的种类。同时要对水景周边绿化环境进行合理改造，使其与水景设施融为一体。

(3)亭榭的应用，亭榭是小区居民休息和观赏风景的重要配套设施，需要与周围植物结合，发挥植物遮阴纳凉的效果，同时保证树木的根部土壤和草坪不会受到小区居民的践踏，在亭榭两边提供模仿树桩的桌凳，使得亭榭与绿化植物的融合更加自然。

(4)儿童场所的绿化要重点强调植物的选择和植物色彩的搭配，植物不宜选择有毒、有异味、有刺激性等植物，譬如柳树、蔷薇等，要多选用观赏性较强的红枫、山楂等植物，在颜色的搭配上，尽量选择颜色鲜艳和香花植物，以营造活动场所轻松活泼的气氛。

◈复习思考题

1. 居住区构成有哪些?
2. 居住区绿地的构成有哪些?
3. 居住区绿地的构成部分如何设计?
4. 举例说明居住小区小游园的分区及设置的内容。
5. 居住区住户绿化心理需求抽样调查。

项目九　单位附属绿地设计

◉**学习目标**

了解和掌握单位附属绿地规划设计的基本原理和一般技巧、方法，能够对托幼机构、学校、工厂、机关单位、医院、宾馆及餐厅的绿地进行规划设计。

任务一　托儿所、幼儿园附属绿地设计

一、托幼机构的组成

托儿所、幼儿园是对 3～6 岁幼儿进行学龄前教育的机构，在居住区规划中多布置在独立地段，也有设立在住宅底层的。如果在独立地段设置，一般有较为宽敞的室外活动场地，对住户的干扰较小。而在住宅底层布置的，容易受环境限制，而且对住户影响较大。

托幼机构的建筑布局有分散式、集中式两类。分散式相互干扰少，便于幼儿户外活动和分期建设，但占地面积大，管理不便。集中式布局紧凑，管理方便，节约土地，是今后托幼机构布置的主要形式。

托幼机构总平面一般分为主体建筑区、辅助建筑区和户外活动场地等三个部分。主体建筑区是其核心，应结合周围环境地形、朝向及各组成部分的相互关系统筹安排。辅助建筑一般设置于较偏僻的地段，有条件时应开设专用出入口，无条件时也要使之与儿童活动路线分开，不影响儿童活动，以保证安全为宜。辅助建筑包括锅炉房、厨房、仓库、洗衣房等。

托幼机构在建筑上，不仅要考虑其本身的设计，也要使之与绿地之间的布局合理，使用方便。更注重环境设计，使建筑与室内外环境符合幼儿心理，适合幼儿使用，为幼儿所喜爱。

二、绿地规划要点

(一)公共活动场地

公共活动场地是幼儿进行集体活动和游戏的场地；也是绿地的重点区域。在场地内常设置沙坑、涉水池、小动物造型、小亭及花架和各种活动器械，如：荡船、秋千、蹦床、滑梯等。这些儿童活动器具可采用儿童所喜爱的艺术形象和色彩，如动物形象化图案。活动场地考虑到儿童的好动性格，场地里各器械、设施要符合儿童的尺度。在儿童的主要活动场所，可以用大面积的彩色水泥砖、广场砖铺装，最好周围有相应的建筑阻隔，以减少场地噪声对周围居民的干扰。在活动器械及活动场地附近，应以种植树冠宽阔遮阳效果好的落叶乔木为主，使儿童及活动器械免受夏日灼晒，冬季亦能晒到阳光。

(二)班组活动场地

幼儿园是按年龄分班的，小班 3～4 岁，每班 20～25 人，中班 4～5 岁，每班 25～30 人，

大班5～6岁，每班30～35人。合理的活动场地首先要供各个班分别作室外活动之用。划分成班组专用活动场地的优点是考虑不同年龄儿童活动量不同，避免大孩子冲撞和欺负小孩子，便于管理。分班活动场地一般不设游乐器械，通常是用无毒无刺的绿篱围合起来的一个单独空间，并种植少量病虫害少、遮荫效果好的落叶乔木。场地可根据面积大小，采用40%～60%铺装，图案要新颖、别致。其余部分可铺设草坪，也可设置棚架，种植开花的攀缘植物如紫藤、金银花等。在角隅里及场地边缘种植不同季节开花的花灌木和宿根花卉，以丰富季相变化。

（三）学科学场地

有条件的托幼机构，还设果园、花园、菜园、小动物饲养场等，以培养儿童观察能力及热爱科学、热爱劳动的品质，其面积大小视具体情况而定。面积较小的可在全园的一角栽植少量的果树、药用花草等，许多幼儿园在其西部设置了较大的果园，水果成熟后供全园儿童享用。面积较大的可作儿童观察、学习的园地，而且还有物质收益。

（四）休息场地

在建筑附近，特别是儿童主体建筑附近，不宜栽高大乔木以避免使室内通风透光受影响，一般乔木应距建筑8～10 m以外，而在建筑附近栽植低矮灌木及宿根花卉，作基础栽植，在主要出入口附近可布置儿童喜爱的色彩鲜艳、造型活泼的花坛、水池、座椅等。它们在起到美观及标志性作用之外，还可为接送儿童的家长提供休息场地。

（五）绿带

在托幼机构场地周围应种植成行的乔木、灌木、绿篱，形成一个浓密、防尘、隔音的绿带，其宽度可为5～10 m，如一侧有车行道或冬季主导风向无建筑遮挡寒风时，则应以密植林带进行防护，并考虑种植一定数量的常绿树，宽度应为10 m左右。

（六）树种选择要多样化

在托幼机构的绿地建设中，多种植形体优美、色彩鲜艳、季相变化明显的树种，使环境丰富多彩，气氛活泼，激发儿童的好奇心，同时，也使儿童了解自然、热爱自然，增长知识。例如，初春连翘、榆叶梅、紫色丁香、白色花的红瑞木点缀春景，夏季有草花争奇斗艳，秋季榆叶梅果实可观，冬季红瑞木红色枝干配上雪景也甚为美丽。同时注意在儿童活动范围内可尽量少植占地较多的花灌木，也防止儿童在跑动过程中发生意外伤害。此外，还要避免栽植多飞毛、多刺、有毒、有臭味，易产生过敏的植物。如悬铃木、皂角、夹竹桃、海州常山、凤尾兰等。并且注意绿地中落叶树应占到一定的比例，以保证冬季幼儿晒太阳的要求。

（七）绿地铺装

幼儿园绿地中的铺装要特别注意其平整性，不要设台阶，以免幼儿奔跑时注意不到而跌倒；道牙尽量不要突出于道路，道路广场宜与绿地高度取平或稍低，以保证幼儿行走活动的安全。为达到安全保护的效果，托幼机构所使用的道路广场可采用柔性铺装。绿地中宜铺设大面积的草皮，选择绿期长、耐践踏的草种，以方便幼儿的户外活动。

任务二 学校绿地设计

一、校园绿化的作用与特点

校园绿化与学校的规模、类型、地理位置、经济条件、自然条件等密切相关。由于各学校在各方面条件的不同,其绿化设计内容也各不相同。

(一)校园绿化的作用

(1)为师生创造一个防暑、防寒、防风、防尘、防噪、安静的学习和工作环境。

(2)通过对校园的绿化、美化,陶冶学生情操,激发学习热情。利用绿地开辟英语角、读书廊等活动场所,丰富学生的学习生活,提高了学生的学习兴趣。

(3)通过布置美丽的花坛、花架、花池、草坪、乔灌木等复层绿化,为广大师生提供休息、文化娱乐和体育活动的场所。

(4)通过校园内大量的植物材料,可以丰富学生的科学知识,提高学生认识自然的能力。尤其大中专院校,这种作用更加明显。丰富的树种种群,通过挂牌标明树种,使整个校园成为生物学知识的学习园地。

(5)对学生进行思想教育。通过在校园内建造有纪念意义的雕塑、小品,种植纪念树,可对学生进行爱国爱校教育。

(二)校园绿化的特点

校园建设具有学校性质多样化、校舍建筑多样化、师生员工集散性强及其所处地理位置、自然条件和历史条件各不相同等特点。学校绿地绿化要根据学校自身的特点,因地制宜地进行规划设计、精心施工,才能显示出各自特色并取得优化效果。

1. 与学校性质和特点相适应

我国各级各类学校众多,其绿化除遵循一般的园林绿化原则之外,还要与学校性质、级别、类型相结合,即与该校教学、学生年龄、科研及试验生产相结合。

2. 校舍建筑功能多样

校园内的建筑环境多种多样,不同性质、不同级别的学校其规模大小,环境状况,建筑风格各不相同。学校园林绿化要能创造出符合各种建筑功能的绿化美化的环境,使多种多样、风格不同的建筑形体统一在绿化的整体之中,并使人工建筑景观与绿色的自然景观协调统一,达到艺术性、功能性与科学性相协调一致。各种环境绿化相互渗透、相互结合,使整个校园不仅环境质量良好,而且有整体美的风貌。

3. 师生员工集散性强

在校学生上课、训练、集会等活动频繁集中,需要有适合较大量的人流聚集或分散的场地。校园绿化要适应这种特点,有一定的集散活动空间,否则即使是优美完好的园林绿化环境,也会因为不适应学生活动需要而遭到破坏。

另外,由于师生员工聚集机会多,师生员工的身体健康就显得尤为重要。其园林绿化建设要以绿化植物造景为主,树种选择无毒无刺、无污染或无刺激性异味,对人体健康无损害的树木花草为宜；力求实现彩化、香化、富有季相变化的自然景观，以达到陶冶情操、促进身心健康的目标。

4. 学校所处地理位置、自然条件、历史条件各不相同

我国地域辽阔，各地学校所处地理位置、土壤性质、气候条件各不相同，学校历史年代也千差万别。学校园林绿化也应根据这些特点，因地制宜地进行规划、设计和植物种类的选择。例如，位于南方的学校，可以选用亚热带喜温植物；北方学校则应选择适合于温带和寒带生长环境的植物；在干燥气候条件下应选择抗旱、耐旱的树种；在低洼的地区则要选择耐湿或抗涝的植物；积水之处应就地挖池，种植水生植物。具有纪念性、历史性的环境，应设立纪念性景观，或设雕塑，或种植纪念树，或维持原貌，使其成为一块教育园地。

5. 绿地指标要求高

一般高等院校内，包括教学区、行政管理区、学生生活区、教职工生活区、体育活动区和卫生保健等功能分区，这些都应根据国家有关要求，进行合理分配绿化用地指标，统一规划，认真建设。据不完全统计，我国高校目前绿地率已达10%，平均每人绿化用地已达4～6 m^2。但按国家有关规定，要达到人均占有绿地7～11 m^2，绿地率超过30%的目标还有一定的差距。

二、校园绿地设计

(一)规划

学校的绿化与其用地规划及学校特点是密切相关的，应统一规划，全面设计。一般校园绿化面积应占全校总用地面积的50%～70%，才能真正发挥绿化效益。根据学校各部分建筑功能的不同，在布局上，既要作好区域分割，避免相互干扰，又要相互联系，形成统一的整体。在树种选择上，要注意选择那些适于本地气候和本校土壤环境的高大挺拔、生长健壮、树龄长、观赏价值较高、病虫害少、易管理的乔灌木。常绿树与落叶树的比例以1∶1为宜。不宜种植有刺激性气味、分泌毒液和带刺的植物。

学校绿化规划要因地制宜，某些大专院校因占地面积较大，地形高低起伏富于变化，可采用自然式布置。而地势较平坦的中、小学则多用规则式进行布置。

(二)绿化设计

1. 前庭

即大门至学校主楼(教学楼、办公楼)之间的广阔空间，是学校的门户和标志，是学校绿化的重点。学校大门的绿化要与大门的建筑形式相协调，要多使用常绿花灌木，形成开朗而活泼的门景。大门两侧如有花墙，可用不带刺的藤本花木进行配植。以快长树、常绿树为主，形成绿色的带状围墙，减少风沙对学校的袭击和外围噪声的干扰。大门外面的绿化应与街景一致，但又要有学校的特色。大门及门内的绿化，要以装饰性绿地为主，突出校园安静、美丽、庄重、大方的气氛。主楼前的绿地设计要服从主体建筑，只起陪衬作用。大门内可设置小广场、草坪、花灌木、常绿小乔木、绿篱、花坛、水池、喷泉和能代表学校特征的雕塑或雕塑群。树木的种植不仅不能遮挡主楼，还要有助于衬托主楼的气势和美感，与主楼共同组成优美的画面。主楼两侧的绿地可以作为休息绿地。

2. 中庭

中庭包括教学楼与教学楼之间、实验室与图书馆、报告厅之间的空间场地等。这一区域是

以教学为中心，在绿化布置时，首先要保证教学环境的安静，在不妨碍楼内采光和通风的情况下，主要以对称布局种植高大乔木或常绿花灌木。教学楼大门前可以对称布置常绿树或花灌木。中庭绿化要保持教室内的采光，还要隔离教室之间的互相干扰，创造幽静的学习环境。在教室、实验室外围可设立适当铺装游戏活动场地和设施，供学生课间休息活动。植物配置要与建筑协调一致。靠近墙基可种些不高的花灌木，高度不应超过窗口，常绿乔木可以布置在两个窗户之间的墙前，但要远离建筑 5 m 以上，在教室东西两侧可以种植大乔木，以防东西日晒，教室北面要注意选择耐阴花木进行布置。

3. 后院

学校后院一般面积较大，体育活动场馆、园艺场、科学实验园地、大会议厅、食堂、宿舍、实验实习场(厂)等多布置在这里。特别是运动场四周的绿化，要根据地形情况种植数行常绿和落叶乔灌木混交林带，运动场与教室、宿舍之间应有宽 15 m 以上的绿色林带。大专院校运动场，应配置距教室和图书馆应有 50 m 以上的绿色林带。以防来自运动场上的噪声，并隔离视线，不影响教职工和学生的工作、学习和休息。在绿色林带中可以适当设置单双杠等体操活动器具。为了运动员夏季遮荫需要，可在运动场四周局部栽种落叶大乔木，适当配植一些观叶树，在绿化的同时注重景观效果；在西北面可设置常绿树墙，以阻挡冬季寒风袭击。运动场可选用耐践踏、耐低剪的草种，北方可选用结缕草，南方选用天堂草，并可在秋季补播黑麦草，以增加校园冬天的绿色。

学生宿舍楼周围的绿化应以校园的统一美观为前提，宿舍前后的绿地设计成装饰性绿地，用绿篱或栏杆围住，不准进入。绿地内配以乔木或灌木花卉，沿人行道种植大乔木。这种绿化形式对绿化面貌的形成和保护有明显作用，但是学生不能到绿地内休息和学习。另一种绿化方式，是把宿舍楼前的绿地布置成庭院形式铺装的院子，使水池、花坛、草坪以及棚架等巧妙地组合在一起。这种绿化方式的优点是为学生提供良好的学习和休息场地，但绿化面积有所减少。

自然科学园地如花圃、苗圃、气象观测站、实验实习场(厂)等的绿化，要根据教学活动的需要进行配置，在近处要有适当的水源和排灌设施，如池塘、小河等，便于浇灌和排水，并自然布置花灌木，周围也可使用矮小的花栅栏或小灌木绿篱。特别是农林、生物等大专院校，还可以结合专业建立植物园、果园、动物园，以园林形式布置，既有利于专业教学、科研，又为师生们课余时间提供休息、散步、游览的场所。为了满足学生们课外学习、朗读语文、外语的需要，应在中庭、后院或教室外围空气较好的某些局部设置室外读书小空间，根据地形变化因地制宜地布置，三面可用常绿灌木相围，以落叶大乔木遮荫，以免相互干扰。其地面应以草坪铺装，其中设置桌、椅、凳，有条件的大专院校，可以在中庭和后院多设几个小游园，设置一些亭、台、阁以供学生们室外学习。

4. 校区道路设计

道路是连接校内各区域的纽带，其绿化布置是学校绿化的重要组成部分。道路有通直的主体干道，有区域之间的环道，有区域内部的甬道。主体干道较宽(可达 12～15 m)，两侧种植高大乔木形成庭荫树(图 9-1)。在树下可以铺设草坪或方砖，在高大乔木之间适当种植绿篱、花灌木，也可以搭配一些草本花卉。在道路中间也可以设置 1～2 m 宽的绿化带，可以用矮绿篱或装饰性围栏圈边，中间铺设草坪，适当点缀整形树和草本花卉。

区域之间环道较主干道要窄一些，一般为 5～6 m，在道路两侧栽植整形树和庭荫树，在庭荫树之间可以点缀一些花灌木和草本花卉，适当设置一些休息凳，树下铺设草坪或方砖，以提高其观赏效果和便于行人休息。区域内部的甬道一般为1～2 m宽，路面为方砖铺设，路边有路牙石或装饰性矮围栏、矮绿篱，与本区的其他绿化构成协调统一的整体美。

图 9-1　校园主干道绿化设计

一些城内用地紧凑的中、小学要以见缝插绿的办法进行绿化，特别要充分利用攀缘植物进行垂直绿化，达到事半功倍的绿化效果。学校用地周围应种植绿篱及高大树木，以减少场地尘土飞扬、噪声对附近居民的影响。

学校行道绿化树种选择的原则：树冠冠幅大，树叶密，树干直；耐瘠薄土壤，耐干旱，耐寒；耐修剪；根深，抗风能力强；病虫害少或容易防治；落果少，没有飞毛；常绿或发芽早、落叶迟；寿命长。

5. 学校重点景观设计

重点景观包括标志性建筑、雕塑，主干道中心花坛等，由于位于主要位置上，所以在设计上要重点处理，力求美观大方，又具有特色。

6. 建筑物周边的绿化设计

建筑物周边的绿化，如果面积足够大，可以设计一块草地，丛植小乔木或灌木，或设计成花境、花坛；也可沿建筑物的边缘种植乔木、小乔木或灌木。植物的高度和与建筑物的距离应不影响建筑物里的采光。建筑物里的小天井也可设计水池，种植水生植物和养观赏鱼。

在校园中，除了运动场，如果有条件可设计一片草地，供学生课间休息，种植的草种应美观、耐践踏、易保养。草地上可放置假山或种植疏林。

此外，垂直绿化在校园中也得到广泛应用，教学楼的护栏如果有种植槽，则可种植软枝植物；可以在墙壁上建花斗栽种花卉或软枝植物；沿墙壁种植攀缘植物。

校园绿化中，除了在一些建筑物周围、大面积平地、主干道等的绿化外，还在一些角隅应进行绿化和美化。校园绿化中植物树形的修剪也可卡通化，修剪成各种动物形态或几何图案，使气氛更活跃、生动(图 9-2)。

(三)学校小游园设计

小游园是学校园林绿化的重要组成部分，是美化校园的精华的集中表现(图 9-3)。小游园的设置要根据不同学校特点，充分利用自然山丘、水塘、河流、林地等自然条件，合理布局，创造特色，并力求经济、美观。小游园也可和学校的电影院、俱乐部、图书馆、人防设施等总体规划相结合，统一规划设计。小游园一般选在教学区或行政管理区与生活区之间，作为各分区的过渡。其内部结构布局紧凑灵活，空间处理虚实并举，植物配置须有景可观，全园应富有诗情画意。游园形式要与周围的环境相协调一致。如果靠近大型建筑物而面积小、地形变化不大，可规划为规则式；如果面积较大，地形起伏多变，而且有自然树林、水塘或临近河、湖水边，可规划为自然式。在其内部空间处理上要尽量增加层次，有隐有显，曲直幽深，富于变化；充分利用树丛、道路、园林小品或地形，将空间巧妙地加以分隔，形成有虚有实、有明有暗、高低起伏、四季多变的美妙境界。不同类型的小游园，要选择一些造型与之相适应的植物，使环境更加协调、优美，具有审美价值、生态效益乃至教育功能。

图 9-2　学校角隅绿化设计

图 9-3　学校小游园

规则式小游园可以全面铺设草坪，栽植色彩鲜艳、生长健壮的花灌木或孤植树，适当设置座椅、花棚架，还可以设置水池、喷泉、花坛、花台。花台可以和花架、座椅相结合，花坛可以与草坪相结合，或在草坪边缘，或在草坪中央而形成主景。草坪和花坛的轮廓形态要有统一性，而且符合规则式布局要求。单株种植的树木可以进行规则式造型，修剪成各种几何形态，如黄杨球、女贞球、菱形或半圆球形黄杨篱；也可进行空悬式造型，如松树、黄杨、柏树。园内小品多为规则式的造型，园路平直，即使有弯曲，也是左右对称的；如有地势落差，则设置台阶踏步。

自然式的小游园，常以乔灌木相结合，用乔灌木丛进行空间分隔组合，并适当配置草坪，多为疏林草地或林边草坪等。可利用自然地形挖池堆山创造涌泉、瀑布，既创造了水面动景，又产生了山林景观。有自然河流、湖海等水面的则可加以艺术改造，创造自然山水特色的园景。园中也可设置各种花架、花境、石椅、石凳、石桌、花台、花坛、小水池、假山，但其形态特征必须与自然式的环境相协调。如果用建筑材料设置时，出入口两侧的建筑小品，应用对称均衡形式，但其体量、形态、姿态应有所变化。例如，用钢筋或竹竿做成框架，用攀缘植物绿化，形成绿色门洞，既美观又自然。

小游园的外围，可以用绿墙布置，在绿墙上修剪出景窗，使园内景物若隐若现，别有情趣。中、小学的小游园还可设计成为生物学教学劳动园地。

任务三　工厂附属绿地设计

一、工厂企业绿地的功能与特点

(一)工厂企业绿化的功能作用

工业用地是城市用地的重要组成部分，一般要占城市面积的15%～30%，国外有的城市工业用地占城市总用地面积的40%以上。特别是工业城市，所占比例更大。所以工业用地的绿化，对于城市园林绿化和城市环境的改善有着重要的意义。

1. 有利于环境保护

工业生产在给社会创造无数的财富的同时，也给人类赖以生存的环境带来污染，造成灾难，甚至威胁人们的生命。从某种意义上讲，工业是城市环境的大污染源，特别是一些污染性较严重的工业，如钢铁工业、化学工业、造纸工业等。环境质量的优劣，直接关系到人们的身体健康、工作效率和精神面貌。绿色植物能维持氧气、二氧化碳的平衡，对有害气体、粉尘和噪声具有吸附、阻滞、过滤作用，可以净化环境，并在调节小气候方面也具有良好的作用。

2. 促进文明建设，提高信誉

工厂绿化能从侧面反映出一个工厂的精神面貌。良好的园林绿化环境衬托着具有工业建筑特点的建筑物、构筑物，形成别具一格的人工美和自然美，给人一种安静、兴旺、喜悦、愉快的心理感受，使职工在紧张的劳动之余，得到一种高尚趣味的精神享受，振奋精神，提高劳动生产率，而且能提高工厂的信誉。如苏州刺绣厂内，古雅的苏州古典园林绿化，吸引着前去参观的国内外友人，这也是它的产品供不应求，畅销世界各国的原因之一。

3. 创造物质财富，提高经济效益

良好的工厂绿化，可获得直接和间接的经济价值。工厂绿化可结合生产，种植果树、油料作物及药用植物，创造一定的经济效益。工厂绿化布局合理，树种选择配置得当，有利于改善工作环境，提高生产效率，从而增加工厂的经济效益。

(二)工厂企业绿化的特点

工厂企业的绿化由于工业生产而有着与其他用地绿化不同的特点，工厂的性质、类型不同，生产工艺特殊，对环境的影响及要求也不相同。工厂绿化有其特殊的一面，概括起来表现在以下几个方面。

1. 环境恶劣

工厂在生产过程中常常会排放、逸出各种对人体健康、植物生长有害的气体、粉尘、烟尘及其他物质，使空气、水、土壤受到不同程度的污染。另外工业用地的基本建设和生产过程中材料的堆放，废物的排放，会造成土壤的结构、化学性能和肥力变差，造成树木生长发育的立地条件较差。因此，根据不同类型、不同性质的工厂，选择适宜的花草树木，是工厂绿化成败的重要环节，否则就会造成树木的生长不良甚至死亡，不能达到预期的绿化效果。

2. 用地紧凑

我国是个耕地面积较少的国家，工业建筑及各项设施的布置都比较紧凑，建筑密度大，特别是城市中的中、小型工厂,往往能供绿化的用地很少,因此工厂绿化中要“见缝插绿”,甚至“找缝插绿”、“寸土必争”地栽种花草树木,灵活运用绿化布置手法,争取绿化用地。在水泥地上砌台植树,充分运用攀缘植物进行垂直绿化,开辟屋顶花园,都是增加工厂绿地面积行之有效的办法。

3. 绿化要保证工厂的安全生产

工厂的中心任务是发展生产,为社会提供量多质高的产品。工业企业的绿化要有利于生产正常运行,有利于产品质量的提高。工厂里空中、地上、地下有着种类繁多的管线,不同性质和用途的建筑物、构筑物、铁路、道路纵横交叉如织,厂内厂外运输繁忙。因此绿化植树时要根据其不同的安全要求,既不影响安全生产,又要使植物能有正常的生长条件。确定适宜的栽植距离,对保证生产的正常运行和安全是至关重要的。

有些企业的空气洁净程度直接关系到产品质量,如精密仪表厂、光学仪器厂、电子工厂等,不但要增加绿地面积,土地均以植物覆盖,减少飞尘,同时还要尽量避免选择那些有绒毛飞絮的树木,如悬铃木、杨树、柳树等。

4. 服务对象

工业企业绿地是本厂职工休息的场所。绿地使用时间短,面积小,加上环境条件的限制,使可以种植的花草树木种类受到限制。因此,如何在有限的绿地中,结合建筑小品、园林设施,使之内容丰富,发挥其最大的使用效率,是工厂绿化中特有的问题。有的工厂利用厂内山丘水塘,植花木,置水榭,建棚架,建成小游园。道路两旁及建筑前规则式的栽植,使厂容庄严、端正。而自然式的小游园,显得生动、自然。

二、工厂企业绿地的设计

(一)工厂企业的组成部分

1. 厂前区

厂前区是全厂的行政、技术、科研中心、是连接城市和生产区的枢纽,是连接职工居住区与工厂的纽带。厂前区也常常布置一些生活福利设施,成为职工休息、活动的场所。这里的环境面貌很大程度上体现工厂的形象,反映出工厂的特点。

场前区一般由主要出入口、门卫、行政办公楼、科学研究楼、中心实验楼以及食堂、托幼所、医疗所等组成。随着社会的发展,人类对生活的追求,近年来也有将厂前区的建筑组合成一个综合体,使建筑、广场、庭院、花园形成一个布置紧凑、联系方便、环境优美的有机整体。

2. 生产区

生产区是企业的核心。生产车间和生产装置应根据生产操作、工艺流程、安全生产规程等要求进行布置。生产区是工人在生产过程中活动频繁的地段,占企业用地的很大一部分,环境的好坏更直接影响到工人身体健康及产品的产量和质量。

生产区的平面布置,不同的企业差异很大,一般来说可以分为以下几个部分:

(1)主要生产车间:指企业中生产成品、半成品或为生产标准原料的车间,在企业中占有重要的地位。

(2)辅助车间和动力设施:是指间接为工业产品生产服务的车间和设施。

(3)运输设施及工程管线:企业的运输设施有两类:对外运输 主要是原料及辅助材料运入厂内和成品、半成品和废物的外运。有铁路、汽车和水运 3 种运输方式;厂内运输主要是指生产过程中各生产车间、仓库、堆料场之间产品、材料的运输。大型的黑色冶金企业、重型机械厂、化工联合企业等厂内运输采用铁路运输，此外用汽车、电瓶车运输的很多，也有采用轻便铁轨、传输带、架空索道、升降机等运输方式的。

3. 露天堆料场及仓库区

工厂企业生产过程中，大量原料、燃料、材料进厂，大量成品、半成品出厂，往往用很大的地面建仓库，辟堆场。按形式分为仓库、露天堆放场、半露天堆放场、贮罐器等。按所保管的材料种类，可分为：原料仓库、设备仓库、成品仓库、油库等、建筑材料库等、车库、金属材料堆场等。

(二)工厂企业绿地设计

1. 工矿企业绿地设计的原则

工厂绿化关系到全厂各区、车间内外生产环境的好坏，所以在规划时应注意如下几个方面。

(1)统一安排、统一布局。

(2)与工业建筑主体相协调。

(3)保证安全生产。

(4)维护工厂环境卫生和工人的身体健康。

(5)结合本厂地形、土壤、光线和环境污染情况，因地制宜地进行合理绿化布局。

(6)与全厂的分期建设相协调一致。既要有远期规划，又要有近期安排。从近期着手，兼顾远期建设的需要。

(7)适当结合生产。在满足各项功能要求的前提下，因地制宜地种植木材、果树、药用、油料及经济价值高的园林植物。

2. 工矿企业绿化设计的依据与指标

(1)主要依据。包括自然条件、社会条件和工厂特点三个方面。自然条件是指气候条件、土壤条件、植被情况、地形、地质等。社会条件是指工厂与城市规划的关系、与地方居民的关系、与工厂员工的关系等。

(2)工厂绿地规划设计的主要指标。工厂绿地规划是工厂总体规划的一部分。绿地在工厂中要充分发挥作用，必须要有适当的面积来保证。一般来说，只要设计合理，绿地面积越大，减噪防尘、吸毒、改善小气候的作用就越大。工厂绿化用地指标通常用绿地率来衡量，这项指标决定了绿地的地位和前途，是工厂绿地规划的主要指标。

由于工厂情况各不相同，影响绿地率的因素有很多，在进行工厂绿地规划及评价时，必须从实际情况出发，对于各种因素进行全面分析。根据城市绿地规划的要求和实例调查的情况，从总体来说，城市工业用地的绿地率应为30%左右。

另外，工厂绿地指标还可以用绿地覆盖率来表示，即为全厂绿色植物覆盖面积与厂区总面积之比。植物覆盖面积指植物的垂直投影面积，等于或大于绿化用地面积，也有小于绿地率的情况。绿地率一定时，覆盖率的大小与单位绿地大小及绿地构成有关。绿地率大，覆盖率小，说明绿地较集中，绿地中非植物因子多；相反，绿地率小，覆盖率大，而且差距较大，说明绿地过于分散，绿化植物中大树较多。在某一特定环境中，绿地率与覆盖率应保持一定的比例。

3. 工厂绿地规划布局

工厂绿地规划布局的形成一定要与工厂各区域的功能相适应。虽然工厂的类型有冶炼、化工、机械、仪表、纺织等，但都有共同的功能分区，如厂前区、生产区、生活区及工厂道路等。

厂前区绿化，包括大门到工厂办公用房的环境绿化。这里和城市道路紧密相连，它不仅是本厂职工上下班密集地，也是外来客户入厂形成第一印象的场所，其绿化形式、风格、色彩应与建筑统一考虑。绿化的布局不仅要照顾到本厂面貌，而且还要和城市干道系统融为一体，相互映衬。一般多采用规则式、混合式布局，以表现整齐庄重。也可以布置花园路和工厂小花园，用中国造园艺术的手法布置花草、树木和小品，以利职工开展室外活动、休息等。

生活区是职工起居的主要空间，包括居住楼房、食堂、幼儿园、医院等。这一区域的规划既要与生产区相分隔，具有自己的特色，利于工人的生活和休息，同时还要与生产区相联系，以方便工人就餐和就医，并方便工人上下班。

另外，对那些厂房密集，没有大块土地供绿化的老厂来说，可以见缝插针的形式，在适当位置布局各种小的块状绿地。大树小树相结合，花台、花坛、座凳相结合，创造复层绿化。还可沿建筑、围墙的周边及道路两侧布置花坛、花台、花境，借以美化环境，扩大工厂的绿化面积。利用已有的墙面和人行道、屋顶，采用垂直绿化的形式，布置花廊花架，不仅节约土地面积，提高绿色面积，也增加了美化效果。

在整体布局上，要以厂内大小道路的带状绿化串联厂前区、生产区、生活区的块状绿化，点线面结合，使全厂形成一个绿色整体，充分发挥绿化效益。

(三)工厂企业中各部分绿化设计要点

1. 大门环境及围墙的绿化

工厂大门是对内对外联系的纽带，也是工人上下班必经之处。工厂大门环境绿化，首先要注意与大门建筑造型相调和，并有利于出入。门前广场两旁绿化应与道路绿化相协调，可种植高大乔木，引导人流通往厂区。门前广场中间可以设花坛、花台，布置色彩绚丽、多姿、气味香馥的花卉，但其高度不得超过 0.7 m，以免影响汽车驾驶员的视线。在门内广场可以布置花园，设立花坛、花台或水池喷泉、塑像等，形成一个清洁舒适优美的环境。

工厂围墙绿化设计应充分注意卫生、防火、防风、防污染和减少噪声，克服遮挡建筑不足之处，并与周围景观相调和。绿化树木通常沿墙作带状布置，以女贞、冬青、珊瑚、青冈栎等常绿树为主，银杏、枫香、乌桕等落叶树为辅，常绿与落叶树的比例以 4∶1 为宜，可用 3～4 层树木栽植，靠近墙的一边用乔木，远离墙的一边用灌木花卉布置，形成一个沿路的立面景观。

2. 工厂道路的绿化

厂内道路是联结内外交通运输的纽带，车辆来往频繁，地上地下管道、电线、电缆纵横交错，给绿化带来了一定的困难，因此在绿化前必须充分了解路旁的建筑设施、电杆、电缆、电线、地下给排水管和路面结构，道路的人流量、通车率、车速、有害气体、液体的排放情况和当地的自然条件等等。选择生长健壮、适应能力强、分枝点高、树冠整齐、耐修剪、遮荫好、无污染、抗性强的落叶乔木为行道树。

道路绿化应满足庇荫、防尘、降低噪声、交通运输安全及美观等要求，结合道路的等级，横断面形式以及路边建筑的形体、色彩等进行布置。主干道两边行道树多采用行列式布置，创造林荫道的效果。可设置 1～2 m 宽的绿带，把快慢车道与人行道分开，以利安全和防尘。路面较窄的可在一旁栽植行道树，东西向的道路可在南侧种植落叶乔木，以利夏季遮荫。主要道路两旁的乔木株距因树种不同而异，通常为 6～10 m，棉纺厂、烟厂、冷藏库的主道旁，由于车辆承载的货位较高，行道树主干高度应比较高，第一个分枝不得低于 4 m，以便顺利通过大货车。主道的交叉口、转弯处，所种树木不应高于 0.7 m，以免影响驾驶员的视野。

厂内次道、人行小道的两旁，宜种植四季有花、叶色富于变化的花灌木。道路与建筑物之间的绿化要有利于室内采光和防止噪声及灰尘的污染等，利用道路与建筑物之间的空地布置小游园，创造景观良好的休息绿地。

3. 厂前区办公用房周围绿化

厂前区办公用房一般包括行政办公及技术科室用房，以及食堂、托幼保健室等福利建筑。这些房屋多数建在工厂大门附近，组合成一个综合体，处在本厂污染风向的上方，管线较少，因而绿化条件较好。绿化的形式应与建筑形式相协调，靠近大楼附近的绿化一般用规则式布局，门口可设计花坛、草坪、雕像、水池等，要便于行人出入；离大楼的地方则可根据地形的变化采用自然式布局，设计草坪、树丛、树林等。

在建筑物四周绿化要做到朴实大方，美观舒适，有利采光、通风。在东、西两侧可种落叶大乔木，以减弱夏季强烈的东、西日晒；北侧应种植常绿耐阴乔灌木，以防冬季寒风袭击；房屋的南侧应在远离 7 m 以外种植落叶大乔木，近处栽植花灌木，其高度不应超出窗口。也可以与小游园绿化相结合，但一定要照顾到室内功能。在办公室与车间之间应种植常绿阔叶树，以阻止污染物、噪声等的影响。自行车棚、杂院等，用常绿树作成树墙进行隔离；其正面种植樱花、海棠、紫叶李、红枫等具有色彩变化的花灌木，以利观赏。高层办公楼的屋顶可建立屋顶花园，以利高层办公人员就近休息。

4. 车间周围的绿化

车间是工人工作和生产的地方，其周围的绿化对净化空气、消声、调剂工人精神等均有很重要的作用。车间周围的绿化要选择抗性强的树种，并注意不要妨碍上下管道。在车间的出入口或车间与车间的小空间，布置一些花坛、花台，种植花色鲜艳，姿态优美的花木。设立廊、亭、座凳等，供工人工间休息使用，在亭廊旁可种松、柏等常绿树。一般车间四周绿化要从光照、遮阳、防风等方面来考虑。如在车间建筑的南向应种植落叶大乔木，以利炎夏遮阳，冬季又有温暖的阳光。在车间建筑的东西向应种植高大荫浓的落叶乔木，借以防止夏季东西日晒，其北向可用常绿和落叶乔灌木相互配置借以防止冬季寒风和风沙。在不影响生产的情况下，可用盆景陈设、立体绿化的方式，将车间内外绿化连成一个整体，创造一个生动的自然环境。

污染较大的化工车间，不宜在其四周密植成片的树林，而应多种植低矮的花卉或草坪，以利于通风，引风进入，稀释有害气体，减少污染危害。

卫生净化要求较高的电子、仪表、印刷、纺织等车间四周的绿化，应选择树冠紧密、叶面粗糙、有黏膜或气孔下陷，不易产生毛絮及花粉飞扬的树木，如榆、臭椿、榉树、枫杨、女贞、冬青、樟、黄杨、夹竹桃等。

(四)工矿企业防护林

《工厂企业设计卫生标准》中规定，凡产生有害因素的工业企业与生活区之间应设置一定的卫生防护距离，并在此距离内进行绿化。在工矿企业内部，各个生产单元之间还可能会有相互污染，因此在企业内部、工厂外围还应结合道路绿化、围墙绿化、小游园绿化等，用不同形式的防护林带进行隔离，以防风、防火或减少有害气体污染，净化空气。

1. 防护林的形式

防护林因其内部结构不同可分为透式、半透式和不透式三种类型。

(1)透式：由乔木组成，株行距较大(3 m×3 m)，风从树冠下和树冠上方穿过，因而减弱速度，阻挡污染物质。在林带背后 7 倍树高处风速最小，有利于毒气、飘尘的输送与扩散。52 倍树高处风速与林前相等，因此可在污染源较近处使用。

(2)半透式：以乔木为主，外侧配置一行灌木(2 m×3 m)。风的一部分从林带孔隙中穿过，在林带背后形成一小旋涡，而风的另一部分从林冠上面走过，在30倍树高处风速较低，此林带适于沿海防风或在远离污染处使用。

(3)不透式：由乔木和耐阴小乔木或灌木组成，风基本上从树冠上绕行，使气流上升扩散，在林缘背后急速下沉。它适用于卫生防护林或远离污染处使用。

防护林的树种应注意选择生长健壮、抗性强的乡土树种。防护林的树种配置要求为：常绿与落叶的比例为1∶1，快长与慢长相结合，乔木与灌木相结合，经济树种与观赏树种相结合。在一般情况下污染空气最浓点到排放点的水平距离等于烟体上升高度的10～15倍，所以在主风向下侧设立2～3条林带很有好处。

2. 防护林的设置

污染性工厂，在工厂生产区与生活区之间要设置卫生防护林带。此林带方位应和生产区与生活区的交线相一致。可根据污染轻、重的两个盛行风向而定，其形式有两种：一是"一"字形，一是"L"字形。当本地区两个盛行风呈180°时，则在最小风频风向的上风设置工厂，在下风设置生活区，其间设置一条防护林带，因此呈"一"字形。当本地区两个盛行风向呈一夹角时，则在非盛行风向风频相差不大的条件下，生活区安排在夹角之内，工厂区设在对应的方向，其间设立防护林带，因此呈"L"形。

(五)工厂企业绿地特殊树种选择

工厂绿地树种选择的一般原则 要使工厂绿化树木生长好，创造较好的绿化效果，原则上应注意以下几点。

(1)一般工厂绿化树种应选择观赏和经济价值高的，有利环境卫生的树种。

(2)要注意选择适应当地环境条件的乡土树种。沿海的工厂选择绿化树种要有抗盐、耐潮、抗风、抗飞沙等特性。土壤瘠薄的地方，要选择能耐瘠薄又能改良土壤的树种。

(3)有些工厂在生产过程中会排放一些有害气体、废水、废渣等，因此在树种选择上除选择适应当地气候、土壤、水分等自然条件的乡土树种外，还要注意选择那些对有害物质抗性强的，或净化能力较强的树种。

(4)树种选择要注意速生和慢生相结合、常绿和落叶相结合，以满足近、远期绿化效果的需要，冬、夏景观和防护效果的需要。

(5)一般来说工矿企业绿化面积大，管理人员少，所以要选择便于管理、当地产、价格低、补植方便的树种。因工厂土地利用多变，还应选择容易移植的树种。

任务四　机关单位附属绿地设计

一、机关单位附属绿地规划

(一)规划原则

(1)与本单位的总体规划同步进行。

(2)执行国家与地方有关标准。

(3)体现时代精神,创造地方特色。

(4)因地制宜,合理布局。

(5)以生态造景为主,满足多功能要求。

(6)远近结合,便于实施与管理。

(二)规划布局的形式与手法

公共事业庭园规模大小、所处位置环境等各有不同,总体规划布局的形式也不尽一样,通常有规则式、自然式和混合式三种。

(1)规则式布局:规则式庭园环境,是以庭园建筑的形式及建筑空间布局作为庭园环境表现的主体,它与庭园总体规划布局关系密切,绿色植物造景围绕各种建筑户外空间规整布置。如庭园主体或大型建筑物周围的绿地布局多采用规则式,以几何块状图形为主要平面形状,规划使用大量草坪、模纹花坛、植篱、列植树、对植树以及各种植物造型景观等,整个庭园环境以道路两侧对称布置的行道树林荫带划分庭园大空间,以植篱来区划和组织小型绿地空间。

在规则式庭园绿地中,地形地势一般都经过人工改造。处于平原地区的公共庭园,其场地地形多为不同标高的平面或平缓的坡面,处于丘陵山区的庭园,多为阶梯式台地、坡地等,剖切线均为直线或折线。庭园水体轮廓多为几何形,并做整齐式驳岸处理,常用喷泉做水景主题,小型水景有整形水池、喷泉、壁泉、跌水等。种植设计多采用花坛、花台、花境、规则林带以及各种花卉装饰小品和观赏装饰草坪等。

(2)自然式布局:自然式的庭园环境绿地没有明显的对称轴线或对称中心,绿地外形轮廓或直或曲,变化自然,并以自然山水、植物为表现题材,各种园林要素自然布置,植物造景多模仿自然生态景观,具有灵活多变、自然优美的特点,是现代人向往自然、返璞归真、寻求自然美的具体体现。处于平原地区的公共庭园绿地,多为自然起伏的和缓地形,或将平地做人工微地形处理,使绿地地形具有一定的起伏变化,其剖切线为和缓的曲线。处于丘陵山区的庭园,则充分利用起伏多变的地形地势,创造丰富生动的绿色自然景观。除高差较大的道路外,一般不做人工阶梯式的地形改造,对原有破碎切割的地形,则可稍加人工整理,使其具有流畅的自然美。

(3)混合式布局:混合式是指在庭园绿地中,既有规则式的绿地,也有自然式的绿地,或者以一种形式为主,另一种形式为辅,或者两种形式并重。也可以将规则式与自然式完全融合,不分彼此,形成一种被称为"抽象式"的布局形式。这种"抽象式"既不同于规则式,也不同于完全的自然式,但从中可以明显地感受到规则式或自然式的景观特色。因此,它是规则式与自然式的巧妙结合,并将两种形式的特点融为一体,既有富于形式美的绿地形态,又有变化丰富的自然景观内容。事实上,绝对的自然式和规则式绿地布局在一般公共庭园中很少存在,大多数采用的布局形式为混合式。庭园主要道路以种植行道树为主,主体建筑环境、建筑密度较大的功能区以及特殊的人工艺术造景都采用规则式布局;而在远离建筑设施的较大面积的集中绿化地段,如小游园、小花园、湖泊、河流水际,则采用自然式布局,从庄重规整的建筑空间过渡到活泼轻松的自然环境,达到因地制宜、生态造景和经济美观的要求。

二、行政办公环境绿地设计

行政办公区是机关事业单位庭园的一个重要环境,不仅是行政管理人员、教师和科研人员工作的场所，也是单位管理和社会活动集中之处，并成为对外交流与服务的一个重要窗口。因此，行政办公区环境景观如何，直接关系到各公共事业单位在社会上的形象。

行政办公区的主体建筑一般为行政办公楼或综合楼等，其环境绿地规划设计要与主体建筑艺术相一致。若主体建筑为对称式，则其环境绿地也宜采用规则对称式布局。行政办公区绿地多采用规则式(图 9-4)，以创造整洁而有理性的空间环境，使工作人员在自己的工作中也能达到心灵与环境的和谐，有利于培养严谨的工作作风和科学态度，并感受到一定约束性。植物种植设计除衬托主体建筑、丰富环境景观和发挥生态功能以外，还注重艺术造景效果，多设置盛花花坛、模纹花坛、花台、观赏草坪、花境、对植树、树列、植篱或树木造型景观等。在空间组织上多采用开朗空间，创造具有丰富景观内容和层次的大庭园空间，给人以明朗、舒畅的景观感受。

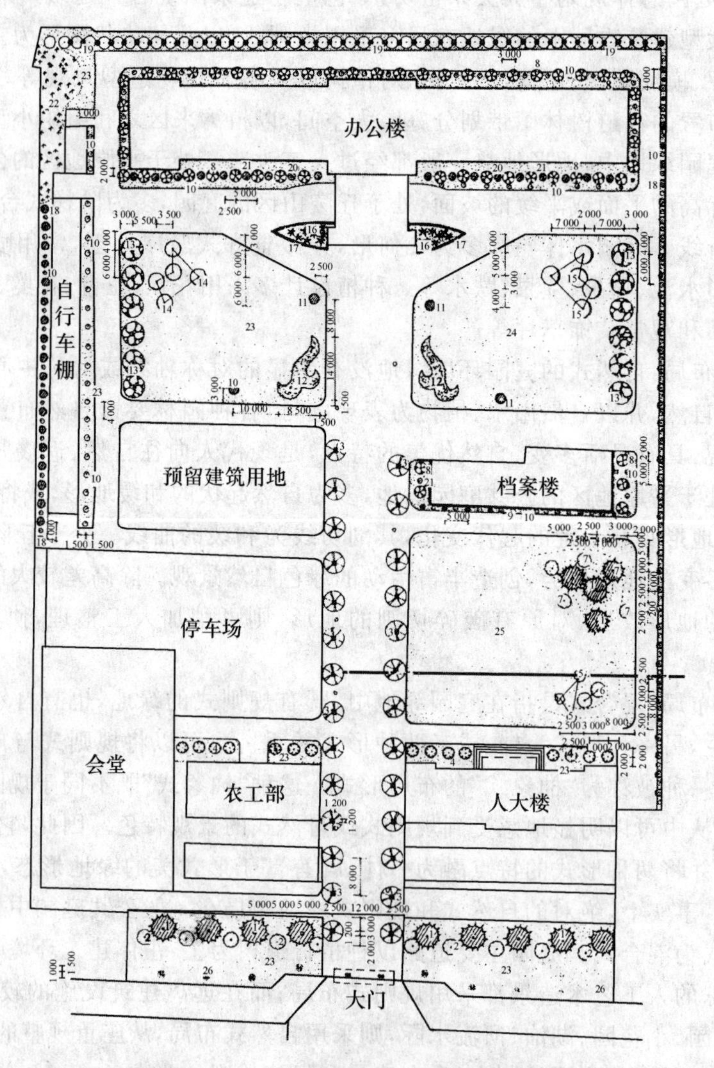

图 9-4　某政府机关行政办公环境绿地设计

1. 雪松　2. 日本晚樱　3. 中国樱花　4. 石榴　5. 紫玉兰　6. 黑松　7. 碧桃　8. 棕榈　9. 大叶黄杨　10. 月季　11. 龙柏球　12. 紫叶小檗　13. 银杏　14. 垂丝海棠　15. 梅花　16. 凤尾兰　17. 瓜子黄杨　18. 龙柏　19. 水杉　20. 海桐球　21. 宽叶麦冬　22. 散生竹　23. 黑麦草　24. 高羊茅　25. 马尼拉草　26. 美人蕉

办公区的花坛一般设计成规则的几何形状，其面积根据主体建筑的体量大小和形式以及周围环境空间的具体尺度而定，并考虑一定面积的广场路面，以方便人流和车辆集散。花坛植物主要采用一二年生草本花卉和少量花灌木及宿根、球根花卉，多为盛花花坛，特别是节日期间要采用色彩鲜艳丰富的草花来创造欢快、热烈的气氛。花卉植物的总体色彩既要协调，也要有一定对比效果，如一般选用红色或红黄相间的色彩搭配，再适当布置一些白色花卉，既美丽，又柔和，既活泼热烈，又不乏沉稳与理性。花坛周围常以雀舌黄杨、瓜子黄杨等小灌木或麦冬、葱兰等多年生宿根花卉镶边、装饰，也可设置低矮的花式护栏等。花坛为封闭式，仅供观赏。花坛内也可栽植造型植物，如常绿灌木球或盆景树、吉祥动物造型等。

行政办公楼前如空间较大，也可设置喷泉水池、雕塑或草坪广场等景观，水池、草坪宜为规则几何形状，一般不宜堆叠假山。

任务五　医疗单位附属绿地设计

一、医疗机构绿地规划

(一)医院的类型及其规划特点

按医院的性质和规模，可将医疗机构分为：①综合医院，该类医院一般设有内、外各科的门诊部和住院部；②专科医院，该类医院是设有某个专科或设有几个相关联科的医院，如妇产医院、儿童医院、口腔医院、传染病院等。传染病院及需要隔离的医院一般设在郊区；③其他医疗机构，该机构有属于门诊性质的门诊部、防治所及较长时期医疗的疗养院等。

综合医院是由各个使用要求不同的部分组成的，在进行总体布局时，按各部分功能要求进行。综合医院的平面可分为医务区及总务区两大部分，医务区又分为门诊部、住院部、辅助医疗等几部分。

1. 门诊部

门诊部是接纳各种病人，对病情进行诊断，确定门诊治疗或住院治疗的地方。同时也进行防治保健工作。门诊部的位置，一方面要便于患者就诊，靠近街道设置，另外又要保证治疗需要的卫生和安静条件。门诊部建筑一般要退后红线 10～25 m。

2. 住院部

住院部主要为病房，是医院的主要组成部分，并有单独的出入口，其位置安排在总平面中安静、卫生条件好的地方。要尽可能避免一切外来干扰或刺激(如在视觉、嗅觉、听觉等方面产生的不良因素)，以创造安静、卫生、适用的治疗和疗养环境。

3. 辅助医疗部分

门诊部和病房的辅助医疗部分的用房，主要由手术部、中心供应部、药房、x 光室、理疗室和化验室等部分组成。大型医院中可按门诊部和住院部各设一套辅助医疗用房，中小型医院则合用。

4. 行政管理部门

主要是对全院的业务、行政与总务进行管理，可单独设立一幢楼，也可设在门诊部门。

5. 总务部门

属于供应和服务性质，一般设在较偏僻一角，与医务部分有联系又有隔离。这部分用房包括厨房、锅炉房、洗衣房、事务及杂用房、制药间、车库及修理库等。其他还有太平间及病理解剖室，一般常布置在单独区域内，并应与其他部分保持较大的距离，并与街道及相邻地段有所隔离。

现代医疗机构是一个复杂的整体，要合理地组织医疗程序，最好地创造卫生条件，这是规划的首要任务，要保证病人、医务人员、工作人员的方便、休息、医疗业务和工作中的安静和必要的卫生隔离。

(二)医疗机构园林绿化的基本原则

医院中的园林绿地，一方面可以创造安静、休养和治疗的环境；另一方面也是卫生防护的隔离地带，对改善医院用地周围的小气候有着良好的作用，如降低气温、调节湿度、减低风速、遮挡烟尘、减弱噪音、杀灭细菌等。既美化了医院的环境，改善了卫生条件，又有利于病人的身心健康，使病人在药物治疗的同时，在精神上可受到优美的绿化环境的良好影响，这对于病人早日痊愈有很好的作用。

医院绿化应与医院的建筑布局相一致，除建筑之间的一定绿化空间外，还应在院内，特别是住院部留有较大的绿化空间，建筑与绿化布局紧凑，方便病人治病和检查身体。建筑前后绿化不易过于闭塞，病房、诊室要便于识别。通常全院绿化面积占总用地面积的70%以上，才能满足要求。树种选择以常绿树为主，可选用一些具有杀菌及药用的花灌木和草本植物。

二、医疗机构绿地设计

(一)大门区绿化

大门绿化应与街景协调一致，也要防止来自街道和周围的尘土、烟尘和噪声污染，所以在医院用地的周围应密植 10～20 m 宽的乔灌木防护林带(图 9-5)。

(二)门诊区绿化

门诊部位置靠近出入口，人流比较集中，一般临街。是城市街道和医院的结合部，需要有较大面积的缓冲场地，场地及周边作适当的绿化布置，以美化装饰为主，布置花坛、花台，有条件的可设喷泉、主题性雕塑，形成开朗、明快的格调。广场周围种植整形绿篱，开阔的草坪，花开四季的花灌木，但花木的色彩对比不宜强烈，应以常绿素雅为宜。在节日期间还可用一、二年生花卉作重点装饰。广场周围还应种植高大乔木以遮荫。门诊楼建筑前的绿化布置应以草坪为主，丛植乔灌木，乔木应离建筑 5 m 以外栽植，以免影响室内通风、采光及日照。在门诊楼与总务建筑之间应保持 20 m 卫生间距，并以乔灌木隔离。医院临街的围墙以通透式的为好，使医院庭园内碧绿草坪与街道上绿荫如盖的树木交相辉映。

(三)住院区绿化

住院区常位于医院比较安静的地段。在住院楼的周围、庭园，应精心布置，以供病员室内外活动和辅助医疗之用。在中心部分可有较整形的广场，设花坛、喷泉，放置座椅、棚架。这种广场也可兼作日光浴，亦是亲属探望病人的室外接待处。面积较大时可采用自然式布置，有少量园林建筑、装饰性小品、水池、雕塑等，形成优美的自然式庭园。有条件的可利用原地形挖池叠山，配置花草、树木等，形成优美的自然景观，使病人振奋精神，提高药物疗效。

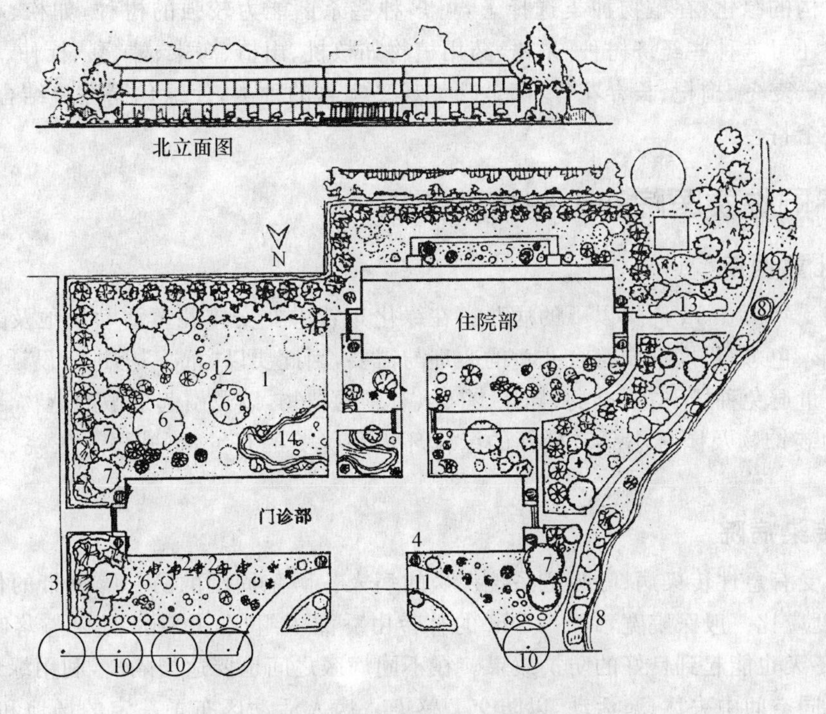

图 9-5 某医院环境绿地设计

1. 天鹅绒草 2. 黑松 3. 五针松 4. 黄杨 5. 迎春
6. 月桂 7. 含笑 8. 珊瑚树 9. 杨树 10 素馨
11. 凤尾竹 12. 汀步 13. 紫竹 14. 水池 15. 假山

植物布置要有明显的季节性，使长期住院的病员，感到自然界的变化，季节变换的节奏感强烈些，使之在精神、情绪上比较兴奋，可提高药物疗效。常绿树与开花灌木应保持一定的比例，一般为 1∶3 左右，使花灌木丰富多彩。还可栽些药用植物，使植物布置与药物治病联系起来，增加药用植物知识，减弱病人对疾病的精神负担，有利病员的心理，是精神治疗的一个方面。

根据医疗的需要，在绿地中布置室外辅助医疗地段，如日光浴场、空气浴场，体育医疗场等，以树木作隔离，形成相对独立的空间。在场地上以铺草坪为主，也可以砌块铺装，以保持空气清洁卫生，还可设棚架作休息交谈之用。

一般病房与隔离病房应有 30 m 绿化隔离地段，且不能用同一花园。

(四)辅助区绿化

辅助区周围密植常绿乔灌木，形成完整的隔离带。特别是手术室、化验室、放射科等。四周的绿化必须注意不种有绒毛和花絮的植物，防止东、西日晒，保证通风和采光。

(五)服务区绿化

如洗衣房、晒衣场、理发室、锅炉房、商店等。晒衣场与厨房等杂务院可单独设立，周围密植常绿乔灌木作隔离，形成完整的隔离带。医院太平间、解剖室应有单独出入口，并在病员视野以外，有绿化作隔离。有条件时要有一定面积的苗圃、温室，除了庭园绿化布置外，可为病房、诊疗室等提供公园用花及插花，以改善、美化室内环境。

医疗机构的绿化，在植物种类选择上，可多种些杀菌能力较强的树种，如松、柏、樟、桉树等。有条件还可选种些经济树种、果树，药用植物如核桃、山楂、海棠、柿、梨、杜仲、槐、白芍药、牡丹、垂盆草、麦冬、枸杞、长春花等，都是既美观又实惠的种类，使绿化同医疗结合起来，是医院绿化的一个特色。

三、不同性质医院的一些特殊要求

(一)儿童医院

主要接受年龄在 14 周岁以下的病儿。在绿化布置中要安排儿童活动场地及儿童活动的设施，其外形、色彩、尺度都要符合儿童的心理与需要，因此要以"童心"感进行设计与布局。树种选择要尽量避免种子飞扬、有臭、异味、有毒、有刺的植物，以及引起过敏的植物，还可布置些图案式样的装饰物及园林小品。良好的绿化环境和优美的布置，可减弱对医院、疾病的心理压力。

(二)传染病院

主要接受有急性传染病、呼吸道系统疾病的病人。医院周围的防护隔离带的作用就显得突出，其宽度应比一般医院宽，15～25 m 的林带由乔灌木组成，并将常绿树与落叶树一起布置，使之在冬天也能起到良好的防护效果。在不同病区之间也要适当隔离，利用绿地把不同病人组织到不同空间中去休息、活动，以防交叉感染。病人活动区布置一定的场地和设施，以供病人进行散步、下棋聊天、打拳等活动，为他们提供良好的条件。

任务六　宾馆、餐馆绿地设计

宾馆庭园是人们旅行生活的重要场所，其环境绿地规划设计应根据庭园用地条件，在创造庭院丰富空间景观的同时，也要满足人员与车辆频繁进出、停车、商务活动以及短期休憩等多功能要求。

一、宾馆、餐馆绿化宗旨

人与自然和谐相处，是人们迈向 21 世纪的主题。随着生活水平的不断提高，人们对物质文化生活的需求也越来越高，宾馆的环境质量越来越受到人们的重视，能生活在一种至美的环境中成为人们生活的理想追求。宾馆建筑造型应追求简洁、平和，不宜过于花哨，建筑材料应追求质朴，还必须严格控制噪音、空气、建筑、汽车尾气等污染源。

二、宾馆、餐馆绿化设计

(一)宾馆、餐馆设计理念

环境设计以意立景，以景生情，激发旅客的"审美快感"，并在景观这一"感应场"里"触景生情"，使人与景"交融"。但宾馆、餐厅环境设计不同于一般城市公众性的景观设计，它服务的对象基本上是旅客。因此宾馆、餐厅环境设计在考虑其地理位置和所处历史文化背景的同时，要做到以人为本，立意要表现出对旅客的尊重，重视他们真实的本性和需求，尽量满足他们身体和精神的需要，引起旅客的情感共鸣。

（二）规划设计原则

（1）为旅客创造一个生活方便、卫生安静、安全、优美的外出旅游居住环境，满足旅客对宾馆、餐厅的使用要求、卫生要求、安全要求、美观要求。

（2）“以人为本”原则　贯彻以人为本的思想，充分体现对人的关怀，创造轻松、舒适、独具特色的居住环境。

（3）景观与功能相结合原则　在满足功能的前提下，尽可能创造优美的空间景观。

（4）文化原则　尊重地方文化，延续城市文脉，充分考虑本地区与周边环境特点。

（5）功能全面性原则　环境景观设计要提供充足丰富的户外活动、休息场所。

（三）种植设计原则

（1）要考虑绿化功能的需要，以树木花草为主，提高绿化覆盖率，以期起到良好的生态环境效益。

（2）要考虑四季景观，采用常绿树和落叶树，乔木和灌木，速生树和慢长树，重点和一般相结合，不同树形、色彩变化的树种配置。种植绿篱、花卉、草皮，使乔、灌、花、篱、草相映成景，丰富美化宾馆绿化环境。

（3）植物材料的种类不宜太多，又要避免单调，力求以植物材料形成特色，使统一中有变化。各组团、各类绿地在统一基调的基础上，又各有特色的树种。

（4）宾馆绿化宜选择生长健壮、管理粗放、少病虫害、有地方特色的优良树种。还可栽植些有经济价值的植物，特别在庭院内、专用绿地内可多栽些既好看又实惠的植物，如葡萄、核桃、玫瑰等。花卉的布置使宾馆增色添景，可大量种植宿、球根花卉以及自播繁衍能力强的花卉，以省工节资，又获得良好的观赏效果，如美人蕉、葱兰等。

（5）要适当地种植攀缘植物，以绿化建筑墙面、各种围栏、矮墙，提高居住区立体绿化效果，并用攀缘植物遮蔽丑陋之物。如葡萄、常春藤等。

◈小结

单位附属绿地主要包括机关团体、学校、医院、工厂企业的内部附属绿地。这些绿地在丰富人们的工作、学习、生活，改善城市生态环境等方面起着重要的作用。

校园绿化的主要目的是为师生的工作、学习和生活提供一个浓荫覆盖、花团锦簇、安静清幽的绿地环境。不同的学校人群不同，要求也有所差异，因此设计要有针对性。工厂绿化可以减少空气中的烟尘、调节湿度，创造良好的生产环境，为职工提供游憩场所。机关单位的绿化应严格执行国家和地方有关标准，因地制宜，合理布局，体现时代精神，创造地方特色。医疗机构绿化的主要目的是创造一个幽雅、安静的绿化环境，以利于人们防病治病，尽快恢复身体健康。要求我们能分析各个单位的具体情况，根据其主要特点进行园林规划设计。

技能训练九　校园绿地设计

一、实训目的

通过实训了解校园绿地的功能，掌握校园绿化的分区原则、设计原则和设计方法，能结合实际进行不同类型校园绿地设计。

二、材料用具

校园绿地、皮尺、测量仪器、图纸、绘图工具、笔、记录本、参考书籍等。

三、方法步骤

1. 分组，踏勘某一校园绿地；
2. 分析该校园绿地的使用人群特点；
3. 调研该校园绿地的使用人群对绿地的心理需求；
4. 分析该校园绿地的基本情况及周边环境；
5. 确定该校园绿地的设计理念；
6. 进行绿地设计；
7. 绘图及书写设计说明。

四、作业

1. 完成任务工单的填写；
2. 绘制设计图纸，包括平面图和效果图、文字说明等。

◉典型案例

——东莞市某家电厂区绿化设计

该厂区是位于东莞市138工业区内的一家小型家用电器生产贸易公司，厂区主要由生产车间，厂房，办公楼，仓库，职工宿舍楼，工程开发中心等几个功能区所组成。面积约为4.2万m^2左右，总绿化面积约为1.7万m^2(图9-6)。

该区重点是办公楼前的小型广场绿地，巧妙设置办公楼周围两块绿地，既满足美化企业形象，又提供休闲、聚会空间。对入口处作重点处理：利用地势高差组织变换空间，利用水景、大片膜纹花坛塑造现代企业形象。

一、因地制宜组织序列空间

在厂前区的主干道从西至东展开序列，增加空间层次变化，突出主题，丰富空间轮廓线。整个序列可表现为：大门(该厂的入口建筑，是厂前区空间的起点)—广场(开阔硬地带，是空间的发展之处)—厂标雕塑及喷水池(厂前区围合空间的中心点，视线的焦点，也是序列空间的高潮)—环形道路(两侧配以花灌木，起过渡作用)主体建筑(位于主干道中轴线的尽端处，是空间

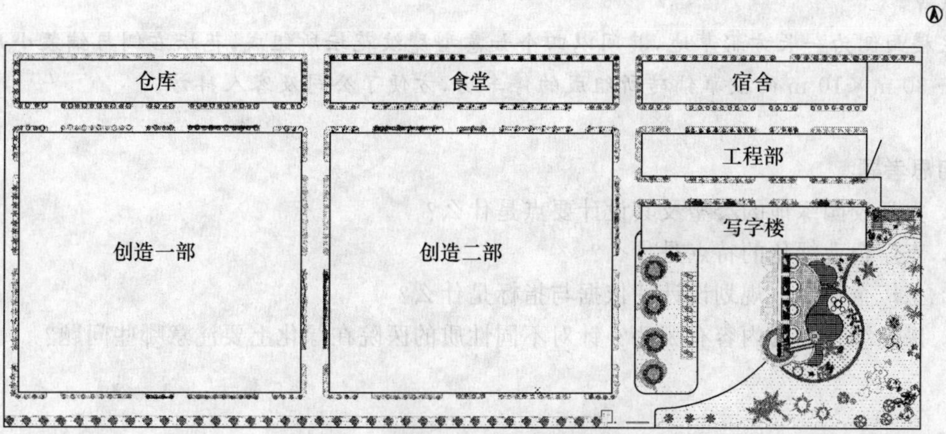

图 9-6　东莞市某家电厂区绿化设计

强有力的收头)—两侧休闲绿地,作为主体建筑的有力衬托。

二、空间尺度的确定

空间组合是通过一系列物质要素(如建筑、山石、水体、植物等)及其空间尺度来表现的。在园林景物中,正常情况下不转动头部,而能看清景物的视域。

三、空间质感的设计

厂前区规划设计,毕竟不同于以观赏为主的园林空间,它以经济实用为主,同时力求美化。为此,主要采用了质感的对比手法,于整体统一中求局部的变化。以建筑物外墙涂色为主,配以不同明度,色相的乔木,灌木,花卉及草皮,则骆红色的建筑物坐落于绿色草坪之中,香樟、红枫等有季相变化的落叶树种和一定比例的常绿树又把建筑物衬得弱隐若现,而厂标雕塑、喷水池及休息亭、花架等园林小品的不同色彩又起到了点缀作用。

光滑发亮的厂标雕塑与粗糙浑厚的喷水池假石之对比;静态的小品与动态的喷泉之对比,尤其是喷水池中的水体无论是叠落式涌泉还是高低错落的直水柱,均以其特有的质感产生了活泼的景象,使整个厂前区空间充满动感,也增加了柔和感。

四、造景手法

利用园林小品及绿化布置来造景,为的是丰富厂前区建筑群体轮廓线,美化环境,衬托建筑造型之美及遮挡有碍观瞻的景象。在既定总图布置的条件制约下,统筹安排点、线、面的结合,本工程落实于:点——园林小品中的厂标雕塑、喷水池、六角亭,及孤植的观赏植物,线——绿化带及面——建筑物及道路旁的草坪和绿地,挺拔矗立的厂标雕塑和喷水池位于厂前区的空间构图中心,组成主景。雕塑为该厂厂标的放样实体,并一致以雕塑作为喷水池中心的传统。

做法:把厂标直接放于厂前区自然式小游园水池中心,喷水池采用叠落式的长方池,配以池边花坛、台阶,该景点的平面布局以几何形(圆形及长方形)图形为主,互相穿插,互相渗透,融为一体。空间形体上由雕塑,水体、花坛、草坪、硬地、台阶组合,力求表现动与静、实与虚、刚与柔、人工与自然之对比。

紧靠主楼东面设一小型休息广场,以满足人们等候、小型集会活动。在这里种植了大量的绿色草坪和花架,并运用景石题字、花坛等,丰富园林景观。场地一侧还设置坐椅,供人们在大树下乘凉。

主楼西侧为一长方形草地，其间以四个如意型魔纹花坛所组成，花坛右侧与铺装小广场旁边由一 30 m×10 m 的嵌草铺砖所组成的停车场，方便了公司及客人拜访。

◆复习思考题

1. 大学校园绿地的类型及其设计要点是什么？
2. 工厂企业绿化的特点是什么？
3. 工厂企业绿地规划设计的依据与指标是什么？
4. 医院绿化的的内容有哪些？针对不同性质的医院在绿化上要注意哪些问题？

项目十 屋顶花园设计

◈**学习目标**

了解屋顶花园的特征及功能;了解屋顶花园的类型;掌握屋顶花园的设计原则;能够进行各类屋顶花园的规划设计。

屋顶花园可以理解为在各类建筑物的屋顶、平台、阳台上进行造园,种植树木花卉的统称。屋顶花园是把露地造园和种植等园林工程搬到建筑物或构筑物之上。它的种植土是人工合成,不与大地土壤相连。

随着城镇的开发与发展,城市生态环境日趋恶化。改善城市的生态环境必须从点滴的城市绿化和开拓城市生态园林做起,除开发,利用边角露地,使其园林化外,在新建或已有建筑物、构筑物上开辟园林绿化场地,也是城市绿化的主要内容。屋顶花园的美景将随着城市建设的发展,融入普通居民的工作与生活环境。

一、屋顶花园的历史与发展

(一)外国屋顶花园的发展

屋顶花园并不是现代建筑发展的产物,它可以追溯到4 000年前,古代苏美尔人的最古老的名城之——乌尔城大庙塔,是屋顶花园的发源地。真正的屋顶花园是著名的巴比伦“空中花园”,被世人列为“古代世界七大奇迹”之一。公元前605年至公元前562年,新巴比伦国王尼布加尼撒二世娶了波斯国一位美丽的公主赛米拉米斯。国王为了取悦她,下令在平原地带的巴比伦堆筑土山,并用石柱、石板、砖块、铅饼等垒起每边长125 m,高达25 m的台子,在台子上层层建造宫室,处处种植花草树木,建造了这座“空中花园”。建造巴比伦“空中花园”耗费了大量的人力、物力、财力,反映了古代帝王所追求的奢侈生活。“空中花园”没有过多考虑承重和种植土的厚度问题,但在其结构上,采用铅饼防水,用浸透柏油的枝条作为防潮层和过滤层,这一做法为以后屋顶花园的营造提供了科学依据。

屋顶花园在营造过程中,需要解决诸多问题,例如屋顶承重问题、防水问题、植物的适应性及选择问题、人们的思想认识等,这些无疑成为屋顶花园营造的重要影响因素。因此,屋顶花园的发展受到了制约。

近代建筑大师勒柯布西耶于1926年就自己的住宅设计提出“新建筑的5个特点”,把绿化与现代建筑结合起来。1959年,美国的风景建筑师以开拓者的精神,在奥克兰凯瑟办公大楼的屋顶上建造了一个景色秀丽的空中花园。全园采用轻型栽培基质,乔木定植于支承柱之上,植物类型以草本为主,乔木以浅根树种为主。全园面积虽只有1.2 hm^2,但毕竟为楼顶绿化开了先河,所以被视为建筑艺术与绿化艺术“杂交”的奇葩。

此后,屋顶绿化开始呈现出勃勃生机。一些发达国家在新营造的建筑群中,设计楼房图纸时就考虑到了屋顶花园项目,屋顶造园水平越来越高。

美国:加特维大楼为一座6层台阶式建筑,各层建造屋顶花园,高低错落,连成一片,使各层都能观赏到窗外的屋顶花园，打破了高层远离地面绿化的局限。

法国：在巴黎一幢幢高楼大厦的平顶上，栽种各种树木与花卉，令人赏心悦目。

英国：在伦敦，人们修筑带有屋顶林荫道的住宅区，人行其上，别具感觉：顶上绿草如茵，同广场的花圃、喷泉相映成趣。

日本：设计的楼房除加大阳台提供绿化面积外，还有的将整个屋顶连成一片，居民可根据自己的喜好在屋顶栽花种草。东京规定，凡是新建建筑物占地面积超过 1 000 m^2 者，屋顶必须有 20％为绿色植物覆盖。

德国：在住宅的建设中进一步更新楼房造型及其结构，将楼房建成阶梯式或金字塔式的住宅群，当人们布置各种形式的屋顶花园后，远看如半壁花山，近看又似斑斓峡谷，俯视则如同一条五彩缤纷的巨型地毯，令人心旷神怡，美不胜收。

加拿大：设计师、建筑师和园艺师们打破传统的分工，同心合力，别出心裁，在一座 18 层的办公大厦顶，采用轻型多孔材料，建成了一个集假山、瀑布、水池、草坪、花坛等多种景致于一体的盆景式“空中花园”。

此外，在俄罗斯、意大利、澳大利亚、瑞士等国的大城市，也都有千姿百态、风格各异、风景绮丽的屋顶花园。

(二)我国屋顶花园的发展

我国自 20 世纪 60 年代才开始研究屋顶花园的营造和屋顶绿化技术。开展最早的是四川省，60 年代初，成都、重庆等一些城市的工厂车间、办公楼、仓库等建筑，利用平屋顶的空地开展农副产品生产，种植瓜果、蔬菜。70 年代初，广州东方宾馆在第十层屋顶上建造了我国第一个精巧别致、具有中国古典园林特色的屋顶花园，其面积约为 900 m^2，在园内布置水池、湖石等园林小品，具有岭南园林的风格。1983 年，北京修建了五星级宾馆——长城饭店。在饭店主楼西侧低层屋顶上，建起我国北方第一座大型露天屋顶花园。

近年来，随着我国城市规模不断扩大和城市人口不断增加，建筑物越来越高，密度越来越大，导致城市生态环境日趋恶化。国内主要大中城市已经开始意识到城市生态环境建设的紧迫性。北京最近出台的《北京市城市环境建设规划》中明确要求，高层建筑中 30％的屋顶和低层建筑中 60％的屋顶要实行绿化。广州市由市建委、绿化委员会、市政园林局等单位出台关于屋顶绿化发展的政策，要求今后所有的新建建筑都必须进行屋顶的绿化美化，而且屋顶绿化与主体建筑的设计、施工、验收同时进行，这使得广州成为国内各城市中第一个推出屋顶绿化强制性政策的城市。因此，在一些大中城市，陆续建造一些规模不等的屋顶花园。如广州东方宾馆屋顶花园、广州白天鹅宾馆屋顶花园、上海华亭宾馆屋顶花园、重庆泉外楼、沙平大酒家屋顶花园等。实践证明，屋顶绿化是节约土地，开拓城市空间，改善人居环境的有效办法。

二、屋顶花园的特征

屋顶花园是一种特殊的园林形式，一切造园要素均受到支承它的屋顶结构的限制，不能随心所欲地“挖湖堆山”，改造地形。因此，屋顶花园具有它本身的特征，与露地建园有本质上的区别。

(一)植物生态环境有别于地面花园

屋顶花园的位置一般距地面较高，而且植物本身与地面形成隔离的空间，所处的生态环境不同于地面。屋顶日照时间长、空气通畅、污染较少,有利于植物的生长发育;但空气湿度低、风力大、光照强度大,致使植物蒸腾量大、土壤蒸发量大,加之土层薄,多为人工合成轻质土,其容重较小,土壤孔隙较大,保水性差,很容易产生干旱和树木倒伏。因此,在管理上必须保证水分的供应;选择喜阳、耐旱树种,如南方的茶花、枸骨,北方的松柏、鸡爪槭等;选择浅根系树种,或以灌木为主,如需选择乔木,为防止被风吹倒,应采取加固措施。

屋顶花园的温度与地面也有很大的差别。在夏季,白天屋顶花园内的温度比地面高出3～5℃,夜晚则低于地面3～5℃,温差大有利于植物光合作用产物的积累,有利于植物生长发育。但在冬季,北方一些城市的屋顶花园的日平均温度要比地面低6～7℃,致使植物在春季发芽晚,秋季落叶早,观赏期变短。因此,应选择适应性强、绿期长、抗寒性强的植物品种。

屋顶花园内植物所生存的土壤较薄,一般草坪为15～25 cm,小灌木为30～40 cm,大灌木为45～55 crn,乔木(浅根)为60～80 cm。因此,植物在土壤中吸收养分受到限制,如果每年不及时为植物补充营养,必然会使植物的生长势变弱,使植物的抗病能力降低。因此,应选择抗病虫害、耐瘠薄、抗性强的树种。

(二)屋顶绿化需要考虑建筑物的承重能力

在建筑物上种植植物,种植层的重量必须在建筑物的可容许荷载以内,否则的话,建筑物可能出现裂纹并引起屋顶漏水,严重的还可能会造成坍塌事故。建筑物的承载能力,受限于屋顶花园下的梁板柱和基础、地基的承重力。由于建筑结构承载力直接影响房屋造价的高低,所以屋顶上的每平方米的允许荷载均受到限制。

屋顶花园所产生的荷载主要是建筑物和土壤。在屋顶花园上建造建筑物应遵循如下原则:①主要从景观的需要选择1～3个建筑物,不可过多;②建筑物的尺寸宜小不宜大;③建筑物的材料应选择轻型材料;④选择在支撑柱的位置建造。屋顶花园的土壤不且太薄,太薄会影响植物的正常生长,太厚会加大对屋顶的荷载。因此,应选择轻质的人工合成土壤,根据植物种类选择不同的土层厚度。

(三)屋顶绿化需要考虑快速排水和对花园的特殊护养

由于建筑结构层为非渗透层,雨水和绿化洒水必须尽快排出,如果屋面长期积水,轻则会造成植物烂根枯萎,重则可能会导致屋顶漏水。因此,屋顶绿化需考虑快速排水。

屋顶花园的生态环境比较差,有很多因素不利于植物的生长发育,必须进行特殊的管理和养护,如适时适量浇水施肥、修剪除虫等。如果屋顶绿化面积较大,建议采用自动喷洒装置或自动滴灌装置,还可以将屋顶绿化浇水系统与建筑物中的水系统或者雨水收集处理系统相连,起到节约用水的目的。

三、屋顶花园的功能

屋顶绿化是融合绿化技术与建筑艺术为一体的综合的现代技术,它使建筑物的空间潜能与绿色植物的多种效益得到完美的结合和充分的发挥,是城市绿化发展的崭新领域。屋顶花园作为城市生态系统中的空中廊道,其主要功能及效益如下。

(一)屋顶花园的经济效益

1. 保护建筑物

绿化覆盖的屋顶吸收夏季阳光的辐射热量,有效地阻止屋顶表面温度升高,降低屋顶下的室内温度,从而减轻屋顶的热胀冷缩,起到保护屋顶防水层,防止屋顶漏水、延长建筑寿命的作用。

2. 节省能源

建筑物屋顶绿化可明显降低建筑物周围环境温度 0.5～4℃,而建筑物周围环境的气温每降低 1℃,建筑物内部的空调容量可降低 6%。在北方,屋顶绿化如采用地毯式满铺地被植物,则地被植物及其下的轻质植土完全可以取代屋顶的保温层,起到冬季保温、夏季隔热作用。因此,推广屋顶花园可节省能源。

(二)屋顶绿化的生态效益

建筑物的屋面是承接阳光、雨水并与大气接触的重要界面,而城市中屋面的面积占去了整个城市面积的 30%左右。屋面的性质决定了其在生态方面的独特作用。

1. 缓和周边小气候,改善城市环境

城市空气因交通工具及住宅、写字楼的空调设备等造成的污染已成为一大环境问题,绿化屋顶的植物覆盖层可以吸收部分有害气体,吸附空气中的粉尘,具有净化空气的作用。

屋顶绿化可以抑制建筑物内部温度的上升,增加湿度,防止光照反射、防风,对小环境的改善有显著效果。

2. 创造城市内的生物生息空间

人与自然的共生是现代城市发展的必然方向,而节能、可自我循环、完善的城市生态系统是城市可持续发展的基础。系统化的屋顶绿化设施可以偿还大自然有效的生态面积,为野生动植物提供新的生活场所,通过绿地的多样化来实现城市生态系统的多样性,从根本上改善城市环境。

3. 屋顶绿化的社会效益

屋顶绿化能合理地利用和分配城市上层空间,美化城市高层建筑周围环境,创造与周围环境协调的城市景观。同时,可以软化硬质建筑,使城市更自然、更人性化,为人们开拓更多的休闲空间

屋顶花园与城市其他园林绿地一样,对人们的生活环境赋予绿色的情趣享受。它对人们心理所产生的作用比其他物质享受更为重要。绿色植物能调节人的神经系统,使人们紧张疲劳的神经得到缓和,屋顶花园可以使生活或工作在高层建筑的人们能够俯视到更多的绿色景观,观赏优美的环境。

四、屋顶花园的分类

(一)按使用要求分

1. 公共游息性屋顶花园

这种形式的屋顶花园除具有绿化效益外,还是一种集活动、游乐为一体的公共场所。在设计上应考虑到它的公共性,在出入口、园路、布局、植物配植、小品设置等方面要注意符合人们在屋顶上活动、休息等需要。植物配置应以草坪、小灌木、花卉为主,设置少量坐椅及小型园林小品点缀,园路宜宽,便于人们活动。

2. 家庭式屋顶小花园

随着现代化社会经济的发展,人们的居住条件越来越好,多层式、阶梯式住宅公寓的出现,

使这类屋顶小花园走入了家庭。这类小花园面积较小,主要以植物配置为主,一般不设置小品,但可以充分利用空间作垂直绿化,还可以进行一些趣味性种植,领略城市早已失去的农家情怀。另一类家庭式屋顶小花园为公司写字楼的楼顶,这类小花园主要作为接待客人、洽谈业务、员工休息的场所,这类花园应种植一些名贵花草,布设一些精美的小品,如小水景、小藤架、小凉亭等,还可以根据实力做反映公司精神的微型雕塑、小型壁画等。

3. 科研、生产用屋顶花园

这类花园可以设置小型温室,用于培育珍奇花卉品种、引种以及观赏植物、盆栽瓜果的培育。既有绿化效益,又有较好的经济收入。这类花园的设置,一般应有必要的设施、种植池和人行道,采用规则布局,形成闭合的整体地毯式种植区。

(二)按绿化布置的形式分

1. 规则式

由于屋顶的形状多为几何形,且面积相对较小,为了使屋顶花园的布局形式与场地取得协调,通常采用规则式布局,种植池多为几何形,以矩形、正方形、正六边形、圆形等为主,有时也做适当变换或为几种形状的组合。

2. 自然式

在屋顶花园规划中,以自然式布局的占有很大比例。这种形式的花园布局,要体现自然美,植物采用乔灌草混合方式,创造出有强烈层次感的立面效果。

3. 混合式

这种形式的花园具有以上两种形式的特色,主要特点是植物采用自然式种植,而种植池的形状是规则的,此种类型在屋顶花园中最常见。

(三)按所用植物材料种类分

1. 地毯式

这种形式的花园中,种植的植物绝大部分为草本,包括草坪和草花,因植株低矮,在屋顶形成一种类似于绿色的地毯效果。由于草本植物所需的种植土层厚度较薄,一般土层厚度为10～20 cm,对屋顶所加的荷重较小,一般屋顶均可以承受。这种形式不但绿化效果好,绿地覆盖率高,且建园的技术要求也较低。

2. 花坛式

这种形式的主要特点是在花园内分散布置一些规则式的种植池,植物以观花为主,同时一些观叶植物在园中也常应用,在外观上类似于地面的花坛,花卉可以随时更换,观赏价值较高,但在管理的工作量上相对较大,常用一些观叶草本植物代替草花,可以延长观赏期,还可以用一些低矮的、花期较长的草本花卉种植其中,效果十分好。这种形式往往不单独在屋顶花园中出现,可与其他形式结合,丰富花园的色彩,效果更突出。

3. 花境式

这种形式在屋顶花园中经常出现,园内所选用的植物种类可以是乔灌木或草本,种植的外形轮廓为规则的,植物种植形式是自然的,在屋顶花园的花园周边布置花境是最恰当不过的,一般可以以绿色植物组成的树墙为背景,在前方配以花灌木,使游人的行走路线沿花境边缘方向前进,以便游人观赏。

(四)按其周边的开敞程度分

1. 开敞式

这种花园一般在独立建筑的顶层,其视野开阔,人在园中可欣赏周边的风光,通风条件良好,光线充足,对植物生长十分有利,但由于周边没有其他建筑遮挡,风力较大,土壤易干燥,因此及时补充水分是屋顶花园养护管理中十分重要的一环。

2. 半开敞式

这种花园只有两侧或一侧可以通视,由于周边有其他建筑遮挡,有时光照条件相对较差,因此在选择植物种类时要特别注意。另外,由于有一面、二面或三面的遮挡,花园内的风力相对减小,因此这对植物的生长是十分有利的,特别是在背风处,可以种植一些抗风能力弱的乔木或灌木,这种特殊的环境为花园的营造创造了十分有利的条件。

3. 封闭式

这种花园位于被周边高大建筑包围的低矮顶层,视线被周围的建筑挡住,空间闭锁,周边建筑对园内的光照条件和空气流通产生很大影响,在建园时必须充分考虑这一问题。因此,这类屋顶花园在植物配置上,应选择耐阴植物为好 。

五、屋顶花园设计原则和设计要点

(一)屋顶花园规划设计原则

屋顶花园规划设计应遵循"经济、实用、美观、创新"等几个方面的综合要求 。

1."适用"是营造屋顶花园的最终目的

建造屋顶花园的目的就是要在有限的空间内进行绿化,增加城市绿地面积,改善城市的生态环境,同时,为人们提供一个良好的生活与工作场所和优美的环境景观,但是不同的单位其营造的目的(因使用对象的不同)是不同的。对于一般宾馆饭店,其使用目的主要是为宾客提供一个优雅的休息场所;对一个小区,其目的又是从居民生活与休息来考虑的。因此,不同性质的花园应有不同的设计内容,包括园内植物、建筑、相应的服务设施。但不管什么性质的花园,其绿化应放在首位,一般屋顶花园的绿化(包括草本、灌木、乔木)覆盖率最好在60%以上,只有这样才能真正发挥绿化的生态效应。

2."精美"是屋顶花园的特色与造景艺术的要求

屋顶花园的面积是有限的,如何利用有限空间创造出精美的景观,这是屋顶花园不同于一般园林绿地的区别所在。在进行屋顶花园的设计时,其景物的设计、植物的选择均应以"精美"为主,各种小品的尺度和位置上都要仔细推敲,同时还要注意使小尺度的小品与体形巨大的建筑取得协调。另外,由于一般的建筑在色彩上相对单一,所以在屋顶花园的建造中还要注意用丰富的植物色彩来淡化这种单一,以绿色为主,适当增加其他色彩明快的花卉品种,通过对比突出其景观效果。

另外,在植物配置时,还应注意植物的季相景观问题,在春季应以绿草和鲜花为主;夏季以浓浓的绿色为主;秋季应注意叶色的变化和果实的观赏。

3."安全"是屋顶花园营造的基本要求

在地面建园,可以不考虑其重量问题,把地面的绿地搬到建筑的顶部,必须注意其安全指标,这种"安全",一是屋顶本身的承重,二是游人在游园时的人身安全。

4."创新"是屋顶花园的风格

屋顶花园的建筑与植物类型要结合当地的建园风格与传统,要有自己的特色。在同一地区,不同性质的屋顶花园也应与其他花园有所不同,不能千篇一律,特别是在造园形式上要有所创新。比如在北京长城饭店的屋顶花园与北京丽京花园别墅的屋顶花园就各具特色。

5."经济"是屋顶花园设计与营造的基础

一般情况下,建造同样的花园在屋顶要比在地面上的投资高出很多。因此,要求设计者必须结合实际情况,做出全面考虑,同时,屋顶花园的后期养护也应做到"养护管理方便,节约施工与养护管理的人力物力",在经济条件允许的前提下建造"适用、精美、安全"并有所创新的优秀花园。

(二)屋顶花园设计要点

1. 种植设计

植物在屋顶花园中占有很大比例,是屋顶花园的主体。但由于受楼顶承重的制约和生态环境的特殊性,所以在种植设计方面有其特殊性。

(1)选用植株矮、根系浅和抗性强的植物,主要有以下几类:

草本花卉:天竺葵、球根秋海棠、风信子、郁金香、金盏菊、石竹、一串红、旱金莲、凤仙花、鸡冠花、大丽花、金鱼草、雏菊、羽衣甘蓝、翠菊、千日红、含羞草、紫茉莉、虞美人、美人蕉、萱草、鸢尾、芍药、葱兰等。

草坪与地被植物:常用的有天鹅绒草、酢浆草、虎耳草等。

灌木和小乔木:红枫、小檗、南天竹、紫薇、木槿、贴梗海棠、腊梅、月季、玫瑰、山茶、桂花、牡丹、结香、八角金盘、金钟花、栀子、金丝桃、八仙花、迎春花、棣棠、枸杞、石榴、六月雪等。

(2)种植土厚度应是不同植物生存所必需的土层厚度,尽可能满足植物生长的基本需要。一般植物生存的最小土层厚度是:草本(主要草坪、草花等)为1~5 cm;小灌木为25~35 cm;大灌木为40~45 cm;小乔木为55~60 cm;大乔木(浅根系)为90~100 cm;深根系为125~150 cm。

植物生长除必须有足够厚的土壤作保证,还要求土壤能够为其生长提供必需的养料和水分。一般屋顶花园的种植土均为人工合成的轻质土,这样不但可以大大减轻楼顶的荷重,还可以根据各类植物生长的需要配制养分充足、酸碱度适中的种植土。

人工配制种植土的主要成分有蛭石、泥炭、沙土、腐殖土和有机肥、珍珠岩、煤渣、发酵木屑等材料,但必须保证其容重在700~1 500 kg/m^3,容重过小,不利于固定树木根系,过大又对楼顶承重产生影响。人工配制种植土主要有如下几种:

①泡沫有机树脂制品(容重30 kg/m^3)加入体积的50%腐殖土。

②海绵状开孔泡沫塑料(容重23 kg/m^3)加入体积的70%~80%腐殖土。

③膨胀珍珠岩(容重60~100 kg/m^3,吸水后重3~4倍)加入体积的50%腐殖土。

④蛭石、煤渣、谷壳(容重300 kg/m^3)。

⑤空心小塑料颗粒加腐殖土。

⑥木屑腐殖土 这是目前应用较多,且又经济的一种基质。一般为7份木屑加3份普通土或腐殖土。

另外,在土壤配置好以后,还必须适当添加一些有机肥,其比例可根据不同植物的生长发育需要而定,本着"草本少施,木本多施,观叶少施,观花多施"的原则。

2. 园林工程与建筑小品设计

(1)水景工程　屋顶花园的水景与在地面上的水景有很大区别，主要体现在水景的类型及尺寸上。地面上的水景可以是浩瀚的湖面、收放自由的河流小溪、气势雄伟的喷泉，而在屋顶花园上，这些水景由于受楼体承重的影响和花园面积的限制，在内容上发生了变化。

水池：屋顶花园的水池一般多为几何形状，水体的深度在 30～50 cm，建造水池的材料一般为钢筋混凝土结构，为提高其观赏价值，在池的外壁可用各种饰面砖装饰，同时，由于水的深度较浅，可以用蓝色的饰面砖镶于池壁内侧和池底部，利用视觉效果来增加其深度。

另外，在施工中必须做好防漏处理，注意水池位置的选择。池中的水必须保持洁净。对于一些自然形状的水池，可以用一些小型毛石置于池壁处，在池中可以用盆栽的方式种植一些水生植物，例如荷花、睡莲、水葱等，增加其自然山水特色。

喷泉：屋顶花园中的喷泉一般可安排在规则的水池之内，管网布置成独立的系统，便于维修，对水的深度要求较低，特别是一些临时性喷泉的做法很适合放在屋顶花园中。

(2)假山置石　屋顶花园上的假山受楼体承重的影响，不但体量上要变小，而且从重量上有很大限制。因此，屋顶花园上的假山一般只能观赏不能游览，应注意其形态上的观赏性及位置上的选择。除了将其布置于楼体承重柱、梁之上以外，还可以利用人工塑石的方法来建造，这种方法营造的假山重量轻，外观可塑性强，观赏价值也较高，在屋顶花园中是很常见的，如上海华亭宾馆屋顶花园上的大型假山就是用这种方法建造的。对于小型的屋顶花园可以用石笋、石峰等置石，效果也是十分明显的，如北京首都宾馆屋顶花园的置石。

(3)园路铺装　园路在屋顶花园中占较大的比重，它不但可以联系各景物，而且也可成为花园中的一景。园路在铺装时，要求不能破坏屋顶的隔热保温层与防水层。另外，园路应有较好的装饰性并且与周围的建筑、植物、小品等相协调，路面所选用的材料应具有柔和的光线色彩，具有良好的防滑性，常用的材料有彩色水泥砖、大理石、花岗岩等，有的地方还可用卵石拼成一定的图案。

另外，园路在屋顶花园中常被作为屋顶排水的通道，因此要特别注意其坡度的变化，在设计时要防止路面积水。路面宽度可根据实际需要而定，但不宜过厚，以减小楼体的负荷。

(4)园亭　为丰富屋顶花园的景观效果，提高其使用功能，在园内建造少量小型的亭是十分适宜的。亭的设计要与周围环境相协调，在造型上能够形成独立的构图中心。在构造上应简单，也可采用中国传统建筑的风格，这样可以使其与现代建筑形成明显的对比，突出其观赏价值。建亭所选用的材料可以是竹木结构，也可选用钢筋混凝土结构。

(5)花架　屋顶花园内设置造型独特的花架，不但可以丰富花园的立面效果，还可以为游人提供乘凉。屋顶花园上建造的花架可为独立型也可为连续型。植物种类应选择适应性强、观赏价值高、能与花架相协调的植物种类。小尺寸的花架可以选用五叶地锦、常春藤等，大尺寸的可选用紫藤、葛藤等。花架所用的建筑材料应以质轻、牢固、安全为原则，可用钢材焊接而成，也可为竹木结构。

(6)其他　在花园内除了以上建筑小品之外，还可以在适宜的地方放置少量人物、动物或其他物体形象的雕塑，在尺寸、色彩及背景方面要注意其空间环境，不可形成孤立之感。例如上海华亭宾馆屋顶花园的花鹿雕塑就给人一种很自然的感觉。屋顶花园还应考虑夜晚的使用功能，特别是那些以营利为主的花园，在园内设置照明设施是十分必要的，园灯在满足照明用途的前提下，还应注意其装饰性和安全性，特别是在线路布置上，要采取防水、防漏电措施。园灯的尺寸以小巧为宜，结合环境可以将其装饰在种植池的池壁上，也可结合一些园林小品来安装照明设施。

六、屋顶花园设计中应注意的问题

(一)屋顶花园的荷载问题

屋顶应采用整体浇筑或预制装配的钢筋混凝土屋面板作结构层，有条件者，可用隔热防渗透水材料制成的“生态屋顶块”。一般情况下，要求提供 350 kg/m^2 以上的外加荷载能力。同时在具体设计中，除考虑屋面静荷载外，还应考虑非固定设施、人员流动、外加自然力等因素。为了减轻荷载，应将亭、廊、花坛、水池、假山等重量较大的景点设计在承重结构或跨度较小的位置上，同时尽量选择人造土、泥炭土、腐殖土等轻型材料。屋顶花园的形式应考虑房屋结构，设计时以屋顶允许承载重量为依据。必须做到：屋顶允许承载重量＞一定厚度种植层最大湿度重量＋一定厚度排水物质重量＋植物重量＋其他物质重量。在了解好这些之后，就应根据屋顶实际承重能力，设计不同功能的屋顶花园。

1. 屋顶绿化的主要荷载

不同平顶式的建筑形式，其结构也不尽相同。在绿化装饰之前，首先必须了解屋顶的承载重量，然后结合需要，科学地布局，以保证其安全。

屋顶绿化的荷载包括静荷载和动荷载。其中静荷载包括屋顶结构自重、防水层、保温隔热层、找平层、排水层、栽培介质层、园林植物及设施等。动荷载是指屋顶绿化中游人的荷载。在屋顶绿化设计时，动荷载往往不是控制值，而屋顶花园中的植物种植、园林小品等的平均荷载常常超过动荷载，需要认真核算屋顶结构是否满足总荷载的要求。

根据设计载荷的重量，屋顶花园可以分为四种类型：

①超轻型：只是屋顶简单绿化，以草坪等地被植物为主，其土层厚度一般不超过 7 cm。屋顶花园静荷载不超过 100 kg/m^2。

②轻型：是常见的屋顶花园类型，其土层厚度一般不超过 15 cm。植物以草皮为主，园林设施有花坛、花盆。屋顶荷载通常不超过 200 kg/m^2。

③中型：屋顶花园总荷载一般在 350～400 kg/m^2。土层厚度通常不超过 30 cm，只适宜树冠矮小的花卉灌木生长，园林设施包括花槽、立体花坛和简易棚架。

④重型：齐全的屋顶花园属于此类。设计荷载一般在 500 kg/m^2，局部范围可能还要加重一些。栽培介质厚度在 30 cm 以上。植物除了地被、灌木、藤蔓植物之外，还可种植一些小乔木。园林设施可包括喷水池、亭子、花墙、棚架等。

2. 屋顶结构形式与承载分析

目前现有楼房的屋顶面主要有两种，即多孔预制板屋面和钢筋混凝土屋面。新建楼房屋面多采用现浇钢筋混凝土屋面，整体性好，屋顶上种植植物不但不易发生渗漏，而且承载力强，通过选用相应数量的钢筋加强承载能力，屋顶绿化的荷载问题容易解决。建造较早的楼房常采用预制楼板，根据荷载需要，选用相应荷载型号的楼板。在多孔预制板屋面上进行绿化，需要认真对房屋的结构作复核，查看梁、柱和基础的结构情况，以确保承载的安全性。

对于荷载较重的屋顶花园，喷水池、棚架等园林设施的集中载荷需直接传递到建筑物的梁、柱等承重结构上。为减轻屋顶荷载，屋顶绿化中常采用轻质的种植介质，种植低矮的地被植物和花卉小灌木，并减少园林设施等，以提高安全可靠性。

荷载是衡量屋顶单位面积上承受重量的指标，是建筑物安全及屋顶花园成功与否的保障。用于园林造景的屋顶应采用整体浇筑或预制装配的钢筋混凝土屋面板作结构层，有条件者，可用隔热防渗透水材料制成的“生态屋顶块”。一般情况下，要求提供 350 kg/m^2 以上的外加荷载能力。同时在具体设计中，除考虑屋面静荷载外，还应考虑非固定设施、人员数量流动、外加自然力等因素。

(二)屋顶绿化的防漏排水

1. 防漏

防漏处理的成败直接影响屋顶花园的使用效果及建筑物的安全，屋顶花园建成后一旦发现漏水，就得部分或全部重新返工。所以防水层的处理是屋顶花园的技术关键。

目前在屋顶花园建设上使用的防漏处理方法主要有“刚”、“柔”之分，各有特点。刚性防水层主要是在屋面板上铺筑 50 mm 厚细石混凝土，内放双向钢筋网片一层，在混凝土中可加入适量微膨胀剂、减水剂、防水剂等添加剂，以提高其抗裂、抗渗性能。这种防水层比较坚硬，能防止根系发达的乔灌木穿透，起到保护屋顶的作用，而且使整个屋顶有较好的整体性，不易产生裂缝，使用的寿命也长，但是自重较大，一般是柔性防水层的 2～3 倍。因而对于屋顶绿化来说，更倾向采用柔性防水层。目前大多数建筑物都用柔性防水层防渗漏，即屋顶花园中常用“三毡四油”或“二毡三油”，再结合聚氯乙烯泥或聚氯乙烯涂料处理。近年来，一些新型防水材料也开始投入使用，已投入屋顶施工的有三元乙丙防水布，使用效果不错。

2. 排水

屋面排水设计的主要任务是：首先将屋面划分成若干个排水区，然后通过适宜的排水坡和排水沟，分别将雨水引向各自的落水管再排至地面。屋面排水的设计原则是排水通畅、简捷、排水口负荷均匀。屋面排水设计具体步骤如下：

①确定屋面坡度的形成方法和坡度大小；

②选择排水方式，划分排水区域；

③确定天沟的断面形式及尺寸；

④确定落水管所用材料和大小及间距；

⑤绘制屋顶排水平面图。

单坡排水的屋面宽度不宜超过 12 m，矩形天沟净宽不宜小于 20 cm，天沟纵坡最高处离天沟上口的距离不小于 12 cm。落水管的内径不宜小于 75 mm，落水管间距一般在 18～24 m 之间，每根落水管可排除约 200 m^2 的屋面雨水。

◉小结

屋顶花园是建筑技术与园林艺术的融合，在现代城市建设中发挥着重大作用。本章概括了世界屋顶花园的发展简史，总结了现代屋顶花园的分类方法、设计原则和设计要点。

我国自 20 世纪 60 年代起，才开始研究屋顶花园和屋顶绿化的建造技术。屋顶花园的规划设计，使屋顶的自然生态环境与城市总体生态环境融为一体，它是城市文明的延续，生活环境与城市文化的融合。屋顶花园的空间布局受到建筑固有平面的限制和建筑结构承重的制约，与露地造园相比，其设计既复杂又关系到相关工种的协同，其中，建筑设计、建筑构造、建筑结构和水电等工种配合的协调是屋顶花园成败的关键。由此可见，屋顶花园的规划设计是一项难度大、限制多的园林规划设计项目。近 10 年来，屋顶花园在一些经济发达城市发展很快。

随着我国城市化的加速，城市建成区中绿地面积不足的现象日益明显，建设屋顶花园，提高城市的绿化覆盖率，改善城市生态环境，已越来越受到重视。

技能训练十 屋顶花园设计

一、实训目的

通过实训了解屋顶花园的功能，掌握屋顶花园对土壤、植物及施工技术等方面的特殊要求，能结合实际进行不同类型屋顶花园设计。

二、材料用具

屋顶花园、皮尺、测量仪器、图纸、绘图工具、笔、记录本、参考书籍等。

三、方法步骤

1. 分组，踏勘某一屋顶花园；
2. 分析该屋顶花园的功能要求；
3. 分析该屋顶花园的特殊技术要求；
4. 分析该屋顶花园的基本情况及周边环境；
5. 确定该屋顶花园的设计理念；
6. 进行绿地设计；
7. 绘图及书写设计说明。

四、作业

1. 完成任务工单的填写；
2. 绘制设计图纸，包括平面图和效果图、文字说明等。

◈典型案例

——洪武大厦屋顶花园

洪武大厦位于南京新街口闹市区，洪武南路与小火瓦巷路口南侧，于1998年建成，是一座以办公为主的综合性大楼，高25层。该屋顶花园位于三层裙楼楼顶，即四楼天台，主体大楼的西、北、东三侧，宽6.5～12 m，长约70 m，总面积600 m^2。屋顶花园基地平坦，屋面为水泥砂浆硬防水层，最大排水高差约20 cm，共有6个排水出口。天台周边是高2 m的女儿墙。沿西、北侧女儿墙立有广告牌，24根角钢支架伸向楼面约3 m，占据了较多的楼面空间。天台西南角是中央空洞主机。整个屋顶花园的设计原则以植物造景为主，适当点缀园林小品景观；充分考虑荷载安全，合理布局各类景观内容；以实用为主要目标，充分体现花园游憩使用功能。在总体构思布局方面，根据屋顶建园的特点及主体建筑风格，本花园采用规则式布局。设计从楼面形状与结构考虑，结合功能要求，以较大面积的草坪和活动休息铺装场地为主要内容，给人以开阔的空间感和疏朗的大块面效果，符合现代都市花园风格和空中花园小气候要求。为了扩大花园空间感，并使草坪具有整体性，将广告牌支撑架缩短。北侧中部广场边缘设置斧劈石假山水池造景小品作为花园主景，也是花园入口对景。花园周边沿墙设花台布置各种花灌木进行基础绿化。东侧设置屋顶花房，为大楼室内绿化装饰提供和养护各种盆花。西部草坪设一长条形树台作障景，部分隐藏中央空调主机。花园北部向西转折处设一圆形树台。北部草坪中设置两个圆形休息小广场，内置庭院圆桌凳，并以富有动感的卵石小路与铺装步道相连。铺装步道边缘设置休息条凳，草坪上设置草坪灯，以进一步增强花园的使用功能和艺术气息。花园采用喷灌、微灌设备系统（图 10-1）。

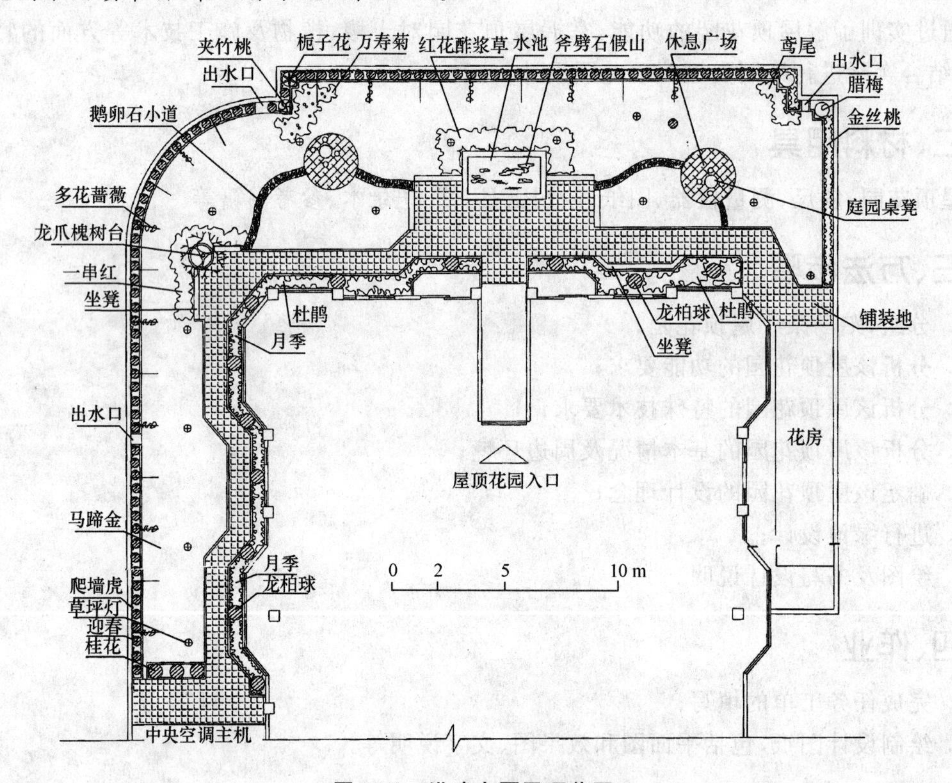

图 10-1　洪武大厦屋顶花园

植物造景设计方面以较大面积的常绿草坪和花灌木景观为主，适当配置草本花卉，以丰富花园色彩，提高美化效果。草坪选用耐热、一般无需修剪的马蹄金草坪。花灌木以花台形式沿墙作基础绿化装饰，主要配植杜鹃花、月季、迎春、金丝猴、夹竹桃、栀子花等。女儿墙边种植爬山虎，使整个高 2 m 高的墙面充满绿色，提高花园空间的绿视率。多花蔷薇与字牌支架相结合，作为花园外侧垂直绿化与美化的主要形式。障景树台种植桂花，秋季满园飘香。圆形树台、假山水池、女儿墙拐角处布置花色鲜艳的草本花卉，以增强花园美化效果。

园林小品设计方面选用假山水池、广场步道、庭园桌凳及庭灯等来增加花园特色。水池为 4.6 m×2.6 m，池深 40 cm。池底用钢筋混凝土浇筑而成，池壁砖砌防水砂浆抹面，并贴浅黄色面砖。黑色斧劈石假山高 2.3 m，由三组石峰组成，左右高低错落有致。广场步道是为了创造丰富的地面景观，花园北部草坪上两个直径为 3 m 的圆形休息小广场以彩色大理石铺面，花园入口广场及主要步道以浅粉色人造花岗岩方砖铺面，圆形广场与步道之间为鹅卵石小步道。圆形西方广场采用白色大理石桌凳,条凳均采用木质桌凳。条凳凳面由四根木方条按一定间距排列而成。同时,水池及树台壁亦兼作坐凳使用。

在防水与给排水系统设计方面,采用在原有屋面水泥沙浆防水层上整体加铺一层SBS增强型防水材料,以进一步防止屋面在潮湿状态下发生渗漏。给水系统采用自来水供水,草坪运用喷灌,选择雷欧302地埋式喷头,以功率4 kW、扬程15 m的管道泵为动力,蓄水池为水源。花台选择万得凯微灌,以自来水直接作水源。排水系统由4～8 cm厚煤渣排水层和4～5 cm排水管组成。同时,地表做成一定坡度,大雨时亦可直接进行地表排水。

复习思考题

1. 建造屋顶花园的意义是什么?
2. 屋顶花园的营建有哪些特殊要求?
3. 分析屋顶花园的环境特点,总结屋顶花园在建造过程中应注意的问题。
4. 屋顶花园的规划布局与地面上花园布局有什么区别?
5. 简述屋顶花园种植土的配置方法。
6. 屋顶花园的日常管理有哪些内容?最主要的内容是什么?
7. 在屋顶花园的园林工程建造过程中,应注意哪些问题?为什么?

项目十一　生态农业园规划设计

◆学习目标

了解生态农业园的概念及发展历程；掌握生态农业园的类型和功能；掌握生态农业园规划的相关理论、原则和手法；能熟练运用相关理论进行特定功能的生态农业园规划设计。

生态农业园是指根据现代旅游业发展的要求，在遵循生态规律的基础上，对现有或开发的农业和农村资源进行改造、配套、组装和深度开发，在至少保证基本生产或生活功能的基础上因地制宜，赋予其观赏、品尝、购买、娱乐、劳动、学习和居住等不同的旅游功能，创造出可经营的、可持续的、具有农业或农村特色和功能的旅游资源及其产品的现代园林。

21 世纪是人与自然开始走向协调与和谐的世纪，健康生存与可持续发展已成为时代的主旋律，保护和改善生态环境已成为共识。以大自然为舞台，以生态学为原理，以可持续发展为前提，将自然融入城市，充分发挥人的创造力和生产力，使环境质量和居民的身心健康得到最大限度的保护，全力打造一个完全生态的文化城已成为一种必然趋势。生态农业的兴起，不仅为游客提供了新的旅游空间，吸引了许多城市居民来到农村旅游观光、劳动甚至定居，而且还通过生态农业提供的参与性、知识性的农事和科普活动扩大游客的知识视野，获得身心的放松，既提高了旅游品位，也缓解了城市旅游拥挤状况。

生态农业园是我国农业的转型与升级，是加快农业现代化和城乡园林化并与国际接轨的必然选择。进行农业生态园的规划设计，必须遵循农业和旅游业发展的规律，建立一个“整体、协调、循环、再生”的完整生态系统。生态农业园是采用生态园模式进行观光园内农业的布局和生产，将农事活动、自然风光、科技示范、休闲娱乐、环境保护等融为一体，实现生态效益、经济效益与社会效益的统一。

本章从多个方面讲解了如何建设一个可持续发展的生态农业园，为生态农业园的设计和建设提供了理论依据。

一、国内外生态农业园的发展概况

生态农业园的起源于 100 多年前，1873 年德国的乡村旅游就是生态农业园的雏形，乡村旅游的空间被定义为在人们主要从事农业生产活动的非城市地区。它主要开发和规划大规模的农场，并设置一些观光景点和野营项目来吸引游客。意大利的生态农业园始于 20 世纪 70 年代，发展于 80 年代，到了 90 年代已成燎原之势。它的旅游业注重现代化的农业和优美的自然环境、多姿多彩的民风民俗、新型的生态环境的结合。在英国，乡村旅游也有 100 多年的历史，19 世纪末，E·霍华德提出了“田园城市”的理论，霍华德在他的著作《明日，一条通向真正改革的道路》中认为田园城市实质上是城与乡的结合体，它的规模不应该超过一定程度，四周要有永久性农业地带围绕。从 20 世纪 30 年代起，英国政府就开始用景观环境保护的眼光来综合考虑城市和农村的区域规模。到 80 年代，英国的 Krummel. J. R 将景观生态学中的一套成熟的景观空间格局测定、描述体系应用到土地利用、农业及城市景观结构分析中，至此，欧洲生态农业园的观点走向成熟。

在美洲，20 世纪 30 年代美国的建筑大师 Frank. Lloyd. Wright(F. L)提出了“广亩城市”的纲要。所谓广亩城市，即带有田园风光的城市，城市与农村不能截然分开，城市边缘地带可营造绿色的观光农业林带。随着城市的急剧发展和人工建筑对自然环境的破坏，人们日益重视保持自然和人工环境的平衡以及城市和乡村的协调发展问题。作为城市边缘地区的观光农业也被列入区域规划范畴，观光农业的景观创造把乡村和沿途的高速公路沿线结合，形成了独特的环境、景观或历史文化资源。90 年代初，美国的生态学家 Haber. W 提出了观光农业的规划和设计问题很大程度上是景观生态学原理的实际应用问题，可以直接运用近几年来迅速发展的景观生态规划和设计的一系列原理和方法。美国风景园林学会主席西蒙兹在他的《大地景观规划——环境指南》中，也提及景观生态在农业景观规划中的应用。

在亚洲，早在 1930 年，日本的宫前义嗣在《大版府农会报》杂志上就对都市农业作为学术名词而提出。日本的生态农业在发展过程中主要出现了采摘观光、自然修养村、农舍投宿、市民投宿、市民农艺园等形式，为工业化日本社会中的人们在紧张的工作之余提供接近自然，返璞归真的场所。在韩国和马来西亚，近几年来生态农业发展迅速，它们主要采取观光农园的形式，将观光农业与花卉产业、旅游业紧密结合在一起。

我国的生态农业项目开发要数台湾最早。1978 年苗栗县太湖草莓园的偶然开辟成为了台湾生态农业园发展的开端。发展至今，台湾的生态农业园已遍布各地而且形式多样，主要类型有以下几种：

(1)休闲胜地；

(2)农舍或乡村旅店；

(3)观光农业园；

(4)野生动植物的观赏和研究；

(5)品尝野味的休闲旅游；

(6)综合性的休闲农场。

在我国大陆，20 世纪 80 年代后期在北京昌平县十三陵旅游区首次出现了观光桃园，之后就一直方兴未艾，许多发达地区如北京、广东、上海、苏南、山东等地的观光农业在 90 年代初也已纷纷兴起。目前，农业园的设计与建设已不再仅仅局限于经济和社会效益，而是加强了对生态效益的重视程度。生态农业园逐渐走向成熟，向着更加丰富的层次发展，其类型也走向多元化，但在其规划及发展过程中仍存在如下问题：

1. 缺乏科学的规划设计和经营管理

生态农业园建园主要目标是进行生态示范，进一步拓展观光农业的功能。但一些生态园的设计并没有结合其建园主要目标进行科学的规划设计，充分发掘现代生态园丰富的资源内涵，因而造成园内功能分区不明确、旅游路线设计不合理、产品结构单一、不能多角度利用资源等问题。另外，以旅游度假为主题的生态农业园受本身规划设计影响，客源渠道比较单一，很难吸引到较远城市的外地游客。再者，园区提倡采用自然生态平衡的管理模式，但园内管理人员文化素质低，生态知识贫乏，致使服务质量较差，管理比较混乱。

2. 旅游形象定位模糊，观光性不强

生态园开发既以观光农业为核心，就需要整体定位和科学思考，需要加大旅游基础设施的投资力度，使农业和旅游开发齐头并进、相辅相成。现在一些生态农业园只是凭借温暖的气候及特色风情，大建别墅和娱乐场所，开发大规模度假村而偏离生态农业旅游主题。

3. 生态示范作用不强

生态农业园是采用生态园模式进行园内农业的布局和生产，以生态农业作为农业观光的基础，体现“整体、循环、协调、再生”原则和“生态文化”内涵。有些生态园开发只以观光农业为幌子，单纯追求营利，没有采用生态农业的模式来设计和生产，生产的无公害产品也是以高投入换来高产出，没有完全遵循有机农业的生产模式。这种缺乏文化内涵的生态园经济，其投资价值和发展潜力将大大降低。所以，也就很难起到相应的生态农业示范作用，同时也不具备通过有机农业来进行绿色食品生产的能力，很难实现经济、社会与生态效益三者的统一。

4. 科普教育和农业科技示范性不强

生态旅游，不仅仅是一种自然观光旅游，它更是一种注重保护自然的高层次旅游活动和教育活动。观光农业作为传统农业与现代旅游业相结合的产物，其实质是具有休闲、娱乐和求知功能的生态、文化科普旅游。现阶段我国农业科普存在很大的市场空白，这一空白与我们现代农业发展新方向——生态农业形成了完美的互补，旅游科普就理所当然成了生态农业和农业科普发展的新方向。大多数生态园都没有设立专门的科普教育中心和环保教育宣传基地，无法为当地大中专院校提供课外实习基地和小学环保教育基地。再加上导游素质较低，所以生态园很难发挥相应的教育功能，对周边地区推广和示范现代农业技术的效用性不强，无法为我国农业和科普事业的发展营造良好的环境。

二、生态农业园的类型

发展生态农业园，明确其功能定位对于合理确定投资取向和规模以及配置科学管理方式和生产经营战术至关重要。现阶段规划和开发生态农业的功能定位有以下五种类型：

（一）多元综合型

集农业研究开发、农产品示范推广、农技术培训推广、农业旅游观光和休闲度假为一体。如北京锦绣大地农业观光园、苏州吴县西山现代化农业开发区和海南兴隆热带植物园。

（二）科技示范园

以农业技术开发和示范推广为主要功能，兼具旅游观光功能。如新昌县的高科技农业示范园区、上海浦东孙桥现代农业开发区、广东顺德的新世纪农业园等。

（三）人文景观型

具有丰富的人文资源，开展探幽、访古、赏景等休闲活动吸引游客。如上虞市丰惠镇凭借“英台故里”名人文化资源兴建员外山庄；绍兴县富盛镇利用“宋六陵”周边资源优势兴建生态园林等。

（四）休闲度假型

具有农林景观和乡村风情特色，以休闲度假为主要功能。依托自然山水风景，兴建休闲、娱乐、度假设施，为游人提供休憩、游乐、就餐、住宿等服务，满足游客“回归宁静自然、享受安逸生活”的消费需求。如越城区的方圆农业园以吼山风景区为依托，建成了集水产养殖、垂钓度假、果园采摘等多位一体的农业休闲园。

（五）生态旅游型

以优美又富有特色的农林牧业为基础资源，以强化生态旅游功能为主要经营方向的农游活动。以绿色、生态、自然的农业资源为依托，为游客提供生态农业的自然情趣。如绍兴县王坛镇的“香雪梅海”生态农业园、山东长岛“渔家乐”旅游、山东枣庄的万亩石榴园风情游和江苏兴化的水乡垛田园艺农业风光线等。

这些各具特色的生态农业又有一些共性：一是立足农村，与农村自然山水风光融为一体，与农村经济社会发展息息相关；二是依托农业，充分发挥农产品生产、加工和销售环节的优势，延长了农业产业链，是农业经济发展的一种新形态；三是致富一方农民，带动一方经济；四是服务社会，为广大群众提供休闲、娱乐、消费平台；五是促进城乡之间融合、工农之间对接。

三、生态农业园的功能

近年来，生态农业园之所以能在国内外蓬勃发展，在于它有着多方面的功能。其中主要功能有：

(一)经济功能

生态农业园可促进都市经济及主体农业的发展，优化产业结构，促进农村经济全面发展。农业园区不仅可以提供优质、卫生、无公害的鲜活产品以满足都市消费需求，增加城市就业机会，实现农业增产以提高农民收入；同时，还能通过旅游开发，发挥本地独特的资源优势，吸引游客，实现农业生产的高附加值。通过观光的经济带动作用，可扩大农村的经营范围，增加农村的就业机会，提高农业收入，壮大农村经济实力。

(二)社会功能

农业的兴衰关系到国计民生和社会的稳定。由于农业是天然的弱质产业，农业的比较利益低，不少地方发展农业的积极性受到打击，有的地方甚至出现了搁荒现象。生态观光农业提供了一种农业发展的新形式，能为当地农民带来较大的收益，在一定程度上起到了农业生产的示范样板作用，对稳定农业生产有利。这只是生态农业的一个方面，生态农业的主要社会功能突出表现在增进都市居民与农民的接触，拓展农村居民的人际关系，缩小城乡差距，提高农民的生活质量，推进城乡一体化的进程。

(三)生态功能

生态农业不仅是生态系统的有机构成，而且直接运用一定的生态科学原理进行系统生产。生态农业使人与自然之间形成广泛而富有生机的物质循环和能量、信息交换，农业既是调节人与自然的“稳压器”，又是抗灾减灾的“绿色屏障”。生态农业比一般的农业更强调农业的生态性，为招来游客，生态农业区须改善卫生状况，提高环境质量，维护自然生态平衡。通过教育解说服务，可使人们了解保护生态环境的重要性，以便人们主动做好资源与环境保护的工作。

在上述三种功能中，生态功能是基础、是前提，如果生态功能未保证，将影响经济功能。从长远看，经济功能难以得到保障，社会功能也会受到损害。经济功能是中心、是手段，在生态功能良好的基础上，经济功能越强越好，经济发展的同时也能为生态环境的保护、开发和利用提供更多的资金和更先进的技术。而社会功能是目标和最终归宿，经济功能和生态功能最终目的是符合并不断满足社会的物质需要和精神需要，不断提高社会的物质文明和精神文明。园区的规划和建设应以经济功能、社会功能与生态功能三者的最佳有机统一为目标。

四、农业系统与生态景观美学

(一)农业系统

农业是由许多相互联系的因素构成、与环境相互作用并有特定结构和功能的复合系统,包括农业生产结构、农村产业结构、生态结构、经营形式等,其中生产结构和产业结构与农业的景观表达和旅游开发关系最为密切。

农业生产结构是指一个国家、一个地区或一个农业企业的农业生产是由哪些生产部门和生产项目组成,以及它们之间的比例关系和结合形式。广义的农业生产结构系统包括种植业、畜牧业、林业、渔业、副业等,根据各部门结合的特点,可以分为农牧型结构、农业经济型结构、农牧林型结构等等。农业生产结构的确定、配置和利用是否合理对农业生产、经济、资源发展利用有着重大的影响作用。我们在规划时,应对自然、社会、经济条件进行调查,初步确立合理的农业生产结构。

农村产业结构是指在一定的农村区域中各产业部门及内部按一定方式实现的组合和构成,一般包括三大产业:第一产业、第二产业和第三产业。第一产业指农业即人们通过劳动去强化或控制动植物的生命过程,以取得生活资料、工业原料和的生产部门,包括农、林、牧、副、渔。第二产业指工业即从农业分离出来的物质生产部门,主要包括乡镇工业、农业建筑业、农村交通运输业等。第三产业指服务业,包括商业、服务业和旅游业等。

(二)生态景观

景观的定义可概括为狭义的和广义两种,狭义景观是指几十千米至几百千米范围内,由不同生态系统类型所组成的异质性地理单元。广义的景观则指出现在从微观到宏观不同尺度上的,具有异质性或缀块性的空间单元。而生态景观是强调景观单元之间的空间格局、生态平衡、比例尺度等效果。

空间格局是指缀块和其他组成单元的类型、数目以及空间分布与配置等。缀块的种类组成特征及其空间分布与配置的总和又构成了缀块性。生态平衡是指生态系统通过发育和调节所达到的一种稳定状况,它包括结构上的稳定、功能上的稳定和能量输入、输出上的稳定,是一种动态平衡。尺度,是指对某一研究对象或现象在空间上或时间上的量度,分别称为空间尺度和时间尺度。在生态景观中,尺度往往用粒度和幅度来表达。空间粒度指在不同的观察高度上放眼望去,景观中最小可辨别的景观单元随着距离而发生变化。而时间粒度是指某一景观现象所发生的频率或时间间隔。幅度是指景观在空间和时间上的持续范围。具体而言,就是区域的总面积决定了景观的空间幅度;景观的持续时间决定了景观的时间幅度。

(三)农业景观

农业景观是指土地及土地上的空间和物体所构成的综合体。它有别于通常所说的风景,风景往往只强调视觉上的美感,而农业景观不仅能够作为人们审美的对象,成为人类生活其中的空间和环境,同时又是一个具有结构和功能,具有内在和外在联系的有机系统。

农业景观是人为的活动产物,它包括农田、林场、果场、牧场、村庄等生态系统,如由农田、果园和人工林地组成的农耕景观;由交通系统和水利工程组成的工程景观;由鱼塘、沟渠、水生植物组成的水体景观等。它们都是以人类活动为特征,是人类在自然基础上建立起来的自然与人相结合的景观(图 11-1),其不同的生态系统之间有着物质、能量、信息的流动以及相互的作用。根据农业景观的特点,可以规划出百菜园、百花园、百果园、百药园、百鸟园、农作物园、生态游乐垂钓园、生态节能模式园、生物工程园、保鲜加工园等。

图 11-1 华庄生态农业园之"浑水摸鱼"

图 11-2 华庄生态农业园之"生态果园"

(四)生态农业景观

生态农业景观,是指在生态农业园区或农村区域内,由各种环境要素所构成的信息总和,它既可成为人们审美的对象,为游人提供游赏环境,又是一个兼具生产、观光、休闲、科普等多功能的有机系统(图 11-2)。生态农业景观内容十分丰富,不同的景观要素构成不同类型的景观。大致分为生命景观、物理景观和文化景观。生命景观由有生命的要素所构成,如农田、果林、菜园、鱼塘等。此外,人的活动也是作为被赏景观的一部分,如钓鱼捕虾、踩车推磨、种菜收菜活动等。物理景观由无生命的要素构成,如温室、建筑、小品、桥梁、道路等。文化景观由农村历史人文、农业文化、农村生活方式、民族特色和地方风俗等要素构成。

景观多样性是指景观结构和功能方面的多样化,反映了景观镶嵌体的复杂性,可以利用丰富度、均匀度、镶嵌度来表示。农业景观中的间作、套作、桑基养鱼,农林茶复合种植等形式,从生态学上减少病害、增强抵抗力,从景观结构上增加了丰富性,从生产上能相互促进、增加产量;从美学上具有丰富性、多样性的统一。

景观异质性是指每个景观都有着与其他景观不同的个性特征,即不同的景观具有不同的结构和功能,通过特有的外貌形态表现出来。如平坦如茵的草地,色彩丰富的落叶阔叶林,矮小整齐的农作物等,在功能上又有自己特殊的作用,如坡地森林的保水护土、粮食经济作物的创收、观赏植物的观赏作用等。

(五)景观美学

景观美学是审美意识和优美的景观形式的有机结合,是自然美、人工美和艺术美的和谐统一。生态农业园中的景观是一种新兴的景观发展形态,具有自身存在的独特特征而使自己区别于其他景观美学形态。在现实中,由于人们审美观的不同,我们很难找到一个完全统一的标准去衡量一个生态农业园的美学价值,但我们可以在进行规划时考虑如下美学理论:

1. 自然风景美

包括未经人化的自然之美(日出日落、名山大川、牧歌草原、沧海桑田、林海雪原等)和经过人工修饰过的半自然之美(整齐划一的沟渠、金色的麦浪、白色的棉海、培育的花卉)。

2. 工程设施美

农业景观中的沟渠道路、挡土护坡、水库堤坝、喷灌滴灌等农业生产设施在满足农业生产功能的同时，注重艺术处理，改变以往的单调、呆板的生产设施的设计方法，也会呈现出特殊的美学效果，如整齐划一的沟渠、壮观的场景喷灌等。

3. 文化景观美

农村的生活习俗、农事节气、民居村寨、民族歌舞、神话传说、庙会集市以及茶艺、竹艺、绘画、雕刻、蚕桑史话等都是农村旅游活动的重要组成部分。不仅是旅游年农业中展示农村文化、开展农村旅游活动的重要人文景观内容，而且增强了农业旅游的文化价值，提高了农业旅游观光的品位，吸引人们观赏、研究。

4. 生态和谐美

生态和谐美是指利用生态系统之间、生物之间、生物与非生物之间的生态关系如生态位、生境、共生、共栖、竞争、寄生等，在色彩、线条、形体等方面，借助于整齐划一、对称均衡、对比调和等传统美学原则进行加工修饰，形成生态和谐的景观。

5. 旅游生活美

生态农业园是一个可游、可憩、可赏、可居、可食的综合活动空间境域，满意的生活服务、健康的文化娱乐、清洁卫生的环境、便利的交通与治安保障都将愉悦人们的性情，带来生活的美感。

6. 科学技术美

科学技术是人类社会实践的产物，也是不断创造美的过程，科学技术的发明、创造、应用也正是美的创造和实现过程。如电脑模拟的农业工厂化生产方式；玻璃温室内新颖奇特的栽培池、栽培带、栽培柱、无土栽培；农村传统工艺及工业产品如陶瓷、刺绣、漆器；雕刻类的工艺美术品等体现了科学理念、传统技术的美学原则。

(六)旅游心理学

旅游心理学是心理学的分支，它主要是研究不同的人在旅游过程中的心理变化规律和行为规律的科学。旅游心理学家认为旅游动机是直接推动一个人进行旅游活动的内部动因或动力，旅游动机的产生和人类的其他行为动机一样，都是来自人的需要。日本学者田中喜一将旅游动机归为四类：

- 心情的动机：思乡心、郊游心、信仰心
- 身体的动机：治疗需要、保养需要、运动需要
- 精神的动机：知识需要、见闻需要、欢乐需要
- 经济的动机：购物目的、商业目的

我国学者根据调查，归结出常见的旅游动机有：出自求实心理的动机、出自求新心理的动机、出自求美心理的动机、出自爱好心理的动机、出自求知心理的动机和出自风俗文化的动机。生态农业旅游作为一种新兴的特殊的旅游产品，无论是在新奇、实用、景观、求知、文化等方面都符合上述的旅游动机，这也是近年来许多地区掀起生态农业旅游热潮的原因之一。与园林景观相比，生态农业园的农业景观可以给观众带来不同的心理感受(表 11-1)。

表 11-1 生态农业园农业景观与园林景观心理感受比较

农业景观	心理感受	园林景观	心理感受
一片果林	春华秋实	风景林	静谧祥和
温室瓜果、蔬菜	好奇、亲切	温室观赏植物	愉悦、赞叹
特禽养殖园	实用、野趣	动物园	童趣
乡土餐馆	淳朴、亲切	普通配套餐馆	拘谨
珍奇农林作物	增知怡情	观赏植物	欣赏感叹
小桥流水	发幽古之思	激流勇进	刺激、冒险
旧式农耕工具	返璞归真	现代旋转坐椅	现代、新奇
一池菱角或慈姑	亲近自然	一池荷花	意境升华
田园喷灌	流动之美	人造喷泉	人工之美
韭菜葱蒜	田园之乐	观赏草坪	绿色生命
一架葡萄	硕果累累	一架紫藤	姿态宜人
鱼鸭捕鱼	新奇感性	池边垂钓	参与之乐
木船自划	回归自然	快艇疾驰	刺激、冒险
野鸭浮动	亲切动感	造景水面	安静平和
稻田收割	丰收喜悦	亭中观景	开阔、忘我

(七)可持续发展

生态农业园的规划设计遵循的是生态规划的方式:通过协调而非改造的方式重建人与自然的关系;采取多目标而非单目标的途径解决环境问题,从时间而非空间上安排景观资源的充分利用;从生态状态而非视觉质量上构建景观元素的理想品质,最终目标是重建一个永续利用、健康且具备自然与文化特质的农业景观。

生态农业园在实现环境的生态持续性、社会经济持续性和旅游持续性上均具有可实现性。生态持续性就是在一定限度内维持生态系统的结构和功能,保持其自行调节和正常循环水平,并增加生态系统适应性和稳定性。社会经济持续性是指用最小的资源成本和投资获得最大的经济效益和社会效益。旅游持续性是指在不破坏生态环境的前提下,适度、合理、充分地开发利用旅游资源,达到再生性、创新性和多样性的开发目标。

(八)共生理论

两种或两种以上的生物共同生活在一起,彼此受益而相互依赖的关系是生物学中的共生现象。共生发展理论是从生物共生现象得到的有益启示,以资源优势为启动点,在农业和旅游业资源的开发利用过程中,注重两大产业的有机结合和协调发展,使之最终形成整体化、系统产业优势,从而达到解放生产力、保持生态农业园经济持续、快速和健康发展的目的。

农业发展的基本趋势之一是农业向旅游业方向发展,以作物布局艺术、自然景色、呼吸新鲜空气、参与农业劳动等项目,实现农业与旅游业的有机结合与增值。这不仅有利于增加各自产业的功能,而且能协调两大产业与环境间的矛盾。

五、农业园的规划设计原则

生态农业园必须总体规划，统筹建设，保护自然资源，综合开发利用。坚持“保护、治理、开发、利用”四结合，使资源越用越合理，环境越来越美好，向着有利于对农田有害生物的生态控制、生物防治，有利于经济、社会、生态三效益同步持续增长的方向发展。

(一)因地制宜，综合规划设计

生态农业园一般是在原有生产基地的条件上，进一步开发而成，故规划应从地方实际出发，根据基地的现状条件、地形地貌特征，在现有的种植、养殖基地的基础上，充分考虑当地农业生产的历史及特点，结合当地土特产的开发，营造出有地方特色的生态农业景观。规划要本着因地制宜、节省资本的原则，进行合理的项目与功能分区。凡生产规律类同、技术要求类似、景观特色相近和经营管理统一或功能相似的产业或项目可划为同区。各项目与功能分区之间既相对独立以保证生产经营和旅游服务的便利，又互有联系以保证功能互补以及参观学习的统一。

(二)主题突出，协调创新

从国情出发，从城市发展的需要出发，将农业园区建设成以高科技现代化农业生产为基础，以休闲观光为主题，科技示范、技术辐射、科学教育等其他辅佐功能为重要补充的“城市后花园”。充分运用生态学、美学、心理学、园林学的基本原理，分析生态农业园的物理形态、生物形态、文化形态的分布位置及比重，以及它们在时空上的不同组合，并以此为依据，考虑生态农业园的景观表达特性及景观的表现形式，使无机的、有机的、文化的各视觉事物布局合理，分布适宜，并达均衡与和谐，尤其在展示现代化设施农业景观方面以达到最佳效果。

生态农业的发展必须创新，这个创新应该是在继承民族文化基础上的创新，它必须在营造文化氛围、挖掘和丰富旅游地的文化内涵上下功夫，提高农业园区的文化品位，营造独特的消费气氛，使游者满心欢喜地进行精神消费。

(三)服务城乡，发展高效农业

生态农业园的规划和建设是体现在加快城市化进程、转变社会经济发展思路、推动农业转型升级的探索新板块，是充分利用发展机遇和发展优势、以新理念综合农林及三产开发的精品工程、窗口形象和产业化龙头项目，是事实土地由低效种植向高度集成和综合利用以适应城市发展、市场需求、多元投资并追求效益最大化的示范样板工程和热点工程。因此，以适应城区发展、服务城乡、发展现代都市农业为定位目标和指导思想，将项目区作为一个体现大生态的独立园区体系加以规划。规划布局应充分体现在现代农业园区基础上结合旅游度假区和未来城乡理想社区的基本要求，突出易于生产服务和多元经营的体系性、合理性、科学性和规范性，实现园区开发的产业化、生态化和高效化，实现可持续发展。

(四)借助自然，实现“天人合一”

生态农业建设的资源基础是现有的农业资源，把最典型、最具农业特色的内容提供给游客，其景观要求具有浓厚的“乡土”气息，突出“乡趣”、“野趣”，特别强调经济、实用。生态农业园的规划注重与周围自然景观相协调，在保护自然景观的前提下进一步强调自然景观，做到“虽由人造，宛自天开”(图 11-3)。

（五）以人为本，人景交融

一方面，人是观景的主题，因此要以人的需求为中心，以人为本；另一方面，人在赏景的同时，自身的行为活动也是被赏的对象，成为了构成景观的事件素材。在其他景观中人的参与性体现得较少，在生态观光农业园中，则需要人可以更多地参与到采摘、种植等劳动中去，亲自体验自己动手的乐趣。因此，人的行为活动成为了构成景观的重要元素之一，规划时要充分考虑人的行为活动，使之成为景观的一个重要部分，营造出一幅人景交融的美丽图画。

图 11-3　华庄生态农业园之"向日葵迷宫"

（六）效益兼顾，实现可持续发展

生态农业园区内的农业生产单体以专业化、集约化、商品化生产为特色，避免小规模的农业生产模式，以获得优质、高产、高效的稳定生产体系。园区的功能分区要有利于生产，方便管理。生态园的设计思想以生态学理论作指导思想，采用生态学原理、环境技术、生物技术和现代管理机制，使整个园区形成一个良生循环的农业生态系统。生态园主要是以生态农业的设计实现其生态效益；以现代有机农业栽培模式与高科技生产技术的应用实现生态园的经济效益；以农业观光园的规划设计实现它的社会效益。经济、生态、社会效益三者相统一，形成可持续发展的生态农业园。

六、生态农业园的设计手法

（一）艺术表达遵循科技原理

生态农业园的经营管理具有科技应用和美化艺术的双重作用，但它们的双重作用表现是不平衡的，首要是体现科学原理，艺术处理处于从属地位。因此在进行园区规划时，应在体现科技原理指导的前提下，与艺术表达有机结合，如高科技农业示范智能温室，在遵循科技原理的规划思路下，还可以考虑它的造型、色彩、质材的艺术特色。

（二）主观造景服从功能实用

在对生态农业园进行规划时，首先必须考虑到园区内景观要素的功能实用性，其次才是它的造景功能。如在植物栽植上，可选择一些既具有经济价值、又具有观赏功能的经济林果，充分体现"春华秋实"的景观效果。

（三）布局有序调控时空变化

基于旅游农业的产业本质，农业园的景观排列和空间组合应首先讲求具有序列性和科学性。如生态农业园内可以随着地势的高低以及地貌特征安排不同种类、不同色彩的农作物，形成空间上布局优美、错落有序的景观风貌；园区从入口到园内，可以安排成熟期由早到晚的农作物，以及一些茬口的合理安排，形成时间上变化有序的农业特色。

（四）动态参与强化视觉愉悦

生态农业园的规划既要达到视觉愉悦的效果，又具有动态参与的可能性。除了考虑景观的静态效果外，还要强调它的动态景象，即机械化劳作或游人在采摘、收获果实的活动参与过程中所形成的动态景观。如一片绿油油的野菜地，令人赏心悦目，置身于其中挖野菜，更是令人其乐无穷。

(五)心灵满足融进增知益智

心灵满足与增知益智相结合，也就是游人在参与劳作的过程中心灵得到满足的同时，又学到了知识。如游客在参与采茶、制茶的过程中，了解到不同地区、不同民族的茶叶生产、加工，以及泡茶、饮茶的习俗；或者游人在珍奇瓜果内，看到一个硕大无比的大南瓜，在视觉及心灵上受到强烈震撼的同时，又被激起是哪种技术培育出这样奇特景象的好奇心。

(六)结构相融营造人景亲和

在进行生态农业园规划时，要充分考虑人造景观构成素材要与周围的自然环境景观相融的寓意。如在一片休闲茶园内，设置一个竹子制成的凉亭，就比一个钢筋混凝土的亭子自然得多，游客置身于其中，看到这样和谐的景观，也充分体会到“天人合一”的深远意境。

(七)创意美与自然美的和谐

在进行生态农业园的规划时，要充分考虑园内人造景观与自然景观相和谐一致。如在观光果园门区营造了一个状似苹果的瓜果造型大门，设在其他公园可能是不伦不类的，但放在果园门口，与园中的自然景观非常协调一致，是一种巧妙的构思。

(八)主题色彩体现农林氛围

在进行生态农业园规划时，景致是以绿色为主色调的色彩，因为绿色是与整个农林产业氛围最协调一致的色彩。绿色让人产生宁静、平和的情感，又是生命力的象征，是在规划中运用最多的色彩。

(九)人文特征反映乡土特色

运用乡土植被、人文历史、民俗风情、农业文化等以发展地方景观特色的景观要素，使设计切合这种手法在农业庄园景观模式的规划中采取较多。当地的自然条件反映当地的景观特色。通俗来说，就是要体现农业、农村、农家的氛围和特点人文性的景观创新特点。

七、生态农业园的规划设计

生态农业园的规划设计大致可分为以下几个阶段：

1. 计划书阶段

(1)受业主邀请考察，了解生态农业园用地的情况、区位特点、规划范围等，收集与基地有关的自然、历史和农业背景资料，对整个基地与环境状况进行综合分析。

(2)充分了解业主的具体要求、愿望，提出规划纲要，特别是主题定位、功能表达、项目类型、时间期限及经济匡算等。

2. 资料调查研究阶段

(1)分析讨论后定下规划的框架，完善规划纲要。

(2)业主和规划方签订正式合同或协议，明确规划内容、工作程序、完成时间、成果内容。

(3)规划方再次考察所要规划的项目区，并初步勾画出整个园区的用地规划布置，保证功能合理。

3. 方案编制阶段

(1)规划方完成方案图件初稿和方案文字稿，形成初步方案。

(2)业主和规划方双方及受邀的其他专家进行讨论、论证。

(3)规划方根据论证意见修改完善初稿后形成正稿。

(4)再次讨论、论证,主要以业主和规划两方为主,并邀请行政主管部门或专家。

4. 形成成果文本和图件阶段

包括规划框架、规划风格、分区布局、交通规划、水利规划、绿化规划、水电规划、通信规划及技术经济指标等文本内容及相应图纸。

(一)园区选址

1. 选址原则

(1)符合国土规划、区域规划、城市绿地系统规划和现代农业规划中确定的性质及规模,选择交通方便、有利于人流物流畅通的城市近郊地段,园区尽量靠近城郊主要干道,有利于农产品的来往运输。

(2)选择宜作工程建设及农业生产的地段,地形起伏变化不是很大的平坦地,作为生态农业园建设。应因地制宜地经过改造,有利于丰富园区的景观规划要求。

(3)可选择自然风景条件较好及植被丰富的风景区周围的地段,还可以在农场、林地或苗圃的基础上加以改造,这样可投资少、见效快。

(4)可选择利用原由的名胜古迹、人文历史,或现代化农村等地点建设生态农业园,展示农林古老的历史文化或是崭新的现代社会主义新农村景观风貌。

(5)选择园址应结合地域的经济技术水平,规划相应的园区,水平条件不同,园区类型也不同,并且要规划用地,留出适当的发展备用地。

2. 选址条件评价

见表 11-2。

表 11-2 生态农业园的选址条件评价

地理位置	地理条件	发展内容	发展资源
城郊,原有农业区	地形平坦,农业发展水平较高	农业综合园区、园艺场、农业工厂、现代农场	高科技生产设备,果菜工作场所,休闲,参观,科普,体验
城郊,原有农业区	靠近自然风景区,农村资源好	农业庄园,观光农园,农业公园	参与,体验,休闲,度假
城郊,农村	地理条件变化多,山势起伏	田园风光	农作场,田园,摘采,体验
城郊,农村	海拔较高,部分由森林游乐区衍生	森林游乐区,森林浴,牧场,度假村,生态教育,露营	森林游乐区,瀑布,河川,林场,牧场,度假村
城郊,农村	有湖泊、水面,地势平缓	观光休闲渔场	水产养殖,捞捕,钓鱼,产品展受,海滨
城郊,农村	农村历史人文,文化内涵底蕴丰厚	农村历史文化展示	农村民宿,农村民俗,农村建筑

(二)园区布局形式

生态农业园的布局形式根据非农业用地,也就是核心区在整个园区所处的位置来划分,常有围合式、中心式、放射式、制高式、因地式等几种。

1. 围合式

在农业园规划平面图上,非农业用地呈块状、方形、圆形、不等边三角形设置于整个园区中心,四周被农业用地所包围。

2. 中心式

非农业用地位于靠近入口处的中心部位,这种形式方便游人和管理人员使用。如苏州西山高科技观光农业园就是这种形式。

3. 放射式

非农业用地位于整个园区的一角,整个园区的重心还是在农业用地部分。如泰州农林高科技示范园的总体布局即为此种形式。

4. 制高式

非农业用地一般位于整个园区地势较高处,也就是制高点上。如江苏江浦帅旗农庄和江宁七仙山玫瑰园即为此种布局。

5. 因地式

将前放射式和制高式布局形式相互配合,结合园区基地的实际情况进行非农业用地的布局摆放。

(三)生态园规划设计方案

1. 生态园功能分区规划

生态农业园以农业为载体,属于风景园林、旅游、农业等多行业相交叉的综合体,生态农业园的规划理论也借鉴于各学科中相应的理论。因我国的农业资源丰富,在进行生态农业园的规划时要有所偏重、有所取舍,做到因地制宜、区别对待。

(1)分区原则

①根据生态农业园的建设与发展定位,按照服从科学性、弘扬生态性、讲求艺术性以及具有可能性的可行性分区原则进行分区。园区整体上用规范式网状道路或水利形成基本分区骨架,以充分体现农业科学的本质性和现代农业文化的理念性;而局部分区内则分别采用规则式、符号式或自然式园景设计的布局手段,以体现生态农业的艺术灵动性和现代休闲文化的时尚性。

②根据项目类别和用地性质,示范类作物按类别分置于不同区域且集中连片,既便于生产管理,又可产生不同的季相和特色景观。

③科技展示性、观赏性和游览性强且需相应设施或基础投资较大的其他种植业项目亦相对集中布局于主入口和核心服务区附近,既便于建设,又利于汇集任期。

④经营管理、休闲服务配套建筑用地集中置于主入口处,与主干道相通,便于土地的集中利用、基础设施的有效配置和建设管理的有效进行。

(2)分区规划:依据资源属性、景观特征性及其现存环境,在考虑保持原有的自然地形和原生态园的完整性的基础上,结合未来发展和客观需要,规划中应采取适当的设计实现园内的功能分区,一般可为生产区、示范区、观光区、管理服务区、休闲配套区。

①生产区:生产区是生态农业园中占地面积较大,主要供农作物生产、园艺生产、畜牧养殖、森林经营、渔业生产所用,故需选择土壤、地形、气候条件较好,并且有灌溉、排水设施的地段,此区一般因游人的密度较小,可布置在远离出入口处,但与管理区要有车道相通,内部可设生产性道路,以便生产和运输。

②示范区:生态农业示范区是生态园设计的核心部分,它是生态园最主要的效益来源和示范区域,是生态园生存和发展的基础。生态农业示范区的规划设计应以生态学原理为指导,遵循生态系统中物质循环和能量流动规律,园区设计所采用的生态农业类型中既包含有生产者,消费者,也要有分解者。园区内可包括管理站、仓库、苗圃苗木等,与城市街道有方便的联系,最好设有专用出入口,不应与游人混杂,到管理区内要有车道相通,以便于运输。

③观光区:观光区是生态农业园中的闹区,是人流集中的地方。设有观赏型农田、瓜果、珍稀动物饲养、花卉苗圃等,园内的景观建筑往往较多地设在这个区。选址可选在地形多变、周围自然环境较好的地方,让游人身临其境感受田园风光和自然生机。群众性的观光娱乐活动常常人流集中,要合理地组织空间,应注意要有足够的道路、广场和生活服务设施。

④管理服务区:是因生态农业园经营管理而设置的内部专用地区、此区内可包括管理、经营、培训、咨询、会议、车库、产品处理厂、生活用房等,与园区外主干道有方便的联系,一般位于大门入口附近,到管理区内要有车道相通,以便于运输和消防。

⑤休闲配套区:在生态农业园中,为了满足游人休闲需要,在园内单独划出休闲配套区是很必要的,休闲配套区一般应靠近观光区,靠近出入口,并与其他区用地有分隔,保持一定的独立性,内容可包括餐饮、垂钓、烧烤、度假、游乐等,营造一个能使游人深入乡村生活空间、参加体验、实现系统的场所。

2. 生态园中其他规划

(1)入口规划:生态农业园的入口在生态农业园的环境小品中占有十分重要的地位,因为它不仅担当交通枢纽和安全防护的"门户"作用,还起着园区的"门面"作用,也是能否吸引游人前往参观游览的重要因素之一。这里所说的入口不仅指园门,也包括游人透过园门能观察到的园区内的景观。而入口建筑虽小,设计要精心推敲,要以景观设计之,使其融入园区整体环境,甚至创造风景。

(2)园路规划:依照园林规划思路,从园林的使用功能出发,根据生态园地形、地貌、功能区域和风景点的分布,并结合园务管理活动需要,综合考虑,统一规划。园路布局以既不影响园内农业生态系统的运作环境,也不影响园内景区风景的和谐和美观为原则。园路布局常采用自然式的园林布局,使生态园内景观美化自然而不显庄重,突出生态园农业与自然相结合的特点。在园路规划时应尽量避免让游客走回头路,主干道路面宽度一般为 8 m,道路纵坡一般要小于 8%,用于电车通道和游人集散;次干道连接各建筑区域和景点,路面宽度一般为 6 m;专用道为园务管理使用;游步道和山地单车道主要围绕生态公园而建,路面宽度一般为 1.2～2 m。

(3)给水排灌工程规划:生态园以生产有机农产品为主,园内农业生产需要有完善的灌溉系统,同时考虑到环保及游人、园工的饮用需水,所以进行给水排水系统的规划。规划中主要利用地势起伏的自然坡度和暗沟,将雨水排入附近的水体;一切人工给水排水系统,均以埋设暗管为宜,避免破坏生态环境和园林景观;农产品加工厂和生活污水排放管道接入城市活水系统,不得排入园内地表或池塘中,以避免污染环境。园内各级排水沟系,一般宽 1.0～1.2 m,

深 0.5～0.8 m。

(四)农业产业的项目规划

农业项目设计面对生命体,受到自然规律和社会经济规划的制约,而且不是单一产业,包括农林牧渔业和农产品加工业。种养业和加工业有多种产业特点,有着完全不同的专业技术要求,使得农业园区规划和农业项目设计的方案整合有着更复杂的难度。从而要求农业园区的规划设计者,尤其是主持人,必须具有农业科技知识背景和跨学科、多技术的整合能力,否则其规划设计方案就难于达到科学性、合理性和可操作性。

1. 农业项目规划原则

(1)因地制宜:不同的区域、地段、地形、水文、气候等条件会有不同产业构成和种养要求,需要不同技术和设施要求。

(2)技术先进:农业园区的项目选择必须以先进的科学技术为支撑,这样园区不仅可以作为带动区域经济的增长点,而且可以成为高新技术产业发育与成长的源头,向社会各个领域辐射。

(3)品种优良:不同的农业产业项目形态中,可选择一些品种优良的作物和畜禽,如经过基因组合选育的杂交玉米、彩色棉花、樱桃西红柿等,还可选用各种珍禽异兽,各种不同产地与种类的乳牛、肉牛、马、鹿、兔、猪、山猪、猫、犬等,经过培育管理,进行产品加工展售,具有较高的经济价值。

(4)观赏价值高:农业项目的设计汇总,观赏价值高也是我们选择的因素之一,起伏的山体,逶迤的林相,碧绿发青的蔬菜,金黄的累累硕果,五彩缤纷的鲜花、奇异的畜禽水产;在园区内随着时光流转,季节变化映现出园区的生动和谐与朴实的乡间氛围,这种给游客视觉和心灵上带来的强烈的震撼,是一般园林景观所不能给予的。

(5)充分利用资源:包括地理景观、人文艺术、童玩技艺、农耕农产、家禽牧野、教育农园等各种可供活用的农业与农村资源。必须合理地进行综合开发,才能提高农业的综合效益。

(6)可操作性:工艺技术要求要明确,并符合自然和社会规律,才能确保实现产业价值。

(7)经济可行性:农业园区的项目选择,关系到整个园区的技术水准和经济效益,必须以市场为导向,效益为中心,技术为支撑,才能真正达到农业增效、农民增收的效果。

(8)可持续性:农业项目设计不仅要满足经济发展的需要,同时还要满足资源与环境永续利用的需要,才能使园区长盛不衰,不断发展。

2. 农业产业项目分区

(1)农:例如茶园、野生植物园、四季果蔬园、养菇场、草药场、稻田、花圃、植物苗圃等;

(2)林:例如林场、森林游乐区等;

(3)牧:例如养鸡场、养猪场等以畜牧经营为主的观赏牧场;

(4)渔:例如养虾场、贝类养殖场、鳄鱼养殖场、渔港、名贵鱼类养殖场等。

(五)生态农业园的景观规划

在进行生态农业园景观规划时,应有机地将自然素材、人工素材、事件素材进行创造和组织,使生态农业园景观的形象、意境、风格能有效地表达与显现。景观的形象是指外部形态的形状、尺度、色彩等;景观的意境是指设计者通过对各个元素在空间结构的组织和各元素的符号处理,使景观表现出设计者的意愿及内涵,以充分显示其环境特征、性质及可识别性;景观的风格则是景观规划的灵魂，没有特色的景观设计是失败的景观设计。生态农业园景观在风格上应反映农业文化历史脉络，把历史文化、科学内涵、生活习俗等象征性因素融会贯通在景观形象之中，使景观在人们审美情趣过程中产生情感交流。

1. 建筑设施景观规划

生态农业园内建筑景观的创造既要具有实用功能性，又具有艺术性。园区建筑要与环境融为一体，尽量给游人以接近和感受大自然的机会，从而达到“相看而不厌”的境界。景区建筑的体量和风格应视其所处的周围环境而定，宜得体于自然，不能喧宾夺主，既要考虑到单体造型，又要考虑到群体的空间组合，同时要体现地方特色，往往以当地独具特色的民居为蓝本。

2. 道路水系景观规划

道路、水系、防护篱勾画出整齐的生态农业园空间格局，自然引导，畅通有序，体现了景观的秩序性和通达性。而且生态农业园内一个完整的道路、水系景观的空间结构为畜禽、农作物、昆虫等各种动植物提供良好的生存环境和迁徙廊道，是园中最具生命力与变化的景观形态，是理想的生境走廊（景观生态学上的廊道）。在一些农业历史文化展示的景观模式中，道路及水系景观保留了丰富的历史文化痕迹，这也是我们在进行观光农业园规划时的一项重要内容。

3. 农业工程设施景观规划

农业工程设施景观包括一些堤坝、沟渠、挡土护坡、排灌站、喷灌滴灌等农业生产设施景观，在满足农业生产功能的同时，注重艺术处理，改变以往单调代办的生产设施的设计方法，也会呈现出特殊的美学效果。如横跨水系沟渠可搭拱形网架，两岸种植各式优良品种的时令瓜果，形成悬于水上的瓜果长廊，极富创造性、科技感和观赏性，采用场景移动式喷灌设备，形成壮观的动感景观效果。

4. 作物生产景观规划

在大多数景观模式的规划中，作物生产景观是最基本和主要的内容。露地随季节变化的果、菜、高粱、稻、麦、油菜等色彩，温室内反季节栽培的蔬菜瓜果和鲜活的畜禽水产等，无论在农业公园、农业庄园、田园风光、休闲农场等园区都是不可缺少的景观规划内容。同时可通过农业良性循环生态体系建设，打好优质农产品生产的基础。

5. 绿化环境景观规划

生态园从景观方面来说，要创作与大自然相协调并具有典型生态景观效果的空间塑造。生态农业园内的绿化环境景观规划可以说是园区总体景观的一个有力的补充和完善。不同景区的绿化风格、用材和布局特色应与该区模式环境特点一致。如对于农业综合园区模式，在规划时首先应考虑到温室内外的蔬菜、花卉、林果的生产，因而对光照有较高的要求，园区在树种选择上可选用一些具有经济价值的林果、花灌木等。如茶和竹的应用，在一些农业园内，可选择一些乡土树种为主，衬托出自然的农林感。

（六）生态园的管理

生态农业园功能之多、元素之多、文化特性之浓决定了必须建立综合性、专业化与生态化相结合的管理机制，使景区生态得到长期良好的保护。作为典型的“自然—经济—社会”生态经济系统，农业园应该遵循生态学原理，合理利用各种资源，尽可能通过多个营养级、多级食物链形成园内良性生态循环，体现经济管理基础上的专业化、生态化管理策略。为了真正达到农业示范和学习教育的功能，面对种类繁多的农作物、动物，可考虑采用“农民＋专家＋经营者”

的管理方式，聘任水稻、果树、动物等方面的专家以顾问的形式参加技术管理和培训工作，甚至可成立相应的农业研究机构。在青少年农业劳作过程中，应有专业人员担任辅导。

技能训练十一　生态农业园规划设计

一、实训目的

通过实训了解生态农业园的功能，掌握生态农业园的设计理念、设计原则和注意事项等，能结合地域特征，进行不同类型生态农业园规划设计。

二、材料用具

生态农业园、皮尺、测量仪器、图纸、绘图工具、笔、记录本、参考书籍等。

三、方法步骤

1. 分组，踏勘某生态农业园；
2. 分析该生态农业园的功能要求；
3. 分析该生态农业园的特殊技术要求；
4. 分析该生态农业园的基本情况及周边环境；
5. 确定该生态农业园的设计理念；
6. 进行规划设计；
7. 绘图及书写设计说明。

四、作业

1. 完成任务工单的填写；
2. 绘制设计图纸，包括平面图和效果图、文字说明等。

◈典型案例

——杭州生态农业园

杭州生态园位于杭州市东南的萧山所前镇，全园规划面积约 4.89 km^2，园区丘陵逶迤，山坞抱碧，气候温暖湿润，茶果经济林木长势良好，其中杜家杨梅、浙江龙井颇有盛名。

园区交通便捷，距萧山城区 10 km，距杭州市区 20 km，距上海市 180 km，与 03 省道东复线、杭州城南环线及杭金衢高速公路均相距 1 km 左右。

杭州生态园开拓了“钱塘江时代”杭州可持续发展旅游之路，凭借着得天独厚的地理优势、便捷快速的交通网络和丰富的自然资源，重新诠释了生态休闲度假之旅的内涵。杭州生态园的绿色时尚起到了良好的社会示范效应，吸引了社会各界对萧山旅游业的关注，使得杭州的旅游业从“主题公园”阶段后，开始走上了生态与旅游度假时代之路，从而将达到社会效益、经济效益和环境效益的和谐结合，并最终成为科学性和艺术性的有机结合的完美之作。

杭州生态园总体布局以生态休闲旅游为主，同时还开发景观房产。园区内设有入口广场区、花溪景观带、四季花果带、中心接待区、水上游乐区、青少年生态教育基地、萧山植物园和景观房产区等八大功能区块。

一、入口广场区

以生态保护为主题，具有现代感的入口广场，将向您展示一个经济发展与环境保护、旅游开发与生态平衡的和谐协调的现代化园区（图11-4）。

图11-4 杭州生态园入口广场效果图

二、花溪景观带

以2 km自然溪流为中轴，在溪流两岸配以各类景观建筑，给人以清新、明净、亲切的感受。

三、四季花果带

位于入口广场至四季广场及杨静坞沿山一带，成片、成块种植杨梅、青梅、桃子、枇杷、柿子等，体现当地丰富的四季花果资源，让游客获得采梅、品尝的喜悦。

四、中心接待处

以山地酒店为中心，连接生态广场和四季广场，是旅游、休闲、度假、会议接待的理想场所。

五、水上游乐区

将展示溪流的自然本色和以水为主题营造的生态绿色阶梯，满足人们亲水活动的需要。

六、青少年生态教育基地

在青山绿水的自然环境中，让青少年了解世界的生态环保事业，了解自然界为人类提供的各种能源，培养青少年的生态环保意识。

七、萧山植物园

以萧山本地植物为主体，引进适合当地生长环境的名贵观赏性植物，增加人们与自然的亲近感，深化对生活的理解。

八、景观房产区

分布在沈家湾、杨静坞、苏家溪坞、东坞，将全面导入生态环保理念，使游客在休闲、度假的同时体验到未来社区的实验原型。

复习思考题

1. 生态农业园的类型有哪些？
2. 生态农业园规划的原则是什么？
3. 生态农业园的规划手法有哪些？
4. 生态农业园规划的步骤和主要内容是什么？

附录　任务工单样表

<table>
<tr><td>项目名</td><td></td><td>日期</td><td></td></tr>
<tr><td>任务名</td><td></td><td>班级</td><td></td></tr>
<tr><td>指导教师</td><td></td><td>组别</td><td></td></tr>
<tr><td>任务地点</td><td></td><td rowspan="2">姓名</td><td rowspan="2"></td></tr>
<tr><td>完成时间(小时)</td><td></td></tr>
<tr><td>所需工具材料</td><td colspan="3"></td></tr>
<tr><td>任务描述</td><td colspan="3"></td></tr>
<tr><td colspan="4">1. 分析任务所需要的知识点和技能点
知识点：

技能点：

2. 通过学习对各知识点和技能点的总结
知识点：

技能点：</td></tr>
</table>

3. 制订方案

工作分配(具体到人):

时间安排(具体到每个步骤):

工具材料:

4. 方案实施情况总结

5. 评价

<table>
<tr><td rowspan="3">训练任务考核</td><td>任务方案</td><td colspan="2">合理 □</td><td colspan="2">不合理 □</td><td>20</td><td></td></tr>
<tr><td>操作过程</td><td colspan="2">规范 □</td><td colspan="2">不规范 □</td><td>20</td><td></td></tr>
<tr><td>产品效果</td><td>好 □</td><td colspan="2">一般 □</td><td>差 □</td><td>20</td><td></td></tr>
<tr><td rowspan="3">技能训练任务工单评估</td><td>表格填写情况</td><td colspan="4">详细程度□规范程度□仔细程度□书写情况□填写速度□</td><td>10</td><td></td></tr>
<tr><td>素养提升</td><td colspan="4">组织能力□协调能力□团队协作能力□分析解决问题能力□责任感和职业道德□吃苦耐劳精神□</td><td>20</td><td></td></tr>
<tr><td>工作、学习态度</td><td colspan="4">谦虚□诚恳□刻苦□努力□积极□</td><td>10</td><td></td></tr>
<tr><td colspan="8">教师评价:

教师:
时间:</td></tr>
</table>

自评:

签名:

互评:

签名:

教师点评:

签名:

参考文献

[1] 张德炎,吴明.园林规划设计.北京:化学工业出版社,2007.
[2] 胡长龙.园林规划设计.北京:中国农业出版社,2002.
[3] 周维权.中国古典园林史.北京:清华大学出版社,1990.
[4] 陈志华.外国造园艺术.郑州:河南科技大学出版社,2001.
[5] 游泳.园林史.北京:中国农业科技出版社,2002.
[6] 黄东兵.园林规划设计.北京:中国科学技术出版社,2001.
[7] 唐学山.园林设计.北京: 林业出版社,1997.
[8] 董晓华.园林规划设计.北京:高等教育出版社,2005.
[9] 侯振海.园林艺术及其规划设计实例.合肥:安徽科学技术出版社,2006.
[10] 舒湘鄂.景观设计.上海:东华大学出版社,2006.
[11] 雷一东.园林绿化方法与实现.北京:化学工业出版社,2006.
[12] 黄金琦.屋顶花园设计与营造.北京:中国林业出版社,1996.
[13] 王珂.城市广场设计.南京:东南大学出版社,1996.
[14] 蔡永洁.城市广场.南京:东南大学出版社,2006.
[15] 朱元恩.解读城市广场建设盲点.中国园林,2003,12.
[16] 孙微微.人在城市广场中的心理需求分析.山西建筑,2006,10.
[17] 王国莉.观光农业生态园的规划设计.生态环境,2005,14.
[18] 张锡娟,秦华.观光农业园的景观规划初探.西南农业大学学报(社会科学版),2005,12.
[19] 谢婷,杨兆萍.干旱区农业生态园策划、规划、设计理念初探.干旱区地理,2003,3.
[20] 王真.休闲观光农业园区规划探讨.农机化研究,2006,3.